21 世纪高等院校计算机专业规划教材

计 算 机 导 论

（第二版）

主编　杜俊俐　苗凤君

参编　许　峰　盛剑会　韩玉民

中国铁道出版社
CHINA RAILWAY PUBLISHING HOUSE

内 容 简 介

本书是计算机学科各专业的入门教材，充分体现"导引"的作用，力求使学生对所学专业的学科有一个整体认识，对专业知识有比较全面的认知，对专业的学习和就业方向有所了解。本书的主要内容包括：计算机学科的概念及知识体系、计算机的基础知识、计算机的硬件系统、计算机的软件系统、计算机的应用、专业的学习与就业指导等。每章后面附有小结和习题，供学生复习及上机练习使用。

本书通俗易懂、结构清晰、内容全面、注重应用，在核心内容的组织上注意了与后继课程的分工与衔接。

本书可作为高校计算机学科各专业的入门教材。

图书在版编目（CIP）数据

计算机导论 / 杜俊俐，苗凤君主编. — 2 版. — 北京：中国铁道出版社，2012.7（2017.7重印）

21 世纪高等院校计算机专业规划教材

ISBN 978-7-113-14683-2

Ⅰ．①计… Ⅱ．①杜… ②苗… Ⅲ．①电子计算机－高等学校－教材 Ⅳ．①TP3

中国版本图书馆 CIP 数据核字（2012）第 120381 号

书　　名：计算机导论（第二版）
作　　者：杜俊俐　苗凤君　主编

策　　划：吴宏伟　孟　欣
责任编辑：孟　欣
编辑助理：赵　迎
封面设计：付　巍
封面制作：刘　颖
责任印制：李　佳

出版发行：中国铁道出版社（100054，北京市西城区右安门西街 8 号）
网　　址：http://www.tdpress.com/51eds/
印　　刷：虎彩印艺股份有限公司
版　　次：2006 年 6 月第 1 版　　2012 年 7 月第 2 版　　2017 年 7 月第 4 次印刷
开　　本：787 mm×1 092 mm　1/16　印张：16.25　字数：390 千
印　　数：10 001～10 200 册
书　　号：ISBN 978-7-113-14683-2
定　　价：31.00 元

第二版前言

在本次修订中，仍遵循第一版的"通俗易懂，全面导引"原则，结合编者多年讲授"计算机导论"课程的经验及使用第一版教材的体会，确定以知识更新和增加实用性为目标，对书中内容进行了更新。全书分为 6 章，删去了原来的第 6 章，但将其中的杰出人物分散在各章节之中，增强了其和相关内容的关联性；将计算机技术发展大事记以附录 A 的形式附于书后，供学生了解计算机技术的发展历程。其他各章虽然标题没有改变，但内容都有所增、删或更新，相关软件均进行了版本更新，增加了一些应用实例，使应用实践更加突出，习题部分也有所调整，希望本书能更好地对计算机科学与技术专业及相关专业学生的学习起到全面导引作用。

本书具有以下特色：

① 轮廓清晰。将主体知识组织成计算机的基础知识、硬件系统、软件系统和应用 4 大模块，粗线条、大轮廓，结构简洁清晰，知识多而不散，帮助新生对计算机及其繁多的知识内容产生整体感。

② 全面导引。以"学什么、如何学、学后做什么"为主线组织全书。每章尽可能多地安排网络学科知识，如多媒体部分除常规多媒体技术外，还介绍了计算机图形、图像、虚拟现实等。第 6 章对专业学习进行全面指导，并介绍了就业情况和职业道德问题，这些都是学生非常关心的事情，并有助于其日后的学习和成长。内容组织上遵循认知规律、激发学习兴趣，如结合计算机科学与技术学科的典型实例，激发学生探索该学科问题的求知欲望。每章后精心安排的计算机学科杰出人物介绍，为学生树立了光辉的学习榜样，有助于培养学生远大的专业理想。

③ 注重应用。新生往往对深奥的理论知识理解困难，注重应用既有助于认识计算机如何用，又有助于理解费解的知识，所以本书尽可能多地关联应用。例如，操作系统部分讲述了 Windows 注册表，让学生认识 Windows 对常用资源的管理；常用应用软件有助于学生的日常学习；工具软件能让计算机尽可能快地成为学习的辅助工具；数据库部分安排一个 Access 应用实例，有助于学生从简单应用中理解深奥的数据库理论知识；多媒体部分的多媒体创作工具能让学生体会多媒体创作的乐趣。应用实例能帮助学生认识相关知识的应用价值，增强学生将来学习相应课程的目的性。

本书的内容安排如下：

第 1 章介绍计算机的基本概念、计算机科学与技术学科的定义、影响计算机科学与技术学科教育的因素及计算机科学与技术学科的知识体系。其中，根据当前常用的主要分类方式对计算机进行了分类；在计算机科学与技术学科的教育中加入了我国计算机教育历史方面的内容；根据最新的《高等学校计算机科学与技术专业发展战略研究报告暨专业规范（试行）》对计算机学科知识体系进行了全面的修改。

第 2 章介绍计算机的基础知识，包括计算机常用的数制及编码、算法基础、数据结构、程序、软件工程基础。在软件工程基础部分中更新了陈旧内容，增加了统一过程模型 RUP。

第 3 章介绍计算机的硬件系统，包括计算机的基本结构与工作过程、微型计算机硬件系统、输入/输出系统。删除了硬件选购、装机及维护的内容。

第 4 章介绍计算机的软件系统，包括操作系统、程序设计语言翻译系统、常用应用软件、常用工具软件。在操作系统部分增加了 Windows 注册表；将常用应用软件 Office 2003 升级为 Office 2007；对常用工具软件中的下载软件由网际快车调整为迅雷、杀毒软件由 Norton 调整为 360 安全软件。

第 5 章介绍计算机的应用，包括计算机的应用领域、数据库系统及其应用、多媒体技术及其应用、计算机网络及其应用、计算机网络安全技术。其中，对计算机的应用领域进行了大幅缩减，在数据库系统及其应用中增加了一个数据库应用实例，在多媒体技术及其应用中删除了光盘与光驱一节。

第 6 章介绍学习与就业，包括大学的学习、考研、考取专业技术证书及终身学习；与计算机有关的工作领域和职位、用人单位对求职者的要求；信息产业的法律法规及道德准则。由于目前计算机专业硕士研究生入学考试采取全国统考方式，所以在考研部分进行了相关内容的更新。

本书的第 1 章和第 2 章由苗凤君编写，第 3 章由许峰编写，第 4 章由杜俊俐、盛剑会和韩玉民编写，第 5 章由韩玉民和盛剑会编写，第 6 章由杜俊俐编写，杜俊俐和苗凤君任主编。

本书在编写过程中得到了中原工学院计算机学院郑秋生、郭清宇院长的指导和帮助，杜献峰、刘凤华、李志民、吴志刚、高艳霞、王海龙等老师提出了宝贵的修改意见和建议。此外，书中还引用和参阅了许多教材和其他资料，在此一并致以衷心的感谢。

虽然本书经过了反复修改，但由于计算机科学技术发展迅速，加上编者水平有限，书中难免有不当之处，敬请读者批评指正。

编　者

2012 年 5 月

第一版前言

21 世纪是信息技术高度发展并得到广泛应用的时代，信息技术正从多方面改变着人类的生活、工作和思维方式，计算机教育也因此肩负重任。

每一名刚踏入大学校门的计算机科学与技术及其相关专业的大学生，都对自己的专业有着无限的向往，怀着强烈的好奇和迫切的心情想尽快了解自己将开始学习的专业。在未来的学习生涯中有哪些专业知识要学及如何学？毕业后可以从事哪些工作？本书作为计算机科学与技术及其相关专业的入门教材，对这些问题作了比较详细的阐述。

本书本着"通俗易懂，全面导引"的原则进行编写，目的是使刚踏入计算机及其相关专业的学生能尽快了解专业，为学好专业做好准备。

全书共分 7 章。第 1 章介绍了计算机的基本概念、计算机科学与技术学科、影响计算机科学与技术学科教育的因素、计算机科学与技术学科知识体系。让学生初步了解计算机科学技术学科的内涵，并有整体的认识。第 2 章介绍计算机的基础知识，包括计算机常用的数制及编码、算法基础、数据结构基础、程序设计基础、软件、硬件、软件工程基础。第 3 章介绍计算机的硬件系统，包括计算机的基本结构与工作过程、微型计算机硬件系统、系统单元、输入/输出系统、微型计算机硬件系统的选购、微型计算机系统装机步骤及实例，以及计算机硬件的安全维护。第 4 章介绍计算机的软件系统，包括操作系统、程序设计语言翻译系统、常用应用软件、常用工具软件。第 5 章介绍计算机的应用，包括计算机的应用领域、数据库系统及其应用、多媒体技术及其应用、计算机网络及其应用、计算机信息安全技术。第 6 章介绍计算机领域的杰出人物及重大事件。杰出人物揭示了计算机科学的发展，重大事件揭示了计算机技术的发展。第 7 章介绍学习与就业，包括大学的学习、考研、考取专业技术证书及终生学习；与计算机有关的工作领域和职位、用人单位对求职者的要求；信息产业的法律法规及道德准则。

由于教材涉及的内容繁多，各校师生情况不一，在使用本书时可酌情调整学时，对某些章节也可根据各校实际情况进行删减。如第 1 章的最后可增加自己学校的专业培训计划，第 6 章的部分内容可安排课下自学，第 7 章的内容可采用讨论方式等。本书在每一章的后面配备了本章小结和相应的习题，以供读者作针对性的复习和上机练习使用。

本书是由多年从事计算机专业教育的一线教师，结合当前计算机教育的形势和任务，参照计算机技术的最新发展，并以 CCC2002 为指导编写而成的。第 1 章和第 2 章由苗凤君编写，第 3 章由许峰编写，第 4 章、第 6 章、第 7 章由杜俊俐编写，第 5 章的 5.1～5.3 小节由韩玉民编写，5.4 和 5.5 小节由潘磊编写。全书由杜俊俐审阅和统稿。

本书在编写过程中得到了中原工学院计算机科学系主任郑秋生、郭清宇的指导和帮助，基础教研室的朱国华及软件教研室的杜献峰、刘凤华、李志民、吴志刚、高艳霞、王海龙等老师为书稿的组织、整理、校对付出了辛勤的劳动。此外，书中还引用和参阅了许多教材和资料，在此一并致以诚挚的谢意。

由于计算机科学技术发展迅速，加上编者水平有限，书中不足之处在所难免，敬请读者批评指正。

编　者

2006 年 2 月

目　录

第1章 绪 论

20 世纪 40 年代诞生的电子数字计算机（简称计算机——Computer）是 20 世纪最重大的发明之一，是人类科学技术发展史中的一个里程碑。半个多世纪以来，计算机科学技术有了飞速发展，到今天计算机已无处不在——航空售票、邮电计费、快餐店收银、IC 卡电话、持卡消费、商场计算机收银、电子邮件、电视遥控、无级变速汽车等，计算机科学技术的发展水平和应用程度已经成为衡量一个国家现代化水平的重要标志。

本章将介绍计算机的基本概念和计算机科学与技术学科的相关问题，使读者对计算机和计算机科学与技术学科有个整体认识。

本章知识要点：

- 计算机的基本概念
- 计算科学与技术学科的定义与研究范畴
- 计算机科学与技术学科的知识体系

1.1 计算机的基本概念

电子计算机是一种不需要人工直接干预，能够快速对各种数字信息进行算术和逻辑运算的电子设备，它是 20 世纪最重要的科学技术成就之一。计算机已经渗透到国民经济和社会的各个领域，极大地改变着人们的生活方式和工作方式，带动了全球范围的技术进步，并成为推动社会发展的巨大生产力，由此引发了深刻的社会变革。

1.1.1 计算机的定义

计算机曾经被称为"智力工具"，在诞生的初期主要是用来进行科学计算的，因此被称为"计算机"。

现在，计算机同汽车一样是一种工具，计算机的处理对象已经远远超过了"计算"这个范畴，它可以对数字、文字、声音、图形及图像等各种形式的数据进行处理。

实际上，计算机是一种能够按照事先存储的程序，自动、高速地对数据进行处理和存储的系统。

一个完整的计算机系统包括硬件和软件两大部分，硬件是由电子的、磁性的、机械的器件组成的物理实体，它由运算器、存储器、控制器、输入设备和输出设备 5 个基本部分组成；软件由系统软件和应用软件组成。

1.1.2 计算机的分类

人们平常所说的计算机应该是一套微型计算机系统。在计算机刚出现的时候，它是一个有几个房间大的巨大机器，这种机器可以由很多人同时使用，用来帮助科学家完成复杂的科学计算。经过几十年的发展，如今到处可见的计算机变得越来越小了。

传统上，计算机根据其技术、功能、体积大小、价格和性能分为4类，但是这些分类随着技术的发展而变化。不同种类计算机之间的分界线非常模糊，随着更多高性能计算机的出现，它们之间相互渗透。因为各种计算机的特性随着技术的发展不断变化并且相互渗透，所以很难将一台具体的计算机归为某类。

下面介绍一种将计算机按硬件进行分类的分类方法，这种方法中将计算机分为服务器、工作站、台式计算机、笔记本式计算机、手持设备5大类。

1. 服务器

服务器的英文名为Server，从广义上讲，服务器是指网络中能对其他计算机提供某些服务的计算机系统（如果一台计算机对外提供FTP服务，也可以将其称为服务器）。从狭义上讲，服务器是专指某些高性能计算机，能通过网络为客户端计算机提供各种服务。服务器的构成与普通计算机类似，也有处理器、硬盘、内存、系统总线等，但因为它是针对具体的网络应用特别制定的，因而服务器与微型计算机在处理能力、稳定性、可靠性、安全性、可扩展性、可管理性等方面存在很大差异，相对于普通计算机来说，稳定性、安全性、性能等方面都要求更高。

服务器作为网络的结点，存储、处理网络上80%的数据、信息，因此也被称为网络的灵魂。做一个形象的比喻：服务器就像是邮局的交换机，而微型计算机、笔记本式计算机、PDA、手机等固定或移动的网络终端，就像是散落在家庭、各种办公场所、公共场所等处的电话机。人们与外界日常生活、工作中的电话交流、沟通，必须经过交换机，才能到达目标电话；同样如此，网络终端设备就像家庭、企业中的微型计算机上网，获取资讯，与外界沟通、娱乐等，也必须经过服务器，因此也可以说是服务器在"组织"和"领导"这些设备。

服务器有很多分类的标准，例如，按照应用级别来分，可以分为工作组级服务器、部门级服务器和企业级服务器；按照处理器个数来分，可以分为单路服务器、双路服务器和多路服务器；按照处理器架构来分，可以分为x86服务器、IA-64服务器和RISC构架服务器；按照服务器的结构来分，可以分为塔式服务器、机架式服务器和刀片式服务器。最常见也最直观的分类方式就是通过服务器的结构进行分类。图1-1所示为服务中小企业的IBM System x系列塔式服务器和惠普ProLiant BL490c G7刀片式服务器。

（a）IBM System x 系列塔式服务器　　　　　　　（b）HP ProLiant BL490c G7 刀片式服务器

图1-1　服务器

2．工作站

工作站的英文名为 Workstation，是一种以个人计算机和分布式网络计算为基础，主要面向专业应用领域，具备强大的数据运算与图形、图像处理能力，为满足工程设计、动画制作、科学研究、软件开发、金融管理、信息服务、模拟仿真等专业领域而设计开发的高性能计算机。它属于一种高档的计算机，一般拥有较大屏幕显示器和大容量的内存和硬盘，也拥有较强的信息处理功能和高性能的图形、图像处理功能及连网功能。

图 1-2 为联想和戴尔品牌的工作站。

（a）联想 ThinkStation E30（7824A19）工作站　　　　（b）戴尔 Precision T7500（T620233CN）工作站

图 1-2　工作站

3．台式计算机

台式计算机的英文名为 Desktop，又称桌面机，是现在非常流行的微型计算机，多数家庭和公司用的计算机都是台式计算机，台式计算机的性能一般比笔记本式计算机要强。

图 1-3 为华硕和清华同方品牌的台式计算机。

（a）华硕精质 BM5342　　　　　　　　　　（b）清华同方真爱 C3700-S001（S 机箱）

图 1-3　台式计算机

4．笔记本式计算机

笔记本式计算机的英文名为 Notebook Computer 或 Laptop，又称手提式计算机或膝上型计算机。其体积小、重量轻，和台式计算机架构类似，但是提供了更好的便携性，笔记本式计算机可以使用电池或接通直流电直接运行。笔记本式计算机除了键盘外，还包含触控板（TouchPad）或触控点（Pointing Stick），提供了更好的定位和输入功能。

图 1-4 为索尼和宏碁品牌的笔记本式计算机。

（a）索尼 SD28EC/B（黑）

（b）Acer 4750G-2432G50Mnkk

图 1-4 笔记本式计算机

5. 手持设备

手持设备的英文名为 Handheld，其种类较多并且体积小，如 PDA、SmartPhone、智能手机、3G 手机、Netbook（上网本）、EeePC（华硕易 PC）等。随着 3G 时代的到来，手持设备将会获得更大的发展，其功能也会越来越强。

图 1-5 为部分手持设备。

（a）苹果 iPad 2

（b）华硕 EeePC 1015PX

图 1-5 手持设备

1.1.3 计算机的特点

计算机作为一种通用的信息处理工具，具有极高的处理速度、较强的存储能力、精确的计算和逻辑判断能力，各种类型的计算机虽然在规模、用途、性能、结构等方面有所不同，但它们都具有以下主要特点：

1. 运算速度快

目前超级计算机的运算速度已达到数十万亿次/秒，微型计算机也可达每秒百亿次以上，使大量复杂的科学计算问题得以解决。例如，卫星轨道的计算、大型水坝的计算、24 h 天气预报的计算等，过去人工计算需要几年、几十年，而现在用计算机只需几天甚至几分钟就可完成。

2. 运算精确度高

科学技术的发展特别是尖端科学技术的发展，需要高度精确的计算。由于计算机内部采用浮点数表示方法，而且计算机的字长从 8 位、16 位增加到 32 位、64 位甚至更长，从而使处理的结果具有很高的精确度，这是任何计算工具都望尘莫及的。

3. 具有记忆和逻辑判断能力

随着计算机存储容量的不断增大，可存储的信息越来越多。计算机不仅能够计算，而且能把参加运算的数据、程序及中间结果和最后结果保存起来，供用户随时调用；还可以对各种信息（如语言、文字、图形、图像、音乐等）通过编码技术进行算术运算和逻辑运算，甚至进行推理和证明。

4. 具有自动控制能力

由于计算机内可以存储程序，从而使得计算机可以根据人们事先编好的程序自动控制完成各种操作。用户根据解题需要，事先设计好运行步骤与程序，计算机将十分严格地按程序规定的步骤操作，整个过程不需要人工干预。

1.1.4　计算机的产生与发展

自古以来，人类就在不断地发明和改进计算工具，从"结绳计算"、算盘、计算尺、手摇计算机，到 1946 年第一台电子计算机诞生，经历了漫长的岁月。计算机科学与技术已成为本世纪发展最快的学科之一，尤其是微型计算机的出现和计算机网络的发展，使计算机的应用渗透到社会的各个领域，有力地推动了信息社会的发展。多年来，人们将计算机物理器件的变革作为标志，把计算机的发展划分为 5 代。

计算机发展中的"代"通常以其所使用的主要器件（如电子管、晶体管、集成电路、大规模集成电路和超大规模集成电路）来划分。此外，在计算机发展的各个阶段，所配置的软件和使用方式也有不同的特点，成为划分"代"的标志之一。

第一代计算机（1946—1958）是电子管计算机。计算机使用的主要逻辑器件是电子管，用穿孔卡片机作为数据和指令的输入设备；用磁鼓或磁带作为外存储器；使用机器语言编程。虽然第一代计算机的体积大、速度慢、能耗高、使用不便且经常发生故障，但是它一开始就显示了强大的生命力。这个时期的计算机主要用于科学计算，从事军事和科学研究方面的工作。其代表机型有 ENIAC、IBM 650（小型机）、IBM 709（大型机）等。

第二代计算机（1959—1964）是晶体管计算机。这个时期的计算机用晶体管代替了电子管，内存储器采用了磁心体、引入了变址寄存器和浮点运算硬件、利用 I/O 处理器提高了输出能力，在软件方面配置了子程序库和批处理管理程序，并且推出了 FORTRAN、COBOL、ALGOL 等高级程序设计语言及相应的编译程序。

这个时期计算机的应用扩展到数据处理、自动控制等方面。计算机的运行速度已提高到每秒几十万次，体积已大大减小，可靠性和内存容量也有较大提高。其代表机型有 IBM 7090、IBM 7094、CDC（Control Data Corporation，控制数据公司）7600 等。

第三代计算机（1965—1970）是集成电路（Integrated Circuit，IC）计算机。所谓集成电路，是指将大量的晶体管和电子线路组合在一块硅晶片上，故又称其为芯片。小规模集成电路每个芯片上的元件数为 100 个以下，中规模集成电路每个芯片上则可以集成 100～10 000 个元件。

这个时期的计算机用中小规模集成电路代替了分立元件，用半导体存储器代替了磁心存储器，外存储器使用磁盘。软件方面，操作系统进一步完善，高级语言数量增多，出现了并行处理、多处理器、虚拟存储系统及面向用户的应用软件。计算机的运行速度也提高到每秒几十万次甚至几百万次，可靠性和存储容量进一步提高，外围设备种类繁多，计算机和通信密切结合起来，广泛地应用到科学计算、数据处理、事务管理、工业控制等领域。其代表机型有 IBM 360 系列、富士通 F230 系列、DEC 的 PDP-X 系列等。

第四代计算机（1971 年以后）是大规模和超大规模集成电路计算机。这个时期计算机的主要逻辑元件是大规模和超大规模集成电路，一般称为大规模集成电路时代。大规模集成电路（Large Scale Integration，LSI）的每个芯片可以集成 10 000 个以上的元件。这一时期的计算机采用半导体存储器，具有大容量的软、硬磁盘，并开始引入光盘。软件方面，操作系统不断发展和完善，同时出现了数据库管理系统、通信软件等。

在第四代计算机中，微型计算机最引人注目。微型计算机的诞生是超大规模集成电路应用的结果，奔腾系列处理器的产生使得现在的微型计算机体积越来越小、性能越来越强、可靠性越来越高、价格越来越低、应用范围越来越广。

目前新一代计算机正处在设想和研制阶段。新一代计算机是把信息采集、存储处理、通信和人工智能结合在一起的计算机系统。也就是说，新一代计算机由处理数据信息为主，转向处理知识信息为主，如获取、表达、存储及应用知识等，并有推理、联想和学习（如理解能力、适应能力、思维能力等）等人工智能方面的能力，能帮助人类开拓未知的领域和获取新的知识，如生物计算机、光计算机等。

杰出人物：世界上第一台存储式计算机 EDSAC 的研制者——莫里斯·威尔克斯（Maurice Vincent Wilkes）

威尔克斯于 1913 年出生于英国，1946 年 5 月，他获得了冯·诺依曼起草的 EDVAC 计算机的设计方案，便以 EDVAC 为蓝本设计自己的计算机并组织实施，起名为 EDSAC。1949 年 5 月，EDSAC 首试成功，Lyons 公司取得了 EDSAC 的批量生产权，这就是于 1951 年正式投入市场的 LEO（Lyons Electronic Office）计算机，通常被认为是世界上第一个商品化的计算机型号。EDSAC 和 LEO 计算机的成功奠定了威尔克斯作为计算机大师和先驱在学术界的地位。第二届图灵奖授予英国皇家科学院院士、计算技术的先驱莫里斯·威尔克斯，以表彰他在设计与制造出世界上第一台存储程序式电子计算机 EDSAC 及其他许多方面的杰出贡献。

贡献涉及计算机设计的部分图灵奖获得者还包括詹姆斯·威尔金森——数值分析专家和研制 ACE 计算机的功臣、弗雷德里克·布鲁克斯——IBM 360 系列计算机的总设计师和总指挥等。

1.2　计算机科学与技术学科的定义

1985 年春，ACM（Association for Computing Machinery，美国计算机协会）和 IEEE-CS（Institute of Electrical and Electronics Engineers-Computer Society，美国电气和电子工程师协会计算机分会）联手组成攻关组，开始了对"计算作为一门学科"的存在性的证明。经过近 4 年的工作，ACM 攻关组提交了一篇名为《计算作为一门学科》（*Computing as a Discipline*）的报告，完成了这一任务。该报告的主要内容刊登在 1989 年 1 月的《ACM 通信》（*Communications of the ACM*）杂志上。

《计算作为一门学科》报告标志着计算作为一门学科的产生。计算学科是对描述和变换信息的算法过程（包括其理论、分析、设计、效率分析、实现和应用）的系统研究。本学科来源于对数理逻辑、计算模型、算法理论、自动计算机器的研究，形成于 20 世纪 30 年代后期。现在，计算已成为继理论、实验之后的第三种科学形态。

1.2.1 计算学科与计算机科学与技术学科的关系

计算机科学与技术学科包含计算学科的大部分基本内容，既可以看做计算学科的一种全面体现，又可以看做计算学科的基本学科，计算机科学与技术学科可以与计算学科相对应。因此，人们用计算学科的描述来定义计算机科学与技术学科。

计算机科学与技术学科虽然只有短短几十年的历史，但是它已经具有相当丰富的内容，如今的计算机科学与 10 年前相比，已经有了很大差别。专家们认为，计算机科学（Computer Science，CS）已经难以完全覆盖该学科新的发展，因此，将扩展后的学科称为计算学科（Computing Discipline）。目前大多数人认为，计算学科包括计算机科学、计算机工程（Computer Engineering，CE）、软件工程（Software Engineering，SE）、信息系统（Information System，IS）等学科。

计算机科学与技术学科，简称为计算机学科，是研究计算机的设计、制造和利用计算机进行信息获取、表示、存储、处理、控制等的理论、原则、方法和技术的学科。计算机科学与技术学科包括科学与技术两方面内容：科学方面侧重于研究现象、揭示规律；技术方面则侧重于研制计算机和研究使用计算机进行信息处理的方法与技术。科学是技术的依据，技术是科学的体现；科学与技术相辅相成、互相影响，二者高度融合是计算机科学与技术学科的突出特点。

1.2.2 计算机科学与技术学科的根本问题

计算机科学与技术学科来源于对数理逻辑、计算模型、算法理论、自动计算机器的研究，学科研究与发展的主要目标是围绕大量科学计算问题研制自动计算机器，然后开展各种以科学计算为主的应用研究工作，研究对象大多集中在寻求解决问题的各种算法上，因此，许多人认为计算机科学与技术是算法的学问。

20 世纪 30 年代以后，"能行性"取代了算法的地位，成为学科定义性描述中占有突出重要地位的名词。简单地讲，计算机科学与技术学科的根本问题是什么能被（有效地）自动化，即能行性问题，这也是计算学科的根本问题。一个问题在判定为可计算的性质后，从具体解决这个问题着眼，必须按照能行可构造的特点与要求，给出实际解决该问题的具体操作步骤，同时还必须确保这种过程的成本是能够承受的。围绕这一问题，学科发展了大量与之相关的研究内容和分支学科方向。例如，数值与非数值计算方法、算法设计与分析、结构化程序设计技术与效率分析、以计算机部件为背景的集成电路技术、密码学与快速算法、演化计算、数字系统逻辑设计、程序设计方法学（主要指程序设计技术）、自动布线、RISC 技术、人工智能的逻辑基础等分支学科的内容都是围绕这一基本问题展开和发展而形成的。

计算机科学与技术学科除了具有较强的科学性外，还具有较强的工程性，因此，它是一门科学性与工程性并重的学科，表现为其理论性和实践性紧密结合。计算机科学与技术学科涉及计算机科学、计算机工程、软件工程、信息工程等领域，计算机科学与技术学科的迅猛发展，除了源于微电子学等相关学科的发展外，还源于其应用的广泛性与巨大的需求。该学科已经渗透到人类社会的各个领域，成为经济发展的助推器，科学文化与社会的催化剂。

1.2.3 计算机科学与技术学科的研究范畴

国内所称的计算机科学与技术学科包括计算机系统结构、计算机软件与理论、计算机应用技术 3 个二级学科，它包括国际上所称的计算机科学、计算机工程及其他分支学科的有关内容。也就是说，计算机科学与技术学科包涵计算学科的大部分基本内容。

　　计算学科包括对计算过程的分析、计算机的设计和使用。计算学科的研究包括了从算法与可计算性的研究到根据可计算硬件和软件的实际实现问题的研究。这样，计算学科不但包括从总体上对算法和信息处理过程进行研究的内容，也包括满足给定规格要求的有效而可靠的软硬件设计——它包括所有科目的理论研究实验方法和工程设计。

　　计算机科学技术的研究范畴包括计算机理论、硬件、软件、网络及应用等，按照研究的内容，也可以划分为基础理论、专业基础和应用3个层面。在这些研究领域中，有些方面已经研究得比较透彻，取得了许多成果；有些方面还不够成熟和完备，需要进一步去研究、发展和完善。

1.2.4　计算学科的典型实例

　　在计算学科的发展过程中，为了便于理解计算学科中有关问题和概念的本质，人们给出了许多反映该学科某一方面本质特征的典型实例。计算学科典型实例的提出及研究，不仅有助于人们深刻理解计算学科，而且还对学科的发展有着重要的推动作用，本节将对部分典型实例进行阐述。

1. 哥尼斯堡七桥问题

　　17世纪的东普鲁士有一座哥尼斯堡（Konigsberg）城［现为俄国的加里宁格勒（Kaliningrad）城］，城中有一座奈佛夫（Kneiphof）岛，普雷格尔（Pregol）河的两条支流环绕其旁，并将整个城市分成北区、东区、南区和岛区4个区域，全城共有7座桥将4个城区连接起来，如图1-6所示。

　　人们常通过这7座桥到各城区游玩，于是产生了一个有趣的数学难题：寻找走遍这7座桥且只许走过每座桥一次，最后又回到原出发点的路径。该问题就是著名的"哥尼斯堡七桥问题"。

　　这个问题看起来似乎不难，但人们始终没能找到答案。

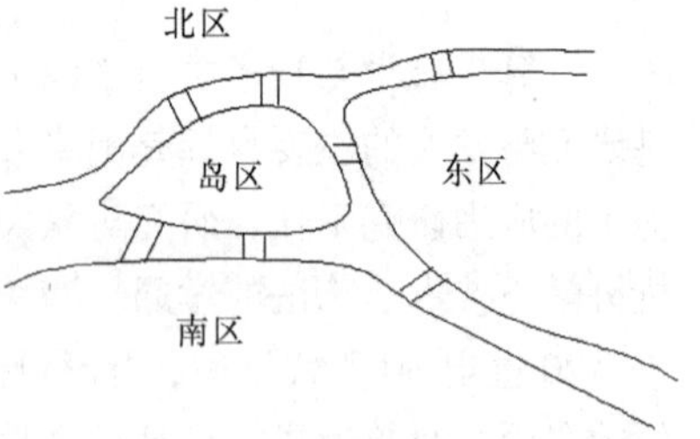

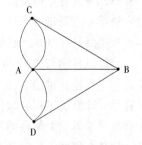

图1-6　哥尼斯堡地图

1736年，著名数学家列昂纳德·欧拉（L.Euler）发表了关于"哥尼斯堡七桥问题"的论文——《与位置几何有关的一个问题的解》，欧拉在文中指出，从一点出发不重复地走遍7座桥，最后又回到原出发点是不可能的。

　　欧拉是这样解决问题的：用4个字母A、B、C、D代表4个城区，并用7条线表示7座桥，如图1-7所示。在图1-7中，只有4个点和7条线，这样做是基于该问题本质考虑的，它抽象出问题最本质的东西，忽视问题非本质的东西（如桥的长度等），从而将哥尼斯堡七桥问题抽象为一个数学问题，即经过图中每边一次且仅一次的回路问题。欧拉在论文中论证了这样的回路是不存在的，后来，人们把有这样回路的图称为欧拉图，这个问题称为欧拉七桥问题。

　　欧拉还证明了：如果每个点连接的边数为偶数，则可以找到这样的回路；否则无法找到。

图1-7　哥尼斯堡抽象图

　　欧拉的论文为图论的形成奠定了基础。今天，图论已广泛地应用于计算学科、运筹学、信息论、控制论等学科之中，并已成为对现实问题进行抽象的一个强有力的数学工具。随着计算学科的发展，图论在计算学科中的作用越来越大，同时，图论本身也得到了充分的发展。

2. 梵天塔问题

梵天塔问题源于有关"世界末日"的古老传说：相传印度教的天神梵天在创造整个世界时，建了一座神庙，神庙里竖有 3 根宝石柱子，柱子由 1 个铜座支撑。梵天将 64 个直径大小不一的金盘子按照从大到小的顺序依次套放在第一根柱子上，形成一座金塔（见图 1-8），即所谓的梵天塔（又称汉诺塔，Hanoi 塔）。

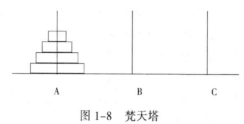

图 1-8　梵天塔

天神让庙里的僧侣们将第一根柱子上的 64 个盘子借助第二根柱子全部移到第三根柱子上，即将整个塔迁移，同时定下 3 条规则：

① 每次只能移动 1 个盘子。

② 盘子只能在 3 根柱子上来回移动，不能放在他处。

③ 在移动过程中，3 根柱子上的盘子必须始终保持大盘在下，小盘在上。

天神说："当这 64 个盘子全部移到第三根柱子上后，世界末日就要到了。"这就是著名的梵天塔问题。

梵天塔问题是一个典型的只能用递归方法（而不能用其他方法）来解决的问题。

递归是计算学科中的一个重要概念。所谓递归，是指将一个较大的问题归约为一个或多个子问题的求解方法。当然，要求这些子问题比原问题简单一些，且在结构上与原问题相同。

根据递归方法，可以将 64 个盘子的梵天塔问题转化为求解 63 个盘子的梵天塔问题，如果 63 个盘子的梵天塔问题能够解决，则可以先将 63 个盘子移动到第二个柱子上，再将最后 1 个盘子直接移动到第三个柱子上，最后又一次将 63 个盘子从第二个柱子移动到第三个柱子上，这样就可以解决 64 个盘子的梵天塔问题了。依此类推，63 个盘子的梵天塔求解问题可以转化为 62 个盘子的梵天塔求解问题，62 个盘子的梵天塔求解问题又可以转化为 61 个盘子的梵天塔求解问题，直到 1 个盘子的梵天塔求解问题。再由 1 个盘子的梵天塔的求解求出 2 个盘子的梵天塔，直到解出 64 个盘子的梵天塔问题。

根据上面的分析，人们可以轻松地写出解决梵天塔问题的递归程序，但问题并没有想象的那么简单，假设让僧人们每秒移动一次盘子，则僧侣们一刻不停地来回搬动，也需要花费约 5 849 亿年的时间，假定计算机以每秒 1 000 万个盘子的速度搬动，也需要花费约 58 490 年的时间。

这就是算法复杂性要研究的典型问题，也是体现计算的本质"能行性问题"的典型实例：尽管能写出算法，但计算机无法在有效的时间内完成，仍然是一个无法用计算来解决的问题，仍然是"不能行的"。

3. 三个中国人算法

关于算法及其复杂性的有关问题，中国计算机学者洪加威曾经讲了一个童话，在国外被称为"三个中国人算法"，用来帮助读者理解计算复杂性的有关概念，具体内容如下：

很久以前，有一个酷爱数学的艾述国王，向邻国一位聪明美丽的公主（秋碧贞楠公主）求婚。

公主出了这样一道题：求出 48 770 428 433 377 171 的一个真因子。若国王能在一天之内求出答案，公主便接受国王的求婚。

国王回去后立即开始逐个数地进行计算，一直到晚上，共算了 3 万多个数，但最终还是没有结果。国王向公主求情，公主将答案相告：223 092 827 是它的一个真因子。国王很快就验证了这个数的确能除尽 48 770 428 433 377 171。公主说："我再给你一次机会，如果还求不出，将来你只好做我的证婚人了。"国王立即回国，并向时任宰相的大数学家孔唤石求教，大数学家在仔细地思考后认为这个数为 17 位，则最小的一个真因子不会超过 9 位，于是给国王出了一个主意：按自然数的顺序给全国的老百姓每人编一个号发下去，等公主给出数目后，立即将该数通报全国，让每个老百姓用自己的编号去除这个数，除尽了立即上报，赏金万两。最后，国王用这个办法求婚成功。

在这个童话中，国王最先使用的是一种顺序算法，其复杂性表现在时间方面，后面由宰相提出的是一种并行算法，其复杂性表现在空间方面。

直觉上人们认为，顺序算法解决不了的问题完全可以用并行算法来解决，甚至会想，并行计算机系统求解问题的速度将随着处理器数目的不断增加而不断提高，从而解决难解性问题，其实这是一种误解。当将一个问题分解到多个处理器上解决时，由于算法中不可避免地存在必须串行执行的操作，从而大大限制了并行计算机系统的加速能力。因此，对难解性问题而言，单纯地提高计算机系统的速度是远远不够的，降低算法复杂度的数量级才是最关键的问题。

4．哲学家进餐问题

对哲学家进餐问题可以做这样的描述：5 个哲学家围坐在 1 张圆桌旁，每个人的面前摆有 1 碗面条，碗的两旁各摆有 1 只筷子，如图 1-9 所示。

假设哲学家的生活除了吃饭就是思考问题，而吃饭的时候需要左手拿一只筷子，右手拿一只筷子，然后开始进餐，吃完后又将筷子摆回原处，继续思考问题。那么，一个哲学家的生活进程可表示为：

① 思考问题。

② 饿了停止思考，左手拿一只筷子（拿不到就等）。

③ 右手拿一只筷子（拿不到就等）。

④ 进餐。

⑤ 放右手筷子。

⑥ 放左手筷子。

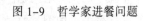

⑦ 重新回到思考问题状态①。

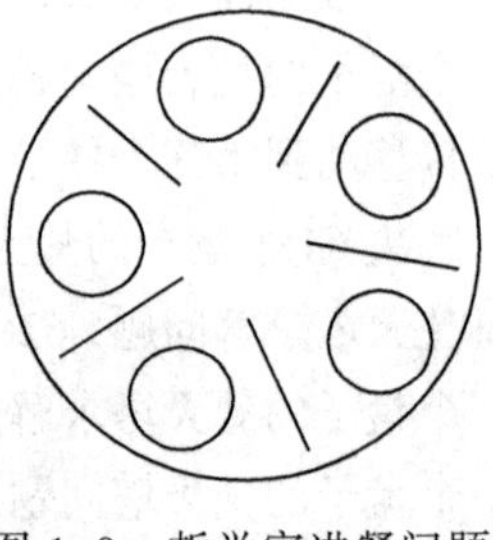

图 1-9 哲学家进餐问题

问题是：如何协调 5 个哲学家的生活进程，使得每一个哲学家都可以进餐。

考虑下面两种情况：

① 按哲学家的生活进程，当所有的哲学家都同时拿起左手筷子时，则所有的哲学家都将拿不到右手的筷子，并处于等待状态，那么哲学家都将无法进餐，最终饿死。

② 将哲学家的生活进程修改一下，变为当右手的筷子拿不到时，就放下左手的筷子，这种情况是不是就没有问题？不一定，因为可能在一个瞬间，所有的哲学家都同时拿起左手的筷子，则自然拿不到右手的筷子，于是都同时放下左手的筷子，等一会，又同时拿起左手的筷子，如此这样永远重复下去，则所有的哲学家一样都吃不到饭。

以上两个方面问题，其实反映的就是程序并发执行时进程同步的两个问题：一个是死锁

（Deadlock），一个是饥饿（Starvation）。采用并发程序语言、Petri 网、CSP 等工具都能很容易地解决这个问题。

典型实例在计算机软硬件的开发中具有重要的应用价值。人们知道，一个系统开发出来后，面临着用户的确认和验收。对软硬件中的程序而言，测试程序只能发现程序有错，不能证明程序无错。然而，采用形式化的方法证明程序的正确性又是一个很困难的问题，不仅成本高、周期长，而且对并发程序和并发程序的验证还有一些关键问题尚未解决，这时怎么办呢？

众所周知，带有程序的软硬件系统，特别是软件系统与其他产品的一个显著区别是允许产品在销售时带有一些尚未发现的错误，它们可以在今后的使用过程中，经过开发商的售后服务和产品的更新换代加以完善。为此，要证明系统的性能和状态良好，许多带程序的软硬件系统的确认和验收常通过对典型实例的测试进行。例如，美国国防部 Ada 语言的编译系统开发出来后，要通过 1 000 多个典型实例的测试才能投入运行。由于典型实例是在长期的实践中不断积累，根据各类问题的特点经抽象、分类和总结得来的，因此，只要系统能够通过各种典型实例的测试，就在很大程度上使人们相信该系统的质量是有基本保证的。

提示：除了上面讲述的典型实例外，还有停机问题、饮料问题、最小费用流问题、可满足性问题、货郎担问题、生产者与消费者问题、八皇后问题、九宫排定问题、荷兰国旗问题等，读者可以在今后的学习中自己去发现、认识更多的典型实例。

5．人工智能中的若干哲学问题

计算机能够思考吗？这是多年来计算机科学家和哲学家长期争论的问题。

在计算学科诞生后，为解决人工智能中一些有争议的问题，图灵和西尔勒又分别提出了能反映人工智能本质特征的两个著名的哲学问题："图灵测试"和西尔勒的"中文屋子"。根据图灵等人对"智能"的理解，人们在人工智能领域取得了长远的进展，其中"深蓝（Deep Blue）"战胜国际象棋大师卡斯帕罗夫（G.Kasparov）就是一个很好的例证。

1）图灵测试

图灵于 1950 年在英国 *Mind* 杂志上发表了 *Computing Machinery and Intelligence* 一文，文中提出了"机器能思维吗？"这样一个问题，并给出了一个被后人称为"图灵测试（Turing Test）"的模仿游戏。

这个游戏需要由 3 个人完成：一个男人（A）、一个女人（B）和一个不限性别的提问者（C）。提问者（C）在与其他两个游戏者相隔离的房间里。游戏的目标是让提问者通过对其他两人的提问来鉴别其中哪个是男人，哪个是女人。为了避免提问者通过他们的声音、语调轻易地做出判断，最好让提问者与其他两游戏者通过一台电传打字机进行沟通。提问者只被告知两个人的代号为 X 和 Y，游戏的最后他判断出"X 是 A，Y 是 B"或"X 是 B，Y 是 A"。

提问者可以提出下列问题："请 X 回答，你的头发的长度"，如果 X 实际上是男人（A），那么他为了给提问者造成错觉，可能会这样回答："我的头发很长，大约有 9 英寸"（1 英寸=25.4 mm）。如果对女人（B）来说，游戏的目标是帮助提问者，那么她可能会做出真实的回答，并且在答案后面加上"我是女人，不要相信那个人"之类的提示。但也许这样也无济于事，因为男人（A）同样也可以加上类似的提示。

现在，把上面这个游戏中的男人（A）换成一部机器来扮演，如果提问者在与机器、女人的游戏中做出的错误判断与在男人、女人之间的游戏中做出错误判断的次数是相同的，那么，就可以判定这部机器是能够思维的。

图灵关于"图灵测试"的论文发表后引发了很多争论，以后的学者在讨论机器思维时大多都要谈到这个游戏。

"图灵测试"不要求接受测试的思维机器在内部构造上与人脑一样，它只是从功能的角度来判定机器是否能思维，也就是从行为主义这个角度来对"机器思维"进行定义。尽管图灵对"机器思维"的定义不够严谨，但他关于"机器思维"定义的开创性工作对后人的研究具有重要意义。因此，一些学者认为，图灵发表的关于"图灵测试"的论文标志着现代机器思维问题讨论的开始。

2）西尔勒的"中文屋子"

美国哲学家约翰·西尔勒（J.R.Searle）于 1980 年在 *Behavioral and Brain Sciences* 杂志上发表了 *Minds*、*Brains and Programs* 一文。文中，他以自己为主角设计了一个"中文屋子（Chinese Room）"的假想试验来反驳图灵测试。

假设西尔勒被单独关在一个屋子里，屋子里有序地堆放着足量的汉语字符，而他对中文可谓是一窍不通。这时屋外的人递进一串汉语字符，同时还附了一本用英文写的处理汉语字符的规则，这些规则将递进来的字符和屋子里的字符之间的处理进行了纯形式化的规定，西尔勒按规则指令对这些字符进行一番处理之后，将一串新组成的字符送出屋外。事实上，他根本不知道送进来的字符串就是屋外人提出的"问题"，也不知道送出去的就是所谓"问题的答案"。又假设西尔勒很擅长按照指令娴熟地处理一些汉字符号，而程序设计师（即制定规则的人）又擅长编写程序（即规则），那么，西尔勒的答案将会与一个地道的中国人的答案没什么不同。但是，这样能说西尔勒真的懂中文吗？

西尔勒借用语言学的术语形象地揭示了"中文屋子"的深刻寓意：形式化的计算机仅有语法，没有语义。因此，他认为，机器永远也不可能代替人脑。作为以研究语言哲学问题而著称的分析哲学家西尔勒来自语言学的思考，的确给人工智能涉及的哲学和心理学问题提供了不少启示。

尽管多年来始终在争论，但"计算机能够思考吗？"这个问题尚未得到确切答案，不过这些争论促进了对人工智能的研究，并且已经研究出能够提高生活质量的技术。

杰出人物：计算机科学的奠基人——阿兰·图灵（Alan Mathison Turing）

图灵有两个杰出贡献，一是建立了图灵机模型，奠定了可计算理论的基础；二是提出了图灵测试，阐述了机器智能的概念。他当之无愧地被誉为"计算机科学之父"。1966 年，美国计算机协会 ACM 为纪念电子计算机诞生 20 周年，也是图灵的具有重大科学价值和历史意义的论文发表 30 周年时，决定设立计算机界的第一个奖项，并把它命名为"图灵奖"，以纪念这位计算机科学理论的奠基人，专门奖励那些在计算机科学研究中做出创造性贡献、推动计算机科学技术发展的杰出科学家。图灵奖对获奖者的要求极高，评奖程序极严，一般每年只奖励一名计算机科学家，只有极少数年度有两名在同一方向上做贡献的科学家共享此奖。因此，尽管"图灵奖"的奖金数额不算高，但它却是计算机界最负盛名、最崇高的一个奖项，具有"计算机界诺贝尔奖"之称。

1.3 影响计算机科学与技术学科教育的因素

计算机技术在信息化建设中的技术基础性使得信息化社会对计算机技术及其人才的需求呈现出"刚性"特征，因此，计算机专业近十多年来一直保持旺盛的发展势头，吸引了众多优秀的学生。计算的概念在过去十年里发生了巨大变化，这种变化对计算机专业的教育方法有着深刻的影响。从与教育直接相关的整个内容上来说，日新月异的各种技术和产品，更有包括学科形态、方法学意义上的核心概念等内容，都深刻地影响着计算机专业的教育。

1.3.1 技术的变化

回顾半个世纪来科学技术的发展史，计算机科学与技术正以磅礴之势迅猛发展。以信息获取、表示、储存、处理、控制为主要研究对象的计算机科学与技术学科已深入到人类活动的各个领域，对人类社会的进步与发展产生巨大的影响。与计算机科学与技术相关的新概念、新方法、新技术不断涌现，这就是人们讨论计算技术的改变对计算学科教育影响的原因。

1965 年，Intel 公司的创始人摩尔（Gordon Moore）提出了著名的摩尔定律，他预测微处理器处理速度每 18 个月要增加一倍，该定律至今仍然适用。人们已经看到结果，可以获得的计算能力呈指数增长，这使得在短短的几年前尚不能解决的问题有可能得到解决。

该学科的其他变化，如万维网出现后网络的迅猛增长更富戏剧性，这表明该变化也是革命性的。渐进的和革命性的变化都使计算领域所要求的知识体系和教育过程受到影响。近期，在技术方面变化较大的主要有如下一些方面：

① 网络技术，包括基于 TCP/IP 的技术、万维网及其应用。
② 图形学和多媒体技术。
③ 嵌入式系统。
④ 数据库技术。
⑤ 互操作性。
⑥ 面向对象的程序设计。
⑦ 复杂的应用程序接口（APIs）的应用。
⑧ 人机交互。
⑨ 软件安全。
⑩ 保密与密码学。
⑪ 应用领域。

鉴于以上内容重要性的日益突出，把它们收入大学本科的课程之中是理所当然的。面对学生有限的在校时间与应该传授的知识点不断增多之间的矛盾，各高校应当以不断进步的、系统的观点看问题，调整每年的教学计划，保持整个教学计划的科学性、系统性和适应性。

1.3.2 文化的变化

计算教育除了受到计算机技术发展的影响外，也受到文化变更和变更赖以发生的社会背景的影响。例如，以下变化都对教育过程的性质产生了影响。

1. 新技术带来了教育方法的改变

推动计算学科最新发展的技术变革与教育文化有直接的联系。例如，计算机网络的发展使分布在大范围内的机构和学校可以共享课程资料，从而使远程教育得以实现和发展。同时，新技术也影响了教育学的性质，计算学科的讲授方式较过去有了很大变化。计算教程的设计必须把这些引起变化的技术考虑在内。

2. 计算的发展影响了教育的变革

在过去的十多年里，计算领域已得到了大大拓宽。例如，20 世纪 90 年代初，即使像美国这样发达的国家，连接因特网的家庭也为数不多，而如今，上网已经是一件很普通的事情了。计算领域的拓宽明显地影响着教育的变革，这其中包括计算学科的学生对计算的了解程度及其应用能力的提高，以及接触与不接触计算的人们之间技术水平的差距。

3．计算机技术对教育及其可用资源的影响

由于人们对高技术产业的极度狂热，从而对教育及其可用资源产生了巨大的影响。对计算专家的巨大需求和能够得到丰厚经济回报的前景吸引了许多学生涉足该领域，其中包括一些对计算专业几乎没有一点兴趣的学生。

4．计算作为一门学科已不再是问题

在计算发展的初期，许多机构还在为"计算"的地位而抗争。毕竟，那时候它还是一个新的学科，没有支持其他多数学术领域的历史基础。在某种程度上，这个问题贯穿了 CC1991 创作过程的始末。该报告与《计算作为一门学科》报告密切相关，并为"计算"的重要地位进行抗争，最终获得了胜利。如今，计算学科已经成为许多大学最大最活跃的学科之一，同时再也没有必要为把计算教育是否列入学科而进行争论了。现在的问题是如何找到一种方法来满足这种需求。

5．计算学科的拓展

随着计算学科的成长及其合法地位的确定，计算学科的研究范围得到了扩展。以前，计算主要集中在计算机科学上，其基础是数学和电气工程。而近些年来，计算学科发展成为一个更大更具包容性的领域，开始涉及越来越多的其他领域，理解计算学科的拓展对计算教育的影响是工作的重要组成部分。

1.3.3　教育观念的变化

教育的目的是为学生的将来做好准备，所以课程体系必然反映出学生所选择的专业领域的未来发展，然而计算机科学是一个相对新的科学领域，而且它具有能很快地融合其他领域和学科的特点，因而要探讨计算机科学课程体系的架构就更加复杂。

哲学家费希特曾经指出，教育必须培养人的自我决定能力，而不是培养人们去适应传统世界；教育重要的不是着眼于实用性、传播知识和技能，而是要唤起学生的力量，培养其自我性、主动性、抽象的归纳能力和理解能力。

目前，教育正在摆脱单一的知识传授功能，联合国教科文组织对教育的定义已经从"有组织有目的的知识传授活动"改变为"能够导致学习的交流活动"，而且已经将教育一词从 Education 改为 Learning。据此，按照可持续发展教育观的要求，为了使学生更好地适应社会发展和自身工作，人们提出了终身教育和柔性化教育的思想。

1.3.4　计算机科学与技术学科的教育

计算的概念在过去 10 年里发生了巨大变化，对教学计划的设计和教育方法具有深刻的影响。"计算"已经拓展到难以用一个学科来定义的境地。将计算机科学、计算机工程、软件工程融合成关于计算教育的一个统一文件的做法在 10 年前也许是合理的，但人们确信 21 世纪的计算蕴含有多个富有生命力的学科，它们分别有着自己的完整性和教育学特色。

回顾我国计算机教育的历史，大致分为 3 个阶段：

1．初始阶段（1956—1960）

1956 年，国务院制定了新中国第一个科学技术发展规划，即《1956—1967 年十二年科学技术

发展远景规划》。这个规划除了确定 56 项重大研究任务外，还确定了发展电子计算机、半导体、无线电电子学和自动化技术等 6 项紧急措施，从而促使了我国计算机教育事业发展的第一个高潮的到来，这一段时期共开办了 14 个计算机专业。

该阶段的计算机教育特点是大多采取"以任务带学科，以科研带队伍"的专业发展模式，人才培养面向国防和科学研究需要，计算机专业大多称为"计算装置"，强调从基本元器件开始的计算机硬件系统的设计与实现，大多设置在自动控制系，形成了与应用系统结合的计算机教育。

2．发展阶段（1978—1986）

1978 年，在国家科委主持起草的《1978—1985 年全国科学技术发展规划纲要》中，又把电子计算机列为 8 个影响全局的综合性课题之一，并将其放在突出的地位。我国计算机教育迎来了第二个发展高潮，这一段时期共开办了 74 个计算机专业。

改革开放促进了计算机新技术、新课程的引进，计算机软件开始得到普遍重视，计算机应用技术教育开始普及，高层次人才培养开始起步。部分重点大学开始招收硕士和博士。

3．高速发展阶段（1994 年至今）

1995 年左右，World Wide Web 在世界范围的蓬勃兴起使"计算"的概念发生了巨大变化，社会突然觉得需要很多的"计算机人才"。这种变化不可避免地反映到教育中。一方面，若干相关课程被引入到计算机专业的教学计划中；另一方面，出现了一批计算机类的新专业，如网络工程、软件工程、电子商务、信息安全等。同时在科教兴国发展战略的指导下，计算机教育进入一个快速发展期，除了传统的计算机科学与技术专业外，计算机专业的内涵和外延发生了较大变化，办学单位和在校生人数迅速增加，教材内容逐步与国际接轨。

纵观我国计算机教育的历史，计算机教育发展应该以国家需求为目标和驱动力，注重学习国际先进技术，包括技术、系统、人才、优秀教材等，充分认识计算机专业的实践性特点，计算机教育的内容必须与时俱进。

作为高素质的理工科专业人才，除了应该具备高素质专门人才应有的内涵和共性特征外，还应该具备良好的理工科专业的实践能力，较好地掌握解决本专业实际工作中提出的理论问题、技术问题和工程问题的方式方法和技能。而作为高素质的计算机科学与技术专业人才，与其他理工科学科高素质专业人才的区别在于人才所处的学科背景和所具备的专业知识不同，需要更多地了解和掌握计算机科学与技术发展的一般规律。

① 按照学科根本特征的要求，加强基础理论的教育，并由此强化学生培养"计算思维能力"。

② 通过选择最佳的知识载体，循序渐进地掌握包括基本问题求解过程和基本思路在内的学科方法论的内容，而将一些流行系统和工具作为学习过程中的实践环境和自我扩展的内容来处理，使专业的学习既有理论基础，又有必要的实践经验。

③ 在强调基础的同时，也要注意学科的发展，适时、适当地提升学习中的一些基础内容，以满足学科发展的要求。

1.4　计算机学科的知识体系

近年来，计算机学科发生了巨大变化，从早期的以数学、逻辑、电子学、程序语言和程序设计为支撑学科发展的主要专业基础知识，到如今以并行与分布计算、网络技术、软件工程等为新的学科内容，这一变化对计算机专业的教育产生了深远的影响。

在我国教育部的"全国普通高等学校本科目录"（2004 版）中，计算机类相关专业包括计算机科学与技术、软件工程、网络工程、计算机软件、电子商务、数字媒体技术和信息安全等，目前全国设置有计算机类相关专业的高等院校有 500 多所。

而 IEEE-CS&ACM 制定的 Computing Curricula 2005（简称 CC2005）中，将计算机类的专业划分为计算机科学（Computer Science, CS）、计算机工程（Computer Engineering, CE）、软件工程（Software Engineering, SE）、信息系统（Information System, IS）和信息技术（Information Technology, IT）等，各专业学习的内容除了科学技术本身内容外，都包含社会和职业生涯方面的知识体，涉及与计算相关的哲学、历史、社会变化、职业和道德责任、知识产权、隐私和公民自由、计算机犯罪等内容，其中很多被指定为必修内容。

以为高等院校计算机教育提供指导性意见为目标，教育部高等学校计算机教学指导委员会参照 IEEE-CS&ACM 制定的 Computing Curricula 2004（简称 CC2004）发布了《高等学校计算机科学与技术专业发展战略研究报告暨专业规范（试行）》（以下简称《规范》），规范中对计算机科学、计算机工程、软件工程、信息技术等专业在人才培养目标、人才培养的内容、知识体系、课程体系等方面提出了参考性意见。

1.4.1　计算机学科的方法论

《高等学校计算机科学与技术专业发展战略研究报告暨专业规范（试行）》中，根据对学科发展和社会需求的认识，鼓励不同院校考虑培养 3 种不同的学生类型：科学型（CS）、工程型（CE 和 SE）、应用型（IT 和 IE），这 3 种人才类型之间的关系如图 1-10 所示。

其中，科学型的人才以计算机技术基础理论、应用基础理论和新技术的研究开发为基本使命，致力于发现规律；工程型的人才关注计算机基本理论和原理在硬件系统、软件系统的设

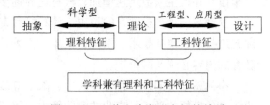

图 1-10　3 种人才类型之间的关系

计与制造方面的综合应用，致力于构建系统；应用型的人才建立针对特定应用环境的信息系统，提供信息化服务，注重于计算机软硬件系统的功能与性能、系统的集成与配置、系统的维护与管理等方面，致力于实现服务。

图 1-10 中的理论、抽象、设计是计算机科学与技术学科方法论的 3 个过程。

计算机科学与技术学科方法论系统地研究该领域认识和实践过程中使用的一般方法，研究这些方法的性质、特点、内在联系、变化与发展，它主要包括 3 个方面：学科方法论的 3 个过程（又称学科的 3 个形态）、重复出现的 12 个基本概念和典型的学科方法。

理论形态：与数学所有方法类似，主要要素为定义和公理、定理、证明、结果的解释，可为建立和理解计算机科学与技术学科提供所需要的数学原理。

抽象形态（模型化）：源于实验科学，主要要素为数据采集方法和假设的形式说明、模型的构造与预测、实验分析、结果分析，抽象的结果为概念、符号和模型，可为算法、数据结构和系统结构等构造模型，对所建立的模型进行实验。

设计形态：源于工程学，主要要素为需求说明、规格说明、设计和实验方法、测试与分析，可用来开发求解给定问题的系统和设备。

计算机科学与技术学科中重复出现的 12 个基本概念包括绑定、大问题的复杂性、概念和形式模型、一致性和完备性、效率、演化、抽象层次、按空间排序、重用、安全性、折中、政策；典型的学科方法包括数学方法和系统科学方法。这 12 个基本概念和典型的学科方法描述了贯穿于认识和实践学科的过程中问题求解的基本方面与要点，这里不再赘述。

1.4.2 计算机学科的知识体系

《高等学校计算机科学与技术专业发展战略研究报告暨专业规范（试行）》借鉴 CC2005，给出了计算机科学与技术专业下的计算机科学、计算机工程、软件工程、信息技术方向的知识体系，尽管与传统的专业划分（如计算机体系结构、计算机软件与理论和计算机应用技术等）方法不同，但所列出的知识体系和课程体系对相关专业有一定的指导作用。

1. 计算机科学（CS）专业方向

计算机科学是研究计算机和可计算系统的学科，包括其理论、设计、开发和应用技术，专业内容相对突出计算的理论和算法。计算机科学的学科范围跨度很大，包括从理论基础、算法基础到最前沿的学科发展，如机器人学、计算机视觉、智能系统、仿生信息学等许多令人兴奋的学科。典型的学科方法包括数学方法和系统科学方法。

计算机科学研究人员的工作包括 3 个方面：

① 设计和实现软件。计算机科学研究人员往往承担具挑战性的编程工作，同时他们也指导其他程序员，让程序员不断获取新的方法。

② 发明应用计算机的新方法。计算机科学领域中的网络、数据库、人机界面等方面的新进展，使万维网的发展成为可能。现在计算机科学研究人员正和其他领域的专家合作，使机器人变成实用的智能助手，使用数据库来生成新知识，用计算机帮助人们破译 DNA 的秘密。

③ 发明高效的方法解决计算问题。例如，计算机科学研究人员要开发出在数据库中存储信息，通过网络传输数据以及显示复杂图像的较好方法。计算机科学的理论背景可以帮助计算机科学研究人员确定方法的最优性能，在算法领域的研究可帮助他们开发出具有更优性能的新方法。

计算机科学专业方向人才的能力结构要求包括具备在计算机科学领域里分析问题、解决问题的能力，实践能力，良好的外语运用能力，团队精神与组织才能，沟通能力与良好的人际关系，表达能力和创新能力。

计算机科学专业方向知识体系划分为知识领域、知识单元和核心知识单元 3 个层次，共有 14 个知识领域，131 个知识单元，共计 562 个核心学时。

知识体系结构的最高层是知识领域（Area），表示特定的学科子领域。每个知识领域用两个英文字母的缩写表示。例如，OS 表示操作系统（Operating System），PL 表示程序设计语言（Programming Language）等。

知识体系结构的中间层是知识单元，表示知识领域中独立的主题（Thematic）模块。每一知识单元用知识领域名后加一个数字表示，例如，OS3 是操作系统中有关并发性的知识单元。知识体系结构的最底层是知识点（Topic）。

表 1-1 列出了计算机科学专业方向的知识领域和知识单元，其中，计算机科学（Computer Science）用 CS 表示。

表 1-1　计算机科学专业方向的知识领域和知识单元

知 识 领 域	核心知识单元（562 个核心学时）	选修知识单元
CS-AR 计算机体系结构与组织（82）	AR1 数字逻辑与数字系统（16） AR2 数据的机器级表示（6） AR3 汇编级机器组织（18） AR4 存储系统组织和结构（10） AR5 接口和通信（12） AR6 功能组织（14） AR7 多处理和其他系统结构（6）	AR8 性能提高技术 AR9 网络与分布式系统结构
CS-AL 算法与复杂度（54）	AL1 算法分析基础（6） AL2 算法策略（12） AL3 基本算法（24） AL4 分布式算法（4） AL5 可计算性理论基础（8）	AL6 P 类和 NP 类 AL7 自动机理论 AL8 高级算法分析 AL9 加密算法 AL10 几何算法 AL11 并行算法
CS-HC 人机交互（12）	HC1 人机交互基础（8） HC2 简单图形用户界面的创建（4）	HC3 以人为中心的软件评价 HC4 以人为中心的软件开发 HC5 图形用户界面的设计 HC6 图形用户界面的程序设计 HC7 多媒体系统的人机交互 HC8 协作和通信的人机交互
CS-OS 操作系统（41）	OS1 操作系统概述（2） OS2 操作系统原理（4） OS3 并发性（12） OS4 调度和分派（6） OS5 内存管理（10） OS6 设备管理（2） OS7 安全和保护（2） OS8 文件系统（3）	OS9 实时和嵌入式系统 OS10 容错 OS11 系统性能评价 OS12 脚本
CS-PF 程序设计基础（69）	PF1 程序设计基本结构（15） PF2 算法与问题求解（8） PF3 基本数据结构（30） PF4 递归（10） PF5 事件驱动程序设计（6）	
CS-SP 社会和职业问题（11）	SP1 信息技术史（1） SP2 信息技术的社会环境（2） SP3 分析方法和分析工具（2） SP4 职业责任和道德责任（1） SP5 基于计算机系统的风险与责任（1） SP6 知识产权（3） SP7 隐私与公民自由（1）	SP8 计算机犯罪 SP9 与信息技术相关的经济问题

知识领域	核心知识单元（562 个核心学时）	选修知识单元
CS-SE 软件工程（54）	SE1 软件设计（12） SE2 使用 APIs（8） SE3 软件工具与环境（4） SE4 软件工程（4） SE5 软件需求与规格说明（8） SE6 软件确认（8） SE7 软件进化（5） SE8 软件项目管理（5）	SE9 基于构件的计算 SE10 形式化方法 SE11 软件可靠性 SE12 特定系统开发
CS-DS 离散结构（72）	DS1 函数、关系与集合（12） DS2 基础逻辑（18） DS3 证明技巧（24） DS4 计数基础（12） DS5 图和树（6）	DS6 离散概率
CS-NC 以网络为中心的计算（48）	NC1 网络及其计算介绍（4） NC2 通信与网络（20） NC3 网络安全（8） NC4 客户机/服务器计算举例（8） NC5 构建 Web 应用（4） NC6 网络管理（4）	NC7 压缩与解压缩 NC8 多媒体数据技术 NC9 无线和移动计算
CS-PL 程序设计语言（54）	PL1 程序设计语言概论（4） PL2 虚拟机（2） PL3 语言翻译简介（6） PL4 声明和类型（6） PL5 抽象机制（6） PL6 面向对象程序设计（30）	PL7 函数程序设计 PL8 语言翻译系统 PL9 类型系统 PL10 程序设计语言的语义 PL11 程序设计语言的设计
CS-GV 图形化与可视化计算（8）	GV1 图形学的基本技术（6） GV2 图形系统（2）	GV3 图形通信 GV4 几何建模 GV5 基本图形绘制方法 GV6 高级图形绘制方法 GV7 先进技术 GV8 计算机动画 GV9 可视化 GV10 虚拟现实 GV11 计算机视觉
CS-IS 智能系统（22）	IS1 智能系统基本问题（2） IS2 搜索和约束满足（8） IS3 知识表示与知识推理（12）	IS4 高级搜索 IS5 高级知识表示与知识推理 IS6 代理 IS7 自然语言代理技术 IS8 机器学习与神经系统 IS9 人工智能规划系统 IS10 机器人学

知 识 领 域	核心知识单元（562 个核心学时）	选修知识单元
CS-IM 信息系统（35）	IM1 信息模型与信息系统（4） IM2 数据库系统（4） IM3 数据建模（6） IM4 关系数据库（3） IM5 数据库查询语言（6） IM6 关系数据库设计（6） IM7 事务处理（6）	IM8 分布式数据库 IM9 物理数据库设计 IM10 数据挖掘 IM11 信息存储与信息检索 IM12 超文本和超媒体 IM13 多媒体信息与多媒体系统 IM14 数字图书馆
CS-CN 计算科学与数值方法		CN1 数值分析 CN2 运筹学 CN3 建模与仿真 CN4 高性能计算

知识体系定义了计算机科学专业方向学生的知识结构，这些知识通过课程教学来传授给学生。各方向课程体系由核心课程和选修课程组成，核心课程覆盖知识体系中的全部核心单元及部分选修知识单元。

根据知识单元的分布，选取其中部分知识单元，组成 15 门核心课程。这些课程主要涉及基础课程、专业课程两个层次，所列学时包括理论学习和实践两部分。

表 1-2 是规范中给出的计算机科学专业方向的核心课程。

表 1-2　计算机科学专业方向的核心课程

序　号	课 程 名 称	理论学时	实践学时
1	计算机导论	24	8
2	程序设计基础	48	16
3	离散结构	72	0
4	算法与数据结构	48	16
5	计算机组成基础	48	16
6	计算机体系结构	32	8
7	操作系统	32	16
8	数据库系统原理	32	16
9	编译原理	40	16
10	软件工程	32	16
11	计算机图形学	24	8
12	计算机网络	32	16
13	人工智能	32	8
14	数字逻辑	32	16
15	社会与职业道德	24	8

2．计算机工程（CE）专业方向

计算机工程学是现代计算系统、计算机控制设备的软硬件设计、制造、实施和维护的科学与技术，是计算机科学和电子工程的交叉学科，是一门关于设计和构造计算机及基于计算机的系统的学科。

它所涉及的研究包括软件、硬件、通信及它们之间的相互作用等方面。它的课程关注传统的电子工程及数学方面的理论、原理及实践，还包括如何应用它们解决在软硬件和网络的设计过程中面临的技术问题。

计算机工程的学生主要学习数字硬件系统的设计，包括通信系统、计算机及其他包含计算机的设备。计算机工程的学习重视硬件多于软件，或者两者相等。当前，在计算机工程中的一个热门方向是嵌入式系统，旨在开发将软件硬件嵌入其中的设备。例如，手机、数字音频播放器、数字视频录像机、警报系统、X 光机、激光外科用具等设备，它们全都需要硬件和嵌入式软件的结合，都是计算机工程的研究成果。

计算机工程师的工作以工程型为主，兼顾硬件科学型和应用系统的开发，设计和构建计算机系统和基于计算机的系统，强调的是硬件（嵌入式系统），擅长解决计算机系统的硬件问题。

计算机工程专业方向学生的能力要求包括熟悉计算机系统原理、系统硬件和软件的设计、系统构造和分析过程；具有该学科宽广的知识面，同时在该学科的一个或多个领域中具有高级的知识；具备一个完整的设计经历，包括硬件和软件的内容；能够使用各种基于计算机的工具、实验室工具来分析和设计计算机系统，包括软硬件两方面的成分；理解其设计和制造的产品所工作的社会环境；能以恰当的形式（书面、口头、图形）来交流工作，并能以审视的观点对他人的工作做出评价。

计算机工程专业方向知识体系划分为 18 个知识领域，186 个知识单元，共计 550 个核心学时。

表 1-3 列出了计算机工程专业方向的知识领域和知识单元，其中，计算机工程（Computer Engineering）用 CE 表示。

表 1-3　计算机工程专业方向的知识领域和知识单元

知 识 领 域	核心知识单元（550 个核心学时）	选修知识单元
CE-ALG 算法 与复杂度（35）	ALG1 历史与概述（1） ALG2 基本算法分析（9） ALG3 算法策略（8） ALG4 计算算法（12） ALG5 分布式算法（3） ALG6 算法复杂性（2）	ALG7 基本可计算性理论
CE-CAO 计算 机体系结构和组 织（63）	CAO1 历史与概述（1） CAO2 计算机体系结构基础（10） CAO3 计算机运算（3） CAO4 存储系统组织与体系结构（8） CAO5 接口和通信（10） CAO6 设备子系统（5） CAO7 处理器系统设计（10） CAO8 CPU 的组织（10） CAO9 性能（3） CAO10 分布式系统模型（3）	CAO11 性能改进

续表

知 识 领 域	核心知识单元（550 个核心学时）	选修知识单元
CE-CSE 计算机系统工程（18）	CSE1 历史与概述（1） CSE2 生命周期（2） CSE3 需求分析与获取（2） CSE4 规格说明（2） CSE5 体系结构设计（3） CSE6 测试（2） CSE7 维护（2） CSE8 项目管理（2） CSE9 软件硬件协同设计（2）	CSE10 实现 CSE11 专用系统 CSE12 可靠性和容错性
CE-CSG 电路和信号（43）	CSG1 历史与概述（1） CSG2 电量（3） CSG3 电阻性电路和网络（9） CSG4 电抗性电路和网络（12） CSG5 频率响应（9） CSG6 正弦波分析（6） CSG7 卷积（3）	CSG8 傅里叶分析 CSG9 滤波器 CSG10 拉普拉斯变换
CE-DBS 数据库系统（10）	DBS1 历史与概述（1） DBS2 数据库系统（2） DBS3 数据建模（2） DBS4 关系数据库（3） DBS5 数据库查询语言（2）	DBS6 关系数据库设计 DBS7 事务处理 DBS8 分布式数据库 DBS9 物理数据库设计
CE-DIG 数字逻辑（57）	DIG1 历史与概述（1） DIG2 开关理论（6） DIG3 组合逻辑电路（4） DIG4 组合电路的模块化设计（6） DIG5 存储元件（3） DIG6 时序逻辑电路（10） DIG7 数字系统设计（12） DIG8 建模和仿真（5） DIG9 形式化验证（5） DIG10 故障模型和测试（5）	DIG11 可测试性设计
CE-DSP 数字信号处理（21）	DSP1 历史与概述（1） DSP2 理论和概念（3） DSP3 数字频谱分析（2） DSP4 离散傅里叶变换（7） DSP5 采样（3） DSP6 变换（3） DSP7 数字滤波器（2）	DSP8 离散时间信号 DSP9 窗口函数 DSP10 卷积 DSP11 音频处理 DSP12 图像处理

续表

知 识 领 域	核心知识单元（550 个核心学时）	选修知识单元
CE-ELE 电子学（40）	ELE1 历史与概述（1） ELE2 材料的电子特性（3） ELE3 二极管和二极管电路（5） ELE4 MOS 晶体管和偏压（3） ELE5 MOS 逻辑（7） ELE6 双极性晶体管和逻辑（4） ELE7 设计参数及相关问题（4） ELE8 存储单元（3） ELE9 接口逻辑和标准总线（3） ELE10 运算放大器（4） ELE11 电路建模和仿真（3）	ELE12 数据转换电路 ELE13 电压源和电流源 ELE14 放大器设计 ELE15 集成电路构造单元
CE-ESY 嵌入式系统（20）	ESY1 历史与概述（1） ESY2 嵌入式微控制器（6） ESY3 嵌入式程序（3） ESY4 实时操作系统（3） ESY5 低功耗计算（2） ESY6 可靠系统设计（2） ESY7 设计方法（3）	ESY8 工具支持 ESY9 嵌入式多处理器 ESY10 网络嵌入式系统 ESY11 接口和混合信号系统
CE-HCI 人机交互（13）	HCI1 历史与概述（1） HCI2 人机交互基础（3） HCI3 图形用户界面（3） HCI4 I/O 技术（2） HCI5 智能系统（4）	HCI6 以人为中心的软件评价 HCI7 以人为中心的软件开发 HCI8 交互式图形用户界面设计 HCI9 图形用户界面编程 HC10 图形和可视化 HCI11 多媒体系统
CE-NWK 计算机网络（31）	NWK1 历史与概述（1） NWK2 通信网络体系结构（5） NWK3 通信网络协议（5） NWK4 局域网和广域网（5） NWK5 客户机/服务器计算（5） NWK6 数据安全性和完整性（6） NWK7 无线和移动计算（4）	NWK8 性能评价 NWK9 数据通信 NWK10 网络管理 NWK11 压缩和解压
CE-OPS 操作系统（30）	OPS1 历史与概述（1） OPS2 设计原则（5） OPS3 并发性（6） OPS4 调度和分派（3） OPS5 存储管理（5） OPS6 设备管理（3） OPS7 安全和保护（3） OPS8 文件系统（3） OPS9 系统性能评价（1）	

续表

知 识 领 域	核心知识单元（550 个核心学时）	选修知识单元
CE-PRF 程序设计基础（44）	PRF1 历史与概述（1） PRF2 程序设计范型（5） PRF3 程序设计结构（7） PRF4 算法和问题求解（8） PRF5 数据结构（13） PRF6 递归（5） PRF7 面向对象程序设计（5）	PRF8 事件驱动与并发程序设计 PRF9 使用 API
CE-SPR 社会和职业问题（16）	SPR1 历史与概述（1） SPR2 公共政策（2） SPR3 分析方法和分析工具（2） SPR4 职业责任和道德责任（2） SPR5 风险和责任（2） SPR6 知识产权（2） SPR7 隐私和公民自由（2） SPR8 计算机犯罪（1） SPR9 计算机中的经济问题（2）	SPR10 哲学框架
CE-SWE 软件工程（23）	SWE1 历史与概述（1） SWE2 软件过程（2） SWE3 软件需求和定义（4） SWE4 软件设计（4） SWE5 软件测试和验证（4） SWE6 软件进化（4） SWE7 软件工具和环境（4）	SWE8 语言翻译 SWE9 软件项目管理 SWE10 软件容错
CE-VLS VLSI设计与构造（10）	VLS1 历史与概述（1） VLS2 材料的电子特性（2） VLS3 基本反相器的功能（3） VLS4 组合逻辑电路（1） VLS5 时序逻辑电路（1） VLS6 半导体存储器和阵列结构（2）	VLS7 芯片输入/输出电路 VLS8 工艺和布局 VLS9 电路特点和性能 VLS10 不同电路结构/低功耗设计 VLS11 半定制设计技术 VLS12 ASIC 设计方法
CE-DSC 离散结构（43）	DSC1 历史与概述（1） DSC2 函数、关系和集合（9） DSC3 基础逻辑（12） DSC4 证明技巧（8） DSC5 计数基础（5） DSC6 图和树（6） DSC7 递归（2）	
CE-PRS 概率和统计（33）	PRS1 历史与概述（1） PRS2 离散概率（6） PRS3 连续概率（6） PRS4 期望（4） PRS5 随机过程（6） PRS6 样本分布（4） PRS7 估计（4） PRS8 假设检验（2）	PRS9 相关性和回归

表 1-4 是规范中给出的计算机工程专业方向的核心课程。

表 1-4　计算机工程专业方向的核心课程

序　号	课　程　名　称	理　论　学　时	实　践　学　时
1	计算机导论	24	8
2	程序设计基础	56	16
3	离散结构	56	8
4	算法与数据结构	56	8
5	电路与系统	48	8
6	模拟与数字电子技术	48	12
7	数字信号处理	32	8
8	数字逻辑	32	8
9	计算机组成基础	56	8
10	计算机体系结构	48	8
11	操作系统	48	8
12	计算机网络	48	8
13	嵌入式系统	48	12
14	软件工程	24	8
15	数据库系统原理	32	8
16	社会与职业道德	16	4

3. 软件工程（CE）专业方向

随着网络技术及面向对象技术的广泛应用，软件工程取得了突飞猛进的发展，软件工程已从计算机科学与技术中脱离出来，逐渐成为一门独立的学科。

对其知识体系的研究从 20 世纪 90 年代初就开始了，标志是美国 Embry-Riddle 航空大学的"软件工程知识体系指南"。1995 年 5 月，ISO/IEC/JTC1 启动了标准化项目——"软件工程知识体系指南"（Guide to the Software Engineering Body of Knowledge，SWEBOK 指南）。IEEE 与 ACM 联合建立的软件工程协调委员会（SWECC）、加拿大魁北克大学及美国 MITRE 公司等共同承担了"SWEBOK 指南"项目。2005 年 9 月，正式发布为国际标准，标志着 SWEBOK 项目的工作告一段落，软件工程作为一门学科，在取得对其核心知识体系的共识方面已经达到了一个重要的里程碑。

在职业市场，"软件工程师"是一种职业标志。这个名词用于描述一种职业时，并没有标准的定义。在招聘人员眼里，它的含义有很多种。它可能是"计算机程序员"，或是一些从事管理大型的、复杂的且（或）安全性要求很高的软件项目人员。而软件工程的学生会更多地学习软件的可靠性和如何维护软件，更关注开发和维护软件的技术，保证软件在设计之初不至于出错。

SWEBOK 指南的目的是确认软件工程学科的范围，并为支持该学科的本体知识提供指导。SWEBOK 指南将软件工程知识体系划分为 10 个知识域（Knowledge Area，KA），每个知识域还可进一步分解为若干子知识域。软件工程知识体系指南的内容如表 1-5 所示。

表 1-5　软件工程知识体系指南的内容

知　识　域	子　知　识　域
软件需求	软件需求基础、需求过程、需求获取、需求分析、需求规格说明、需求确认、实践考虑
软件设计	软件设计基础、软件设计关键问题、软件结构与体系结构、软件设计质量的分析与评价、软件设计记法、软件设计的策略与方法

续表

知　识　域	子　知　识　域
软件构造	软件构造基础、管理构造、实际考虑
软件测试	软件测试基础、测试级别、测试技术、与测试相关的度量、测试过程
软件维护	软件维护基础、软件维护关键问题、维护过程、维护技术
软件配置管理	软件配置过程管理、软件配置标识、软件配置控制、软件配置状态报告、软件配置审计、软件发行管理和交付
软件工程管理	项目启动和范围定义、软件项目计划、软件项目实施、评审与评价、项目收尾、软件工程度量
软件工程过程	过程定义、过程实施与变更、过程评估、过程和产品度量
软件工程工具和方法	软件工具（软件需求工具、软件设计工具、软件构造工具、软件测试工具、软件维护工具、软件配置管理工具、软件工程过程工具、软件质量工具和其他工具问题）、软件工程方法（启发式方法、形式化方法、原型方法）
软件质量	软件质量基础、软件质量过程、实践考虑

根据软件工程知识单元的分布，规范设计了 27 门课程的课程体系，如表 1-6 所示。

表 1-6　软件工程专业的课程体系

课程编号	课程名称	包含的知识单元	最小核心学时	参考学时 授课学时	参考学时 实验学时
CS101	程序设计基础	计算机科学基础、构造工具、专业技能、需求基础、设计概念、评审、测试	39	48	16
CS102	面向对象方法学	计算机科学基础、构造技术、设计概念、人机界面设计、基本知识、进化过程	36	48	16
CS103	数据结构和算法	计算机科学基础、测试	31	48	16
CS105	离散结构Ⅰ	计算机科学基础、数学基础	24	48	
CS106	离散结构Ⅱ	计算机科学基础、数学基础、建模基础	27	48	
CS220	计算机体系结构	计算机科学基础	15	48	16
CS226	操作系统和网络	计算机科学基础	16	48	16
CS270	数据库	计算机科学基础、建模基础	13	48	16
NT272	工程经济学	软件的工程基础、软件的工程经济学、项目计划	13	32	
NT181	团队激励和沟通	团队激励/心理学、交流沟通技能、需求规约与文档	11	16	8
NT291	软件工程职业实践	专业技能、软件质量概念与文化	14	16	
SE101	软件工程与计算Ⅰ	计算机科学基础、构造技术、构造工具、软件工程基础、专业技能、模型分类、需求基础、需求获取、需求规约与文档、设计概念、设计策略、详细设计、测试	35	48	16
SE102	软件工程与计算Ⅱ	计算机科学基础、专业技能、建模基础、需求确认、设计策略、详细设计、设计支持工具与评价、基本知识、评审、测试、问题分析和报告、进化过程	36	48	16
SE200	软件工程与计算Ⅲ	计算机科学基础、构造技术、软件的工程基础、专业技能、建模基础、设计概念、设计策略、体系结构设计、人机界面设计、详细设计、基本知识、评审、过程实施、管理概念	38	48	16

续表

课程编号	课程名称	包含的知识单元	课程学时		
			最小核心学时	参考学时	
				授课学时	实验学时
SE201	软件工程导论	构造技术、软件的工程基础、专业技能、建模基础、建模分类、需求基础、需求获取、需求规约与文档、需求确认、设计概念、设计策略、体系结构设计、人机界面设计、详细设计、设计支持工具与评价、基本知识、评审、测试、问题分析和报告、过程实施、管理概念	34	48	16
SE211	软件代码开发技术	构造技术、构造工具、形式化开发方法、数学基础、建模基础	36	48	16
SE212	人机交互的软件工程方法	构造技术、软件的工程基础、团队激励/心理学、建模基础、模型分类、需求基础、人机界面设计、基本知识、评审、测试、人机用户界面测试和评价、产品保证	25	32	16
SE213	大型软件系统设计与软件体系结构	建模基础、模型分类、设计策略、体系结构设计、进化过程、进化活动、管理概念、项目计划、软件配置管理	28	32	16
SE221	软件测试	需求基础、基本知识、评审、测试、问题分析和报告、产品保证	23	32	8
SE311	软件设计与体系结构	构造技术、建模基础、模型分类、设计策略、体系结构设计、详细设计、设计支持工具与评价、进化过程、进化活动	33	32	16
SE312	软件详细设计	构造技术、构造工具、形式化开发方法、模型分类、详细设计、进化过程	26	32	16
SE313	软件工程的形式化方法	形式化开发方法、数学基础、建模基础、模型分类、需求规约与文档、需求确认、详细设计、设计支持工具与评价、进化活动	34	32	16
SE321	软件质量保证与测试	数学基础、基本知识、评审、测试、问题分析和报告、过程概念、软件质量标准、软件质量过程、过程保证、产品保证	37	32	16
SE322	软件需求分析	模型分类、需求基础、需求获取、需求规约与文档、需求确认	18	32	8
SE323	软件项目管理	建模基础、过程概念、过程实施、管理概念、项目计划、项目人员和组织、项目控制、软件配置管理	26	32	8
SE324	软件过程与管理	需求获取、需求基础、需求规约与文档、进化过程、过程概念、过程实施、软件质量概念与文化、软件质量标准、软件质量过程、过程保证、产品保证、项目计划、项目人员和组织、项目控制	39	48	8
SE400	软件工程综合实习（含毕业设计）	构造技术、团队激励/心理学、交流沟通技能、专业技能、建模分类、需求获取、需求规约与文档、需求确认、设计策略、体系结构设计、人机界面设计、详细设计、设计支持工具与评价、评审、测试、项目计划、项目人员和组织、软件配置管理	28		420

注：没有注明学时的可按需安排。

当然，不同的学校根据实际的情况，可以设置不同的课程设置方案。

4．信息技术（IT）专业方向

信息技术是一门新的且快速发展的学科，信息技术方向的兴起是因为其他方向不能提供足够的、能处理现实问题的学生。信息技术专业方向主要针对各种组织的信息化需求，提供与实施技术解决方案，涉及为组织购买适当的软、硬件产品，按组织的要求和其基础设施的设置组装这些产品，并为组织的计算机用户安装、订制、维护这些应用，重在对各类信息系统的规划、创建、技术维护与管理，包括组建网络、网络管理及安全、网页制作、开发多媒体资源、安装通信设备、管理电子邮件系统，以及策划和管理组织的技术生命周期（维护、升级和替换组织所用技术）等。

信息化技术解决方案的提供者与实施者，即信息化服务工程师，在理论上，应理解各种计算技术，这样一种理解应该能够直接指导为满足用户需求对技术的选择和应用；在实践上，应善于系统集成，善于理解用户的需求和提供最优的满足这种需求的技术路线，有效地对系统运行实施技术性管理。信息技术人才的基本素质特征是能将不同的技术集成到应用系统中，并使系统和所属组织机构的日常运作能有机整合。

信息技术专业方向知识体系划分为 12 个必修知识领域，81 个知识单元，共计 290 个最小必修学时。表 1-7 列出了信息技术专业方向的知识领域和知识单元，其中，信息技术（Information Technology）用 IT 表示。

表 1-7　信息技术专业方向的知识领域和知识单元

知 识 领 域	知识单元（最小必修学时数 290）	
	符　　号	含 义 说 明
IT-ITF 信息技术基础（34）	ITF.the	基本概念（17）
	ITF.his	组织机构的信息化（6）
	ITF.re	信息技术发展史（3）
	ITF.mat	信息技术与其他学科的关系（3）
	ITF.app	典型应用领域（2）
	ITF.org	数学与统计学在信息技术中的应用（3）
IT-HCI 人机交互（29）	HCI.hum	人的因素（6）
	HCI.sof	应用领域中的人机交互问题（2）
	HCI.dev	以人为中心的评价（4）
	HCI.ev	开发有效的人机界面 （9）
	HCI.asp	易用性（1）
	HCI.em	新兴技术（2）
	HCI.acc	以人为中心的软件开发（5）
IT-IAS 信息保障和安全（23）	IAS.fu	基本知识（3）
	IAS.se	安全机制与对策（5）
	IAS.op	实施信息安全的相关任务和问题（3）
	IAS.po	策略（3）
	IAS.att	攻击（2）
	IAS.sd	安全域（2）
	IAS.for	计算机取证（1）
	IAS.in	信息状态（1）
	IAS.ss	安全服务（1）
	IAS.th	威胁分析模型（1）
	IAS.vu	漏洞（1）

续表

知 识 领 域	知识单元（最小必修学时数 290）	
	符　　号	含 义 说 明
IT-IM 信息管理（34）	IM.dql	数据库查询语言（9）
	IM.fun	信息管理的概念和基础知识（8）
	IM.dor	数据组织和体系结构（7）
	IM.dm	数据建模（6）
	IM.mg	数据库环境的管理（3）
	IM.spc	特殊用途的数据库（1）
IT-IPT 集成程序设计及技术（22）	IPT.sys	系统间通信技术（5）
	IPT.dat	数据映射与数据交换（4）
	IPT.ic	集成编码（4）
	IPT.scr	脚本技术（4）
	IPT.scp	软件安全实践（4）
	IPT.mi	其他各种技术
	IPT.pl	程序语言概述（1）
IT-NET 计算机网络（20）	NET.fn	网络基础（3）
	NET.pl	物理层（6）
	NET.se	安全（2）
	NET.nm	网络管理
	NET.aa	网络应用领域（1）
	NET.rs	路由与交换（8）
IT-PF 程序设计基础（38）	PF.fds	基本数据结构（10）
	PF.fpc	程序设计的基本结构（9）
	PF.oop	面向对象程序设计（9）
	PF.aps	算法和问题求解（6）
	PF.edp	事件驱动程序设计（3）
	PF.rec	递归（1）
IT-PT 平台技术（14）	PT.har	硬件
	PT.fir	固件
	PT.os	操作系统（10）
	PT.ao	计算机组织与系统结构（3）
	PT.ci	计算系统基础设施（1）
	PT.eds	企业级软件
IT-SA 系统管理和维护（11）	SA.os	操作系统（4）
	SA.app	应用系统（3）
	SA.adm	管理活动（2）
	SA.ad	管理域（2）
IT-SIA 系统集成和体系结构（21）	SIA.org	组织环境（1）
	SIA.req	需求（6）
	SIA.arc	体系结构（1）
	SIA.int	集成（3）
	SIA.acq	采购（4）
	SIA.pm	项目管理（3）
	SIA.tqa	测试和质量保证（3）

知 识 领 域	知识单元（最小必修学时数290）	
	符　号	含 义 说 明
IT-SP 信息技术与社会环境（23）	SP.his	信息技术行业与教育发展史（3）
	SP.sc	计算的社会环境（3）
	SP.pcl	隐私和公民权利（1）
	SP.per	职业操守规范与责任（2）
	SP.int	知识产权（2）
	SP.leg	信息技术应用涉及的法律问题（2）
	SP.tea	团队合作（3）
	SP.org	机构环境（2）
	SP.pc	信息技术专业写作（5）
IT-WS 系统和技术（21）	WS.tec	Web 技术（10）
	WS.inf	信息体系结构（4）
	WS.dm	数字媒体（3）
	WS.dev	Web 开发（3）
	WS.vul	漏洞（1）
	WS.ss	社会软件

注，没有注明学时的可按需安排。

根据信息技术知识单元的分布，规范设计的课程体系，如表1-8所示。

表1-8　信息技术专业方向必修课程示例

序　号	课 程 名 称	理 论 学 时	实 践 学 时
1	信息技术导论	36	18
2	信息技术应用数学入门	42	8
3	程序设计与问题求解	48	18
4	数据结构与算法	24	12
5	计算机系统平台	48	18
6	应用集成原理与工具	56	18
7	Web 系统与技术	48	18
8	计算机网络与互联网	48	18
9	数据库与信息管理	48	18
10	人机交互	48	18
11	面向对象方法	36	18
12	信息保障与安全	48	18
13	社会信息学	36	8
14	信息系统工程与实践	24	40
15	系统维护与管理	18	36

小　　结

计算机科学与技术是以计算机为研究对象的一门学科，它是一门研究范畴十分广泛、发展非常迅速的新兴学科。

本章从计算机的定义、分类、特点、用途、产生与发展等几方面入手，讲述了计算机的基本概念；同时，对计算学科的定义、教育、知识体系进行了整体的介绍。通过本章的学习，读者应理解计算机的基本概念、信息化社会的特征、信息化社会对计算机人才的需求，初步了解计算机学科的内涵、知识体系、课程体系和研究范畴等，以及作为一名计算机专业的学生应具有的基本知识和能力，明确今后的学习目标和内容，树立作为一个未来计算机工作者的自豪感和责任感。

习　　题

1. 什么是计算机？
2. 计算机有哪些主要的特点？
3. 计算机发展中各个阶段的主要特点是什么？
4. 计算机科学的研究范畴主要包括哪些？
5. 欧拉是如何对"哥尼斯堡七桥问题"进行抽象的？
6. 以"梵天塔问题"为例，说明理论上可行的计算问题实际上并不一定能行。
7. "图灵测试"和"中文屋子"是如何从哲学的角度反映人工智能本质特征的？
8. 在互联网上查找计算机在我国的主要应用。

第2章 计算机的基础知识

本章将介绍计算机科学技术的基础知识，包括计算机学科中的一些重要概念和术语，这些概念和术语贯穿本学科学习的始末，蕴含着计算机学科的基本思想，对于这些概念的熟练掌握是认识这个学科的基本要求，也是成熟的计算机科学家和工程师的标志之一。

本章知识要点：

- 对数制的简单认识
- 算法的概念
- 数据结构简介
- 程序的概念
- 软件工程基础

2.1 概 述

对初学者来说，本章出现的一些术语和概念是完全陌生的，这些术语和概念为什么重要？它们与计算机学科有什么关系？

这些问题的答案可以从买来一台计算机直至让它开始工作的全过程谈起。

首先是"硬件"，从专营店买回来的这个能摸得到、看得见的设备，人们称它为硬件，当然后面会看到硬件的概念不只是这样的简单理解，但为了对这些核心概念有个整体的认识，暂且认为是这个样子。

接下来，为了让这个设备能够工作起来，如将 MP3 歌曲存入计算机中并且让音乐响起来，就必须给它安装一些东西，这些能让计算机工作的东西称为"软件"。

那么，这些软件怎么来的呢？是一些该领域的从业人员利用计算机能"理解"的"语言"编写出来的一段指令，这段指令告诉计算机如何解决问题或者完成任务，称这些指令为"程序"。当然，编这些程序的过程中要遵循计算机界的规范，这些规范即为软件工程研究的内容。

不同的应用需要编写不同的程序，这些程序千变万化，从业人员既要学习计算机能识别的语言，又要了解解决问题的方法。同时，由于计算机理解问题的方式与人类理解问题的方式不同，使得编写程序的工作有很大的难度，为了抛开计算机语言学习的繁杂，人们想到了将复杂的编程工作简化，先从解决问题的步骤做起，这个解决问题的步骤称为"算法"。

有了算法的概念之后，编写程序简单了许多，但对于初学者来讲，拿到一个具体问题马上进行编程仍然很困难，于是人们总结出对于某类问题该如何认识的一系列方法，这些方法针对某类具体的应用分析数据之间的关系，给出数据在计算机中的表示方法和相关操作的实现方法，这一系列的方法称为"数据结构"。

从上面的讲述可以看到,这些核心概念主要描述的是从发明计算机到让它能够工作的过程中,人们需要完成的任务,很明显,对于这些概念的理解是入门必须掌握的内容。

2.2 计算机常用的数制及编码

数制又称计数制,是指用一组固定的符号和统一的规则来表示数值的方法。编码是采用少量的基本符号,选用一定的组合原则,以表示大量复杂多样的信息的技术。计算机是信息处理的工具,任何信息必须转换成二进制形式的数据后才能由计算机处理、存储和传输。

2.2.1 二进制数

习惯使用的十进制数由 0、1、2、3、4、5、6、7、8、9 十个不同的符号组成,每一个符号处于十进制数中不同的位置时,它所代表的实际数值是不一样的。例如,2005.116 这个数可以写成:

$$2005.116 = 2 \times 10^3 + 5 \times 10^0 + 1 \times 10^{-1} + 1 \times 10^{-2} + 6 \times 10^{-3}$$

式中每个数字符号的位置不同,它所代表的数值也不同,这就是经常所说的个位、十位、百位、千位…的意思。

二进制数和十进制数一样,也是一种进位计数制,但它的基数是 2。数中 0 和 1 的位置不同,所代表的数值也就不同。例如,二进制数 1101.010 表示十进制数 13.25,计算过程如下:

$$(1101.010)_2 = 1 \times 2^3 + 1 \times 2^2 + 0 \times 2^1 + 1 \times 2^0 + 0 \times 2^{-1} + 1 \times 2^{-2} + 0 \times 2^{-3}$$

一个二进制数具有如下两个基本特点:

① 由两个不同的数字符号组成,即 0 和 1。

② 逢二进一。

由于二进制只取两个数码 0 和 1,因此,二进制数的每一位都可以用任何具有两个不同稳定状态的元器件来表示,而十进制数用元器件表示时就需要更多不同的稳定状态。显然,制造具有两个稳定状态的元器件比制造具有多个稳定状态的元器件容易得多,这是二进制数应用于计算机或其他数字系统的一个优势。

当然二进制也有它的缺点,一方面书写冗长,不易读懂;另一方面,人们习惯使用十进制,二进制不符合人们的习惯。现在,人们早已对二进制与十进制之间的互换给出了通式,很容易通过反映这种数与数之间互换的程序或电路来自动进行。对于二进制的运算和二进制数与十进制数之间的转换,这里不做详细介绍,在"数字逻辑"或"计算机组成原理"的课程中会得到系统的学习。

2.2.2 常见的信息编码

前面已经介绍过,计算机中的数据是用二进制表示的,而人们习惯用十进制数,那么输入/输出时,数据就要进行十进制和二进制之间的转换处理,因此,必须采用一种编码的方法,由计算机自己来承担这种识别和转换工作。

1. BCD 码(二–十进制编码)

BCD(Binary Code Decimal)码是用若干位二进制数表示一位十进制数的编码,BCD 码有多种编码方法,常用的有 8421 码。表 2-1 是十进制数 0~19 的 8421 编码表。

表 2-1　十进制数与 BCD 码的对照表

十 进 制 数	8421 码	十 进 制 数	8421 码
0	0000	10	0001　0000
1	0001	11	0001　0001
2	0010	12	0001　0010
3	0011	13	0001　0011
4	0100	14	0001　0100
5	0101	15	0001　0101
6	0110	16	0001　0110
7	0111	17	0001　0111
8	1000	18	0001　1000
9	1001	19	0001　1001

8421 码是将十进制数码 0～9 中的每个数分别用 4 位二进制编码表示，从左至右每一位对应的数是 8、4、2、1，这种编码方法比较直观、简要，对于多位数，只需要将其中的每一位数字按表 2-1 中所列的对应关系用 8421 码直接列出即可。

例如，十进制数转换成 BCD 码如下：

$$(1209.56)_{10} = (0001\ 0010\ 0000\ 1001.0101\ 0110)_{BCD}$$

8421 码与二进制之间的转换不是直接的，要先将 8421 码表示的数转换成十进制数，再将十进制数转换成二进制数。例如：

$$(1001\ 0010\ 0011.0101)_{BCD} = (923.5)_{10} = (1110011011.1)_2$$

2. ASCII 码

计算机中，对非数值的文字和其他符号进行处理时，要对文字和符号进行数字化处理，即用二进制编码来表示文字和符号。字符编码（Character Code）是用二进制编码来表示字母、数字及专门符号的。

在计算机系统中，有两种重要的字符编码方式：ASCII 和 EBCDIC。EBCDIC 主要用于 IBM 的大型主机，ASCII 用于微型计算机与小型计算机。下面简要介绍 ASCII 码。

目前计算机中普遍采用的是 ASCII（American Standard Code for Information Interchange）码，即美国信息交换标准代码。ASCII 码有 7 位版本和 8 位版本两种，国际上通用的是 7 位版本，7 位版本的 ASCII 码有 128 个元素，只需要用 7 个二进制位（$2^7=128$）表示，其中控制字符 34 个，阿拉伯数字 10 个，大小写英文字母 52 个，各种标点符号和运算符号 32 个。在计算机中，实际用 8 位表示一个字符，最高位为 0。表 2-2 列出了全部 128 个元素的 ASCII 码。

表 2-2　7 位 ASCII 编码表

H＼L	0000	0001	0010	0011	0100	0101	0110	0111
0000	NUL	DLE	SP	0	@	P	`	p
0001	SOH	DC1	!	1	A	Q	a	q
0010	STX	DC2	"	2	B	R	b	r
0011	ETX	DC3	#	3	C	S	c	s
0100	EOT	DC4	$	4	D	T	d	t

续表

H / L	0000	0001	0010	0011	0100	0101	0110	0111
0101	ENQ	NAK	%	5	E	U	e	u
0110	ACK	SYN	&	6	F	V	f	v
0111	BEL	ETB	'	7	G	W	g	w
1000	BS	CAN	)	8	H	X	h	x
1001	HT	EM	(	9	I	Y	i	y
1010	LF	SUB	*	:	J	Z	j	z
1011	VT	ESC	+	;	K	[	k	{
1100	FF	FS	,	<	L	\	l	|
1101	CR	GS	−	=	M	]	m	}
1110	SO	RS	.	>	N	^	n	~
1111	SI	US	/	?	O	_	o	DEL

注：H 表示高 3 位，L 表示低 4 位。

例如，数字 0 的 ASCII 码为 48，大写英文字母 A 的 ASCII 码为 65，空格的 ASCII 码为 32 等。有的计算机教材中的 ASCII 码用 16 进制数表示，这样，数字 0 的 ASCII 码为 30H，字母 A 的 ASCII 码为 41H 等。

EBCDIC（扩展的二-十进制交换码）是西文字符的另一种编码，采用 8 位二进制表示，共有 256 种不同的编码，可表示 256 个字符，在某些计算机中也常使用。

3. 汉字编码

汉字也是字符，与西文字符比较，汉字数量大，字形复杂，同音字多，这就给汉字在计算机内部的存储、传输、交换、输入、输出等带来了一系列的问题。为了能直接使用西文标准键盘输入汉字，必须为汉字设计相应的编码，以适应计算机处理汉字的需要。

1）国标码

1980 年，我国颁布了《信息交换用汉字编码字符集 基本集》，代号为（GB 2312—1980），是国家规定的用于汉字信息处理使用的代码依据，这种编码称为国标码。在国标码的字符集中共收录了 6 763 个常用汉字和 682 个非汉字字符（图形、符号），其中一级汉字 3 755 个，以汉语拼音为序排列，二级汉字 3 008 个，以偏旁部首为序进行排列。

国标 GB 2312—1980 规定，所有的国标汉字与符号组成一个 94×94 的矩阵。在此方阵中，每一行称为一个"区"（区号为 01～94），每一列称为一个"位"（位号为 01～94），该方阵实际组成一个包括 94 个区，每个区内有 94 个位的汉字字符集，每一个汉字或符号在码表中都有一个唯一位置编码，称为该字符的区位码。

使用区位码方法输入汉字时，必须先在表中查找汉字并找出对应的代码。区位码输入汉字的优点是无重码，并且输入码与内部编码的转换较为方便。

2）机内码

汉字的机内码是计算机系统内部对汉字进行存储、处理、传输统一使用的代码，又称汉字内码。由于汉字数量多，一般用 2 B（字节）来存放汉字的内码。在计算机中，汉字字符必须与英文字符区别开，以免造成混乱。英文字符的机内码是用 1 B 来存放 ASCII 码，一个 ASCII 码占 1 B 的低 7 位，最高位为 0，为了区分，汉字机内码中 2 B 的最高位均置 1。

例如，汉字"中"的国标码为 5650H（$(01010110\ 01010000)_2$），机内码为 D6D0H（$(11010110\ 11010000)_2$）。

3）汉字的字形码

每一个汉字的字形都必须预先存放在计算机中，如 GB 2312—1980 国标汉字字符集的所有字符的形状描述信息集合在一起，称为字形信息库，简称字库。通常分为点阵字库和矢量字库。目前，汉字字形的产生方式大多是用点阵方式形成汉字，即是用点阵表示的汉字字形代码。根据汉字输出精度的要求，有不同的密度点阵。汉字字形点阵有 16×16 点阵、24×24 点阵、32×32 点阵等。汉字字形点阵中每个点的信息用一位二进制码来表示，1 表示对应位置处是黑点，0 表示对应位置处是空白。字形点阵的信息量很大，所占存储空间也很大，如 16×16 点阵，每个汉字就需要 32 B（$16 \times 16 \div 8=32$）；24×24 点阵的字形码需要 72 B（$24 \times 24 \div 8=72$），因此字形点阵只能用来构成"字库"，不能用来替代机内码用于机内存储。字库中存储了每个汉字的字形点阵代码，不同的字体（如宋体、仿宋、楷体、黑体等）对应着不同的字库。在输出汉字时，计算机要先到字库中去找到对应的字形描述信息，然后再把字形送去输出。

2.3　算　法　基　础

算法是计算学科中最重要的核心概念，被誉为计算学科的灵魂。算法设计的好坏直接影响软件的性能，而不同的人常常编写出不同的但都是正确的算法，因此，对算法进行深入研究对于提高软件的性能从而提高计算机的工作效率是至关重要的。

2.3.1　算法的历史简介

"算法"（Algorithm）一词在 1957 年之前的《韦氏新世界词典》（*Webster's New World Dictionary*）中还没有出现，现代的数学史学者发现了这一名词的真正来源：公元 825 年，阿拉伯数学家阿科瓦里茨米（AlKhowarizmi）写了著名的《波斯教科书》（*Persian Textbook*），书中概括了进行四则算术运算的法则。"算法"一词就来源于这位数学家的名字，后来在《韦氏新世界词典》中将其定义为"解决某种问题的任何专门的方法"。

2.3.2　什么是算法

对于算法的概念，不同的专家有不同的定义方法，但这些定义的内涵基本是一致的，这些定义中最为著名的是计算机科学家克努特（Knuth）在其经典著作《计算机程序设计的艺术》（*The Art of Computer Programming*）第一卷中对算法的定义和特性所做的有关描述：一个算法，就是一个有穷规则的集合，其中的规则确定了一个解决某一特定类型问题的运算序列。此外，算法的规则序列须满足如下 5 个重要特性：

① 有穷性：一个算法在执行有穷步之后必须结束。

② 确定性：算法的每一个步骤必须要确切地定义，不能有歧义性。

③ 输入：算法有零个或多个输入。

④ 输出：算法有一个或多个输出。

⑤ 可行性：算法中有待执行的运算和操作必须是相当基本的，即它们都是能够精确进行的，在有穷次之后就可以完成。

有穷性和可行性是算法的最重要的两个特征。

下面介绍一个算法的实例来加深读者对算法概念的理解。

【例 2.1】给定两个整数 m 和 n（$m>n$），求它们的最大公约数。

【解】算法 1：穷举法

① $i=2$，$x=1$。

② 以 m 除以 i，n 除以 i，并令所得余数为 r1、r2（$r1<m$，$r2<n$）。

③ 若 r1=r2=0，$r=n$，$x=i$，算法结束；若 r1=r2=0，$r<n$，$x=i$，i 加 1，继续步骤②；否则，i 加 1，继续步骤②。

④ 输出结果 x。

算法 2：欧几里得辗转相除计算方法

公元前 300 年左右，欧几里得在其著作《几何原本》（Elements）第七卷中阐述了关于求解两个整数的最大公约数的过程，这就是著名的欧几里得辗转相除算法，步骤如下：

① 以 n 除以 m，并令所得余数为 r（r 必小于 n）。

② 若 $r=0$，算法结束，输出结果 n；否则，继续步骤③。

③ 将 n 置换为 m，r 置换为 n，并返回步骤①继续进行。

从上面的例子中可以看到，同样一个问题，可以有两种完全不同的解决方法，每种方法都是一个"有穷规则的集合"，其中的规则确定了解决最大公约数问题的运算序列。很显然，两个算法在有穷步之后都会结束，算法中的每个步骤都有确切的定义，两个算法都有两个输入、一个输出，算法利用计算机可以求解并最终得到正确的结果。

2.3.3　算法的表示方法

算法是对解题过程的精确描述，算法的描述方法主要有自然语言、流程图、伪代码、计算机程序设计语言等。

1. 自然语言

自然语言即日常说话所使用的语言，如果计算机能完全理解人类的语言，按照人类的语言要求去解决问题，那人工智能中的很多问题就不成为问题了，这也是人们所期望看到的结果，使用自然语言描述算法不需要进行专门的训练，同时所描述的算法也通俗易懂。

但是目前的技术还不能完全用自然语言描述算法，主要的原因是：

① 自然语言的歧义性容易导致算法执行的不确定性。

② 自然语言的语句一般太长，从而导致了用自然语言描述的算法太长。

③ 由于自然语言表示的串行性，因此，当一个算法中循环和分支较多时就很难清晰地表示出来。

④ 自然语言表示的算法不便翻译成计算机程序设计语言理解的语言。

自然语言的这些缺陷目前还难以解决，如某人说"门没锁"，在不同的情形下就会有不同的理解，一种可能是忘记了锁门，而另一种可能是门上没有锁头。目前对于这种歧义性，计算机尚不具备能正确理解的智能。

2．流程图

流程图是从业人员最常用的一种描述工具，它采用美国国家标准学会（American National Standards Institute，ANSI）规定的一组图形符号来描述算法。用流程图表示的算法结构清晰，同时不依赖于任何具体的计算机和计算机程序设计语言，有利于不同环境的程序设计。目前，专门的软件公司中系统分析人员提供给程序设计人员的方案都以流程图的方式提交，可见流程图较其他描述方法的优越性。

下面给出利用欧几里得算法求解100和50的最大公约数的流程图，如图2-1所示。

3．伪代码

伪代码是用介于自然语言和计算机语言之间的文字和符号来描述算法的工具。它不用图形符号，书写方便、格式紧凑、易于理解，便于向计算机程序设计语言算法（程序）过渡。

下面给出欧几里得算法求解100和50的最大公约数的伪代码算法描述。

```
BEGIN(算法开始)
100→m
50→r
while(r!=0)
{
  m→n
  r→m
  m%n→r
}
Print n
END(算法结束)
```

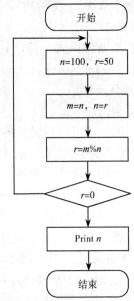

图 2-1　欧几里得算法求解 100 和 50 的最大公约数流程图

4．计算机程序设计语言

设计算法的目的就是要用计算机解决问题，用自然语言、流程图和伪代码等语言描述的算法最终必须转换为具体的计算机程序设计语言描述的算法。

一般而言，计算机程序设计语言描述的算法（程序）是清晰简明的，最终也能由计算机处理。然而，就使用计算机程序设计语言描述算法而言，它还存在以下几个缺点：

① 算法的基本逻辑流程难于遵循。

② 用特定程序设计语言编写的算法限制了与他人的交流。

③ 要花费大量的时间去熟悉和掌握某种特定的程序设计语言。

④ 要求描述计算步骤的细节，而忽视算法的本质。

下面给出欧几里得算法的计算机程序设计语言（C语言）的算法描述。

```
long gcd(int n,int m)
{
    int r;
    while(m!=0)
    {
        r=m%n;
        m=n;
```

```
        n=r;
    }
    return n;
}
```

其中，long 为函数返回值，gcd 为函数名，int 为变量类型，m、n 为变量，$m\%n$ 为取余操作，return 为返回函数。

对于这类算法的理解和编写是与 C 语言的语法学习密切相关的，对于初学者甚至一般的编程人员来说，不是一件非常容易的事情。

2.3.4　怎样衡量算法的优劣

一个给定的问题，不同的人常编写出不同的程序，科学家发现这里存在两个层面的问题：一个是与计算方法密切相关的算法问题，另一个是程序设计的技术问题。

那么，如何衡量算法的优劣呢？一般应考虑以下 3 个问题：

① 算法的时间复杂度。

② 算法的空间复杂度。

③ 算法是否便于阅读、修改和测试。

1. 算法的时间复杂度

设 $f(n)$ 是一个关于正整数 n 的函数，n 为问题的规模，算法时间复杂度 $T(n)$ 可表示为

$$T(n)= O(f(n))$$

上面的公式中，O 读作大 O，是数量级（Order）的缩写，表示同数量级，即 $T(n)$ 是 $f(n)$ 的同数量级的函数。

常见的大 O 表示形式有：

① $O(1)$ 称为常数级。

② $O(\log_2 n)$ 称为对数级。

③ $O(n)$ 称为线性级。

④ $O(nc)$ 称为多项式级。

⑤ $O(cn)$ 称为指数级。

⑥ $O(n!)$ 称为阶乘级。

在第 1 章中的梵天塔问题中，时间复杂度为 $O(2^n)$，旅行商问题的时间复杂度为 $O(n!)$，可以看到当时间复杂度达到指数级、阶乘级时，算法的性能极差，因此在算法复杂性领域，研究的主要工作是如何尽量不采用时间复杂度为指数级、阶乘级的算法，或者如何能够将指数级、阶乘级的算法尽量用低数量级的算法解决。

2. 算法的空间复杂度

算法的空间复杂度是指算法在执行过程中所占存储空间的大小，它用 $S(n)$ 表示，S 为英文单词 Space 的第一个字母。与算法的时间复杂度相同，算法的空间复杂度 $S(n)$ 也可表示为

$$S(n)= O(g(n))$$

随着手机、PDA 的不断普及，如何利用有限的 CPU、内存、硬盘资源来完成尽可能多的功能已经成为业界十分关注的问题，因此算法的空间复杂度问题也受到越来越多的关注。

2.4　数　据　结　构

在计算领域中，数据结构（Data Structure）是计算机算法设计的基础，它在计算科学中占有十分重要的地位。本节将介绍数据结构的基本概念和常用的几种数据结构，如线性表、数组、树和二叉树，以及图等。

2.4.1　什么是数据结构

为什么研究数据结构呢？这要从计算机解决一个具体问题的步骤说起。

一般来说，用计算机解决一个具体问题大致需要经过如下几个步骤：

① 从具体问题抽象出一个适当的数学模型。

② 设计一个解决此数学模型的算法。

③ 选用某种语言编写程序。

④ 利用语言环境进行测试、调整直至得到最终结果。

从上面的步骤中可以看到，将具体问题抽象出一个适当的数学模型是计算机解决具体问题的一个非常关键的步骤，同时也是最难的一个步骤。寻求数学模型的实质是分析问题，从中提取操作的对象，并找出这些操作对象之间的关系，然后用数学的语言加以描述。但是，有些问题容易用数学方程加以描述，如求解 π 值问题，但有些问题却无法用数学方程加以描述。

【例 2.2】人机对弈问题。

计算机之所以能和人对弈是因为已有人将对弈的策略存入计算机。由于对弈的过程是在一定规则下随机进行的，所以为了使计算机能够赢得胜利，就必须将对弈过程中所有可能发生的情况及相应的对策都考虑周全。

对于井字棋，可以将从对弈开始到结束的所有可能出现的棋局都画在一张图上，得到一棵"倒长"的树，开始棋局为根，可能出现的棋局为叶子或分支，对弈的过程是从树根沿树权到某个叶子的过程。例如，图 2-2 为井字棋的一个格局，这张图称为"树"，这是数据结构体系中非常重要的一种数据结构。

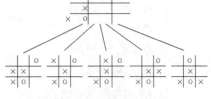

图 2-2　井字棋对弈"树"

那么这种数据结构在计算机中如何存储呢？存储到计算机中后，相关的操作如何来实现呢？这就是数据结构研究的问题。

数据结构研究的问题就是：给定一个具体的项目，分析数据间的逻辑关系，找到它们之间的逻辑结构（这些逻辑结构是数据结构课程已经总结好的，如线性表、树、图等），讨论这种数据结构在计算机中的存储，即存储结构，接下来是写算法、编程、测试、调整，得到最终的结果。

总之，开设数据结构课程的主要目的包括两点：

① 更好地分析数据对象的特性，从而选择适当的逻辑结构和存储结构，并写出相应的算法。

② 进行复杂程序设计的训练过程，要求学生编写的程序代码结构清晰、正确易读、能上机调试并排除错误，存取时间最短，所占容量最小，初步掌握时间和空间分析技术。

2.4.2　几种典型的数据结构

下面将简要介绍 3 种典型的数据结构，即线性表、树和图。

1．线性表

线性表是 n 个数据元素的有限序列，线性表中数据元素之间的关系如图 2-3 所示。

如果对线性表的基本操作加一定的限制，就会形成下列两种特殊的线性表：

图 2-3　线性表中数据元素之间的关系图

① 栈：后进先出（Last In First Out，LIFO）的线性表，它的所有插入、删除和存取都是在线性表的表尾进行的。

② 队列：先进先出（First In First Out，FIFO）的线性表，它的所有插入在线性表的一端进行，而所有的删除和存取在线性表的另一端进行。

2．树和二叉树

树和二叉树是一种层次结构的非线性结构，在人类社会的族谱、行政管理、计算机的编译程序中源程序的语法结构等领域都有着极其广泛的应用。

树（Tree）是 n（$n \geq 0$）个结点的有限集合 T。当 $n=0$ 时，称为空树；当 $n>0$ 时，该集合满足如下条件：

① 其中必有一个称为根（Root）的特定结点，它没有直接前驱，但有零个或多个直接后继。

② 其余 $n-1$ 个结点可以划分成 m（$m \geq 0$）个互不相交的有限集 $T1$，$T2$，$T3$，…，Tm，其中 Ti 又是一棵树，称为根 Root 的子树。每棵子树的根结点有且仅有一个直接前驱，但有零个或多个直接后继。

如图 2-4 所示，该树中 A 是根结点，其余结点划分成 3 个互不相交的子集：$T1 =\{B, E, F, K\}$，$T2 =\{C, G\}$，$T3 =\{D, H, I, J, L\}$，$T1$、$T2$、$T3$ 为 A 的子树，且其本身也是一棵树。

3．图

图是一种比线性表和树更复杂的数据结构，在图中，结点的关系是任意的，用图可以形象、直观地把各学科中所涉及的研究对象的关系表示出来，它已渗入到运输网络、化学结构、电子线路分析等许多领域。

图（Graph）由一个顶点集和弧集构成，通常表示为

$$Graph=(V, VR)$$

其中，V 是顶点（Vertex）的有穷非空集合；VR 是两顶点之间的关系的集合。

在图 2-5 中，图 $G=(V, VR)$，其中 $V=\{A, B, C, D\}$，$VR=\{(A,B)(A,C)(A,D)(B,C)(B,D)(C,D)\}$。

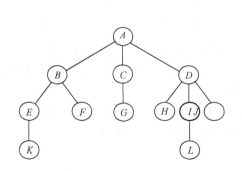

图 2-4　树

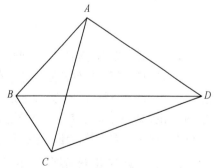

图 2-5　图

2.5　程　　序

所谓计算机程序，是指示计算机如何去解决问题或是完成任务的一组详细的、逐步执行的指令。有些计算机程序只处理简单的任务，如将英尺和英寸转换成厘米。那些更长更复杂的计算机程序则处理复杂度较高的问题，如维护商业上的账目记录。

2.5.1　对程序概念的简单认识

计算机程序的每一步都是用计算机所能理解和处理的语言编写的。在图 2-6 所示的计算机程序中，完成的是一个相对简单的计算所要进行的步骤。

程序这一概念的出现，得益于人类长期的生活实践，人们每做一件相对比较复杂的事情，都会按照一定的"程序"，一步一步进行操作，当然这种"程序"是用自然语言描述的。

从这个角度看，程序设计似乎并不神秘，事实上也确实如此，但是，程序设计是一种高智力的活动，不同的人对同一事物的处理可以设计出完全不同的程序，知识和阅历（经验）与程序设计有一定的关系。

瑞士著名计算机科学家尼克劳斯·沃思（Niklaus Wirth）在 1976 年曾提出这样一个公式：

$$算法+数据结构=程序$$

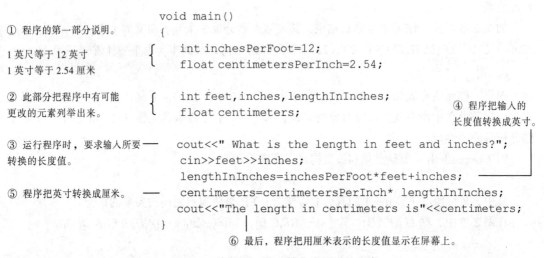

图 2-6　将英尺、英寸转化成厘米的程序

由此看来，前面提到的算法和数据结构是计算机程序的两个最基本的概念。算法是程序的核心，它在程序编写、软件开发，乃至在整个计算机科学中都占据重要地位。数据结构是加工的对象，一个程序要进行计算或处理总是以某些数据为对象的，而要设计一个好的程序就需将这些松散的数据按某种要求组成一种数据结构。然而，随着计算机科学的发展，人们已经意识到程序除了以上两个主要要素外，还应包括程序的设计方法、相应的语言工具和计算环境。

2.5.2　程序设计语言的概念

用来编写计算机程序的语言称为程序设计语言。程序设计语言的基础是一组记号和规则。根据规则由记号构成的记号串，总体上称为语言。各种语言都有自己的特性和特殊功能。

作为一门科学，程序设计确实对学科的发展产生了巨大影响。多年的研究发展了许多程序设计方法和技术，如自顶向下逐步求精的程序设计方法、自底向上的程序设计方法、程序推导的设计方法、程序变换的设计方法、函数式程序设计技术、逻辑程序设计技术、面向对象的程序设计技术、程序验证技术、约束程序设计技术及并发程序设计技术等。

程序设计方法和技术在各个时期的发展不仅直接导致了一大批风格各异的高级语言的诞生，而且使许多新思想、新概念、新方法和新技术不仅在语言中得到体现，同时渗透到了计算机科学的各个方向，从理论、硬件、软件到应用等多方面深刻影响了学科的发展。对高级语言和程序设计的掌握是计算机科学专业的基本功之一。

计算机程序设计语言的发展，经历了从机器语言、汇编语言到高级语言的过程。

1. 机器语言

电子计算机所使用的是由 0 和 1 组成的二进制数，二进制是计算机语言的基础。计算机发明之初，人们只能用计算机的语言去命令计算机工作，也就是编写出一串串由 0 和 1 组成的指令序列交由计算机执行，这种语言就是机器语言。使用机器语言十分麻烦，特别是在程序有错需要修改时更是如此。而且，由于每台计算机的指令系统往往各不相同，所以在一台计算机上执行的程序，要想在另一台计算机上执行，必须另编程序，造成了重复工作。但由于使用的是针对特定型号的计算机的语言，所以运算效率是所有语言中最高的。机器语言，是第一代计算机语言。

2. 汇编语言

为了减轻使用机器语言编程的痛苦，人们进行了一种有益地改进：用一些简洁的英文字母、符号串来替代一个特定指令的二进制串。例如，用 ADD 代表加法，MOV 代表数据传递等。这样，人们就很容易读懂并理解程序在干什么，纠错及维护都方便很多，这种程序设计语言就称为汇编语言，即第二代计算机语言。然而计算机是不认识这些符号的，这就需要一个专门的程序负责将这些符号翻译成二进制的机器语言，这种翻译程序称为汇编程序。汇编语言同样十分依赖于机器硬件，移植性不好，但效率仍十分高，针对计算机特定硬件而编制的汇编语言程序，能准确发挥计算机硬件的功能和特长，程序精炼而质量高，所以至今仍是一种常用的强有力的软件开发工具。

3. 高级语言

从最初与计算机交流的经历中人们意识到，应该设计一种语言，这种语言接近于数学语言或人的自然语言，同时又不依赖于计算机硬件，编出的程序能在所有计算机上使用。经过努力，1954 年，第一个完全脱离机器硬件的高级语言——FORTRAN 问世了，40 多年来，共有几百种高级语言出现，有重要意义的有几十种，影响较大、使用较普遍的有 FORTRAN、ALGOL、COBOL、Basic、LISP、SNOBOL、PL/1、PASCAL、C、PROLOG、Ada、Visual C++（C++）、Visual C（VC）、Visual Basic（VB）、Delphi、Java 等。

高级语言的发展也经历了从早期语言到结构化程序设计语言，从面向过程到非过程化程序语言的过程。相应地，软件的开发也由最初的个体手工作坊式的封闭式生产发展为产业化、流水线式的工业化生产。

20 世纪 60 年代中后期，软件越来越多，规模越来越大，而软件的生产基本上是各自为战，缺乏科学规范的系统规划、系统测试和评估标准，其结果是大批耗费巨资建立起来的软件系统由于含有错误而无法使用，甚至带来巨大损失，软件给人的感觉是越来越不可靠，以致几乎没有不出错的软件。这极大地震动了计算机界，史称"软件危机"。人们认识到，大型程序的编写不同于编写小程序，它应该是一项新的技术，应该像处理工程一样处理软件研发的全过程。程序的设计应易于保证正确性，易于验证正确性。1969年，提出了结构化程序设计方法。1970年，第一个结构化程序设计语言——Pascal语言的出现，标志着结构化程序设计时期的开始。

20世纪80年代初，在软件设计思想上又产生了一次革命，其成果就是面向对象的程序设计的出现。在此之前的高级语言几乎都是面向过程的，程序的执行是流水线式的，在一个模块被执行完成前，人们不能做其他事情，也无法动态地改变程序的执行方向，这和人们日常处理事物的方式是不一致的。对人们来说，希望发生一件事就处理一件事，也就是说，不能面向过程，而应是面向具体的应用功能，也就是对象（Object）。其方法就是软件的集成化，如同硬件的集成电路一样，生产一些通用的、封装紧密的功能模块，称为软件集成块，它与具体应用无关，但能相互组合，完成具体的应用功能，同时又能重复使用。对使用者来说，只关心它的接口（输入量、输出量）及能实现的功能，至于如何实现，那是内部的事，使用者完全不用关心，C++、VB、Delphi就是典型代表。

高级语言的下一个发展目标是面向应用，即只需要告诉程序要干什么，程序就能自动生成算法，自动进行处理，这就是非过程化的程序语言。

杰出人物：PASCAL之父及结构化程序设计的首创者——尼克劳斯·沃思（Niklaus Wirth）

沃思于1934年出生于瑞士北部，他改进了ALGOL 60进而诞生了Euler。在B-5 000计算机上完成交叉编译程序，加快了ALGOL W编译器的开发，同时催生了一个新语言PL 360。ALGOL W及PL 360奠定了沃思作为世界级程序设计语言大师的地位。他设计了PASCAL语言，PASCAL在数据结构和过程控制结构方面都有很多创造。可以说，现代程序设计语言中常用的数据结构和控制结构绝大多数都是由PASCAL语言奠定基础的，因此它在程序设计语言的发展史上具有承上启下的重要里程碑的意义。1984年，ACM授予沃思图灵奖，以奖励他发明了多种影响深远的程序设计语言，并提出结构化程序设计这一革命性概念。1987年，ACM又授予他"计算机科学教育杰出贡献奖"。IEEE也授予过沃思两个奖项：1983年授予Emanual Piore奖，1988年授予计算机先驱奖。

贡献涉及程序设计语言的部分图灵奖获得者还包括约翰·巴克斯——FORTRAN和BNF的发明人，肯尼思·艾弗森——APL的发明人，查尔斯·霍尔——从QUICKSORT、CASE到程序设计语言的公理化，Alan Kay——发明第一个完全面向对象的动态计算机程序设计语言Smalltalk等。

提示： 程序设计是计算机科学技术学科的学生应掌握的基本工具，后续的C++或C语言程序设计、数据结构等课程是掌握程序设计语言的主要相关课程。

2.6　软件工程基础

完整的计算机系统包括两大部分：硬件系统和软件系统。所谓硬件，是指构成计算机系统的所有物理器件、部件、设备，以及相应的工作原理与设计、制造、检测等技术的总称。软件是计算机系统中与硬件相互依存的另一部分，是指程序以及开发、使用和维护程序需要的所有文档。

随着计算机硬件技术的飞速发展，软件开发产业逐渐兴旺起来，软件的数量急剧膨胀，软件开发的难度越来越大，导致了20世纪60年代末软件危机的爆发。

软件危机是指在计算机软件的开发和维护过程中所遇到的一系列严重问题。软件危机的主要表现形式包括软件的发展速度跟不上硬件的发展和用户需求、软件成本和开发速度不能预先估计、软件产品质量差、软件可维护性差及软件产品没有配套的文档等。

为了克服软件危机，1968 年 10 月在北大西洋公约组织（NATO）召开的计算机科学会议上，Fritz Bauer 首次提出"软件工程（Software Engineering）"的概念，尝试把其他工程领域中行之有效的工程学知识运用到软件开发工作中来。经过不断地实践和总结，最后得到一个结论：按工程化的原则和方法组织软件开发工作是有效的，是摆脱软件危机的一条主要出路。

2.6.1 软件工程定义

自 1968 年首次提出"软件工程"的概念以来，软件工程迅速发展，新的方法、技术、模型不断涌现，为成功开发高质量软件起到了重要的作用。但软件工程一直以来都缺乏一个统一的定义，很多学者、组织机构都分别给出了自己的定义。

Barry Boehm 给出的定义是：运用现代科学技术知识来设计并构造计算机程序及为开发、运行和维护这些程序所必需的相关文件资料。

IEEE 在软件工程术语汇编中的定义是：

① 将系统化的、严格约束的、可量化的方法应用于软件的开发、运行和维护，即将工程化应用于软件。

② 对①中所述方法的研究。

Fritz Bauer 在 NATO 会议上给出的定义是：建立并使用完善的工程化原则，以较经济的手段获得能在实际计算机上有效运行的可靠软件的一系列方法。

计算机科学技术百科全书中给出的定义是：软件工程是应用计算机科学、数学及管理科学等原理，开发软件的工程。软件工程借鉴传统工程的原则、方法来提高质量、降低成本。其中，计算机科学、数学用于构建模型与算法，工程科学用于制定规范、设计范型（Paradigm）、评估成本及确定权衡，管理科学用于计划、资源、质量、成本等管理。

目前比较认可的一种定义认为：软件工程是研究和应用如何以系统性的、规范化的、可定量的过程化方法去开发和维护软件，以及如何把经过时间考验而证明正确的管理技术和当前能够得到的最好的技术方法结合起来。

2.6.2 软件工程的目标

软件工程是一门工程性学科，追求的总体目标可概括为：选择适当的方法和工具，运用成熟的技术从事软件开发活动，最终实现提高软件产品质量和开发效率，得到可靠性高的、经济适用的、易维护的、满足用户需求的软件产品。

因而，软件工程的核心思想是把软件产品看做一个工程产品来处理，要求"采用工程化的原理与方法对软件进行计划、开发和维护"，把需求计划、可行性研究、工程审核、质量监督等工程化的概念引入软件生产当中，从而达到在给定成本、进度的前提下，开发出具有可修改性、有效性、可靠性、可理解性、可维护性、可重用性、可适应性、可移植性、可追踪性和可互操作性并满足用户需求的软件产品。

著名软件工程专家 B.Boehm 综合有关专家和学者的意见并总结多年来开发软件的经验，于 1983 年在一篇论文中提出了软件工程的 7 条基本原理：

①　用分阶段的生存周期计划进行严格的管理。

②　坚持进行阶段评审。

③　实行严格的产品控制。

④　采用现代程序设计技术。

⑤　软件工程结果应能清楚地审查。

⑥　开发小组的人员应该少而精。

⑦　承认不断改进软件工程实践的必要性。

B.Boehm 指出，遵循前 6 条基本原理，能够实现软件的工程化生产；按照第七条原理，不仅要积极主动地采纳新的软件技术，而且要注意不断总结经验。

自从软件工程概念提出以来，经过几十年的研究与实践，虽然"软件危机"没得到彻底解决，但在软件开发方法和技术方面已经有了很大的进步。

2.6.3　软件生存周期

和任何其他事物一样，软件也有一个孕育、诞生、成长、衰亡的生存过程，这个过程称为软件的生存周期。

软件生存周期由软件定义、软件开发、运行维护 3 个时期组成，每个时期又可以划分为若干个阶段。

1. 软件定义时期

软件定义时期的主要任务是解决"做什么"的问题，确定工程的总目标和可行性，导出实现工程目标应使用的策略及系统必须完成的功能，估计完成工程需要的资源和成本，制定工程进度表。该时期的工作也就是常说的系统分析，由系统分析员完成。通常被分为 3 个阶段：问题定义、可行性研究和需求分析。

2. 软件开发时期

软件开发时期的主要任务是解决"如何做"的问题，具体设计和实现在前一个时期定义的软件。通常由概要设计、详细设计、编码和测试 4 个阶段组成。

3. 软件维护时期

软件维护时期的主要任务是使软件持久地满足用户的需求。通常有 4 类维护活动：改正性维护，即诊断和改正在使用过程中发现的软件错误；适应性维护，即修改软件以适应环境的变化；完善性维护，即根据用户的要求改进或扩充软件使其更完善；预防性维护，即修改软件为将来的维护活动预先做准备。

软件各个时期的活动通常与要交付的产品密切相关，如开发文档、源程序代码与用户手册等。

从经济学的意义上讲，考虑到软件的庞大的维护费用远比软件开发费用要高，因而开发软件不能只考虑开发期间的费用，还应考虑软件生存期的全部费用。因此，软件生存期的概念就变得尤为重要。

2.6.4　软件生存期模型

软件生存期模型又称软件过程模型，是指从软件项目需求定义直至软件运行维护为止，跨越整个生存期的系统开发、运作和维护所实施的全部过程、活动和任务的结构框架。

软件过程模型能清晰、直观地表达软件开发的全过程，明确规定了要完成的主要活动和任务，用来作为软件项目开发工作的基础。不同的软件系统采用不同的开发方法，使用不同的程序设计语言、不同技能的人员、不同的管理方法和手段等，它还允许采用不同的软件工具和不同的软件工程环境。

常见的软件过程模型有瀑布模型、原型模型、增量模型、螺旋模型等。

1. 瀑布模型（Waterfall Model）

历史上第一个正式使用并得到业界广泛认可的软件开发模型是 1970 年 Royce 提出的瀑布模型（又称线性模型）。这个模型将软件生命周期划分为制定计划、需求分析、软件设计、程序编写、软件测试和运行维护等基本活动，并且规定了它们自上而下、相互衔接的固定次序，如同瀑布流水，逐级下落，图 2-7 所示为瀑布模型。

传统的软件工程方法基本上都以瀑布模型为基础。

在这个模型里，软件开发的各项活动严格按照线性方式进行，当前活动接受上一项活动的工作结果，实施完成所需的工作内容。当前活动的工作结果需要进行验证，如果验证通过，则将该结果作为下一项活动的输入，继续进行下一项活动；否则，返回修改。

"线性"是人们最容易掌握并能熟练应用的思想方法。当人们碰到一个复杂的"非线性"问题时，总是千方百计地将其分解或转化为一系列简单的线性问题，然后逐个解决。一个软件系统的整体可能是复杂的，而单个子程序总是简单的，可以用线性的方式来实现。

2. 快速原型模型（Rapid Prototype Model）

快速原型是快速建立起来的、可以在计算机上运行的程序，它所能完成的功能往往是最终产品能完成的功能的一个子集。快速原型模型要经历若干轮的开发、试用与评价过程才能得到真正满足用户需求的软件产品。快速原型模型如图 2-8 所示。

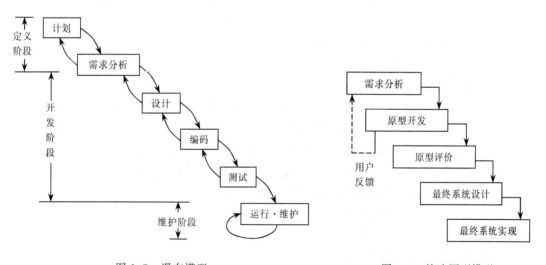

图 2-7　瀑布模型　　　　　　　　　　图 2-8　快速原型模型

快速原型的本质是"快速"，由于在项目开发的初始阶段人们对软件的需求认识常常不够清晰，因而开发人员应该尽可能快速地建造出原型系统，利用原型获知用户的真正需求，以加速软件开发过程，节约软件开发成本。一旦需求确定了，原型可以抛弃，当然也可以在原型的基础上进行开发。

3．增量模型（Incremental Model）

增量模型又称渐增模型，是 Mills 等人于 1980 年提出来的。增量模型先完成一个系统子集的开发，再按同样的开发步骤增加功能（系统子集），如此递增下去直至满足全部系统需求。

使用增量模型开发软件时，把软件产品作为一系列的增量构件来设计、编码、集成和测试，每个构件由多个相互作用的模块构成，并且能够完成特定的功能。增量模型如图 2-9 所示。

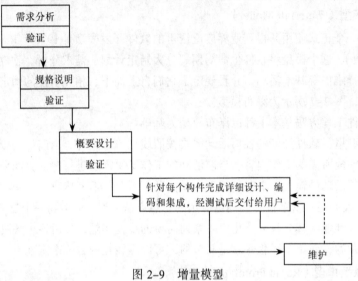

图 2-9　增量模型

增量模型可以在较短时间内向用户提交可完成部分工作的产品，并分批、逐步地向用户提交产品。从第一个构件交付之日起，用户就能做一些有用的工作。整个软件产品被分解成许多个增量构件，开发人员可以一个构件一个构件地逐步开发。逐步增加产品功能可以使用户有较充裕的时间学习和适应新产品，从而减少一个全新的软件可能给客户组织带来的冲击。

采用增量模型比采用瀑布模型和快速原型模型需要更精心的设计，但在设计阶段多付出的劳动将在维护阶段获得回报。

4．螺旋模型（Spiral Model）

螺旋模型是由 TRW 公司的 B.Boehm 于 1988 年提出的，螺旋模型将瀑布模型和演化模型结合起来，并且强调了其他模型都忽略了的风险分析。

螺旋模型沿着螺线旋转，在 4 个象限上分别表达了 4 个方面的活动：

① 制定计划：确定软件目标，选定实施方案，弄清项目开发的限制条件。

② 风险分析：分析所选方案，考虑如何识别和消除风险。

③ 实施工程：实施软件开发。

④ 客户评估：评价开发工作，提出修正建议。

图 2-10 为螺旋模型的例子。

螺旋模型更适合于大型软件的开发，应该说它对于具有高度风险的大型复杂软件系统的开发是较为适用的方法，该模型通常用来指导大型软件项目的开发。

5．喷泉模型（Fountain Model）

喷泉模型是由 B.H.Sollers 和 J.M.Edwards 于 1990 年提出的一种新开发模型。该模型表明软件开发活动之间没有明显的间隙，用于支持面向对象的开发过程。对象概念地引入使分析、设计、实现之间的表达没有明显间隙，并且这一表达自然地支持复用。喷泉模型主要用于采用面向对象技术的软件开发项目。图 2-11 为喷泉模型的例子。

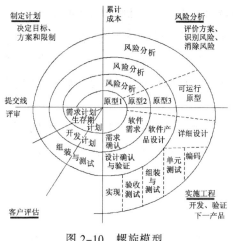

图 2-10　螺旋模型

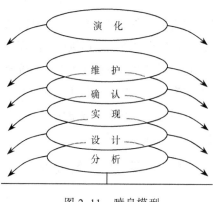

图 2-11　喷泉模型

2.6.5　统一过程模型

国外大的软件公司和机构一直在研究软件的开发方法，20 世纪 80 年代中期至 20 世纪 90 年代中期，发布了 50 多种面向对象的方法学。20 世纪 80 年代末至 20 世纪 90 年代中期面向对象的分析与设计方法的发展出现了一个高潮，UML 正是这个高潮的产物。UML（Unified Modeling Language）被称为统一建模语言。"统一"是指当时在 Rational 公司效力的面向对象领域的 3 位杰出专家 Grady Booch、James Rumbaugh 和 Ivar Jacobson 的研究工作的结合，这种统一的方法学最初称为 Rational 统一过程（Rational Unified Process，RUP），为简捷起见，现在通常使用"统一过程"这个术语。统一过程模型如图 2-12 所示。

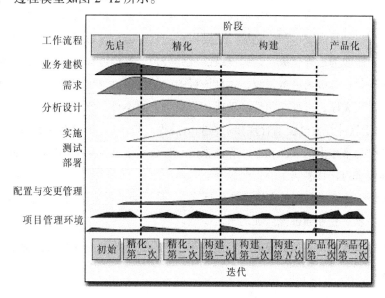

图 2-12　RUP 统一过程模型

RUP 的诞生过程实质上就是 Rational 公司对现代软件开发中诸多最佳实践经验 30 多年的跟踪捕获史，它包括了软件开发中的 6 大经验：迭代式开发、管理需求、使用基于组件的体系结构、可视化建模、验证软件质量和控制软件变更。

RUP 统一过程模型是一个二维的软件开发模型，横轴代表时间，体现了过程开展的生命周期特征。统一过程的软件生命周期在时间上被分解为 4 个顺序的阶段，分别是：初始阶段、细化阶段、构造阶段和交付阶段。每个阶段结束于一个主要的里程碑，其本质是两个里程碑之间的时间跨度。在每个阶段的结尾执行一次评估，以确定这个阶段的目标是否已经满足。如果评估结果令人满意，可以允许项目进入下一个阶段。

作为吸收了电信等关键行业及 IBM、HP、Microsoft 等多家国际著名软件企业过程经验的商用过程产品，RUP 在全球取得成功，对软件过程的新发展有着不凡的影响，其观点对于软件过程新的发展方向具有代表性。

2.6.6　能力成熟度模型

近年来，对企业软件能力的评估在国内日益得到重视，一度出现了许多组织纷纷开展 SW-CMM 商业评估的热潮。迄今，国内已有近两百家软件组织通过了 SW-CMM、CMMI（Capability Maturity Integration，能力成熟度模式整合）的各级评估，这说明加强软件开发规范化管理、提高过程成熟度已经得到了业界的广泛认同。

SW-CMM（Software Capability Maturity Model，软件能力成熟度模型），由卡内基梅隆大学的软件工程学会（Software Engineering Institute，SEI）提出并完善，目的是通过一个合理的体系模型来对软件组织开发能力进行合理有效的评估，帮助软件组织在模型实施的过程中提高软件过程管理能力，降低软件系统开发风险，在预定的项目周期和预算内开发出高质量的软件产品。

SW-CMM 为软件企业的过程能力提供了一个阶梯式的进化框架，共分为 5 个等级。每一级中都定义了达到该级过程管理水平所应解决的关键问题和关键过程。每一较低级别是达到较高级别的基础。其中五级是最高级，即优化级，达到该级的软件公司过程可自发地不断改进，防止同类问题二次出现；四级为已管理级，达到该级的软件公司已实现过程的定量化；三级为已定义级，即过程实现标准化；二级为可重复级，达到该级的软件公司过程已制度化，有纪律，可重复；一级为初始级，过程无序，进度、预算、功能和质量等方面不可预测。

CMM 致力于软件开发过程的管理和工程能力的提高与评估。该模型在美国和北美地区已得到广泛应用，同时越来越多的欧洲和亚洲等国家的软件公司正积极采纳 CMM，CMM 实际上已成为软件开发过程改进与评估事实上的工业标准。

CMM5 认证是软件成熟度最高级别的认证之一，是当前世界公认的软件业专业质量管理标准。目前，中国大型软件企业通过该认证的只占少数。

提示：软件工程学科发展到今天，已经有了很多方法和规范。这里只在宏观上讨论了软件工程的一些思想。

小　　结

本章介绍了计算机科学与技术的基础知识，包括数制及编码、算法、数据结构、程序、计算机硬件和软件、软件工程基础，为后续的章节及相关课程打好基础，这些概念将贯穿计算机专业学习的始末，希望读者能明确掌握。

习　　题

1. 什么是数制？
2. 什么是 BCD 码？什么是 ASCII 码？
3. 什么是算法？它有哪些特征？常用的算法描述方法有哪几种？
4. 怎样衡量一个算法的优劣？
5. 数据结构主要研究什么？开设数据结构课程的目的是什么？
6. 常见的软件过程模型有哪几种？请叙述螺旋模型的四方面的活动。

第3章 | 计算机的硬件系统

计算机系统由硬件系统和软件系统组成，其中硬件系统是软件系统的运行基础。本章主要介绍计算机硬件系统的基本组成、基本结构与工作原理，包括中央处理器的组成、指令的执行过程、存储器的分类和作用、输入/输出系统及输入/输出控制方式、系统总线、I/O接口输入和输出设备、微型计算机的基本组成及工作原理。通过本章学习，要求掌握计算机系统的基本结构和工作原理，了解多种输入/输出设备及微型计算机的组装。

本章知识要点：

- 计算机的基本结构与工作过程
- 微型计算机硬件系统
- 输入/输出系统

3.1 计算机的基本结构与工作过程

本节将介绍计算机硬件系统的体系结构和工作原理，通过本节的学习，读者能够理解什么是计算机和计算机能做什么。

3.1.1 冯·诺依曼体系结构

所谓体系结构，是指构成系统主要部件的总体布局、部件的主要性能及这些部件之间的连接方式。

虽然计算机的结构有多种类型，但就其本质而言，大都遵循计算机的经典结构，即美籍匈牙利科学家冯·诺依曼于1946年提出的"存储程序"的思想，该思想指出存储程序是预先将根据某一任务设计好的程序装入存储器中，再由计算机去执行存储器中的程序。这样，在执行新的任务时，只需要改变存储器中的程序，而不必改动计算机的任何电路。这一基本理论一直沿用至今。

归纳起来，冯·诺依曼体系结构的计算机基本工作原理是存储程序和程序控制，其特点如下：

① 计算机由运算器、控制器、存储器、输入设备和输出设备5大部分组成，如图3-1所示。

② 计算机按存储程序原理进行工作。数据和程序以二进制代码形式存放在存储器中，

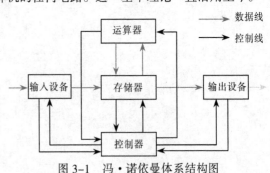

图3-1 冯·诺依曼体系结构图

存储器按线性编址的结构进行地址访问，每个单元的位数是固定的。

③ 计算机以运算器为中心，输入/输出设备与存储器之间的数据传送都经过运算器。通过执行指令直接发出控制信号控制计算机的操作。

④ 控制器根据存放在存储器中的指令序列（程序）进行工作，并由一个程序计数器指示要执行的指令。

⑤ 指令由操作码和地址码组成。指令同数据一样，可以送到运算器中进行运算，由指令组成的程序是可以修改的。

所以根据冯·诺依曼体系结构的功能划分，可以知道计算机硬件系统由控制器、运算器、存储器、输入设备和输出设备 5 部分组成。

1. 控制器

控制器（Controller）是整个计算机的控制指挥中心，它的功能是控制计算机各部件自动协调地工作。控制器负责从存储器中取出指令，然后进行指令的译码、分析，并产生一系列控制信号。这些控制信号按照一定的时间顺序发往各部件，控制各部件协调工作，并控制程序的执行顺序。

2. 运算器

运算器（ALU）是对信息进行加工运算的部件。运算器的主要功能是对二进制数进行算术运算（加、减、乘、除）、逻辑运算（与、或、非）和位运算（移位、置位、复位），所以又称算术逻辑部件（Arithmetic Logic Unit，ALU）。它由加法器（Adder）和补码器（Complement）等部件组成。运算器和控制器一起组成中央处理器，即 CPU（Central Processing Unit）。

3. 存储器

存储器（Memory）是计算机存放程序和数据的设备。它是由一些能表示二进制数 0 和 1 的物理器件组成的，这种器件称为记忆元件或存储介质。常用的存储介质有半导体器件和磁性材料。一个存储单元可以存放一个字，称为字存储单元；也可以存放一个字节，称为字节存储单元。许多存储单元的集合形成一个存储体，它是存储器的核心部件，信息就存放在存储体内（见图 3-2）。

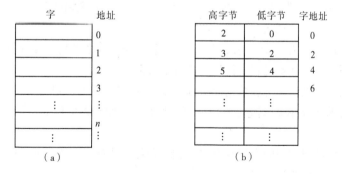

图 3-2　存储体结构图

它的基本功能是按照指令要求向指定的位置存进（写入）或取出（读出）信息。

4. 输入设备

输入设备（Input Device）用来向计算机输入人们编写的程序和数据，可分为字符输入设备、图形输入设备和声音输入设备等。微型计算机系统中常用的输入设备有键盘、鼠标、扫描仪、光笔等。

5．输出设备

输出设备（Output Device）用来向用户报告计算机的运算结果或工作状态，它把存储在计算机中的二进制数据转换成人们需要的各种形式的信号。常见的输出设备有显示器、打印机、绘图仪等。

软盘驱动器和硬盘驱动器也是计算机系统中的常用外围设备，由于软盘和硬盘中的信息是可读可写的，所以它们既是输入设备，也是输出设备。这样的设备还有传真机、调制解调器（Modem）等。

3.1.2 计算机体系结构的发展

按照冯·诺依曼原理构造的计算机又称冯·诺依曼计算机，其体系结构称为冯·诺依曼体系结构。目前，计算机已发展到了第四代，基本上仍然遵循着冯·诺依曼原理和结构。但是，随着计算机软硬件技术的发展，对提高计算机的运行速度，实现高度并行化的要求越来越迫切。

1．软件对系统结构发展的影响

软件是促使计算机系统结构发展的最重要的因素之一。没有软件，计算机就不能运行，所以为了能方便地使用现有软件，就必须考虑系统结构的设计。

2．应用需求对系统结构发展的影响

计算机应用从最初的科学计算向更高级的、更复杂的应用发展，经历了数据处理、信息处理、知识处理及智能处理这4级逐步上升的阶段，不断追求更快更好，计算机也就要做得更快更好，所以应用需求是促使计算机系统结构发展最根本的动力。计算机应用对系统结构不断提出的基本要求是高的运算速度、大的存储容量和大的I/O吞吐率。

3．器件对系统结构发展的影响

器件的每一次升级就带来计算机系统结构的改进，所以器件是促使计算机系统结构发展最活跃的因素。由于技术的进步，器件的性能价格比迅速提高，芯片的功能越来越强，从而使系统结构的性能从较高的大型机向小型机乃至PC下移。

所以，当今的计算机系统已对冯·诺依曼结构进行了许多变革，改进后的冯·诺依曼计算机使其从原来的以运算器为中心演变为以存储器为中心。从系统结构来说，主要是通过各种并行处理手段提高计算机系统的性能。具体包括：

① 适应串行的算法体系结构改变为适应并行算法的体系结构，如并行计算机、多处理机等。

② 面向高级语言计算机和直接执行高级语言的计算机。

③ 硬件系统与操作系统和数据库管理系统软件相适应的计算机。

④ 从传统的指令驱动型改变为数据驱动型和需求驱动型的计算机，如数据流计算机和规约机等。

⑤ 各种适应特定应用的专用计算机，如过程控制计算机、快速傅里叶变换计算机等。

⑥ 高可靠性的容错计算机。

⑦ 处理非数值化信息的计算机，如处理语言、声音、图像等多媒体信息的计算机。

3.1.3 计算机体系结构的评价标准

计算机性能评价是一个很复杂的问题。不论是什么型号的计算机，总有其特色和优点，也有它的不足。因此，对计算机性能的评价应该是全面而综合的。评价计算机系统的标准有主频、字长、运算速度、内存容量、存取周期、性能价格比等指标。

1．主频（时钟周期）

主频是计算机的重要指标之一，它在很大程度上决定了运行速度。主频的单位是兆赫兹（MHz），以微型计算机为例，早期的主频只有几兆赫兹，而奔腾（Pentium）芯片却可以达到几吉赫兹。

2．字长

由于计算机存放一个参与运算的机器，其所使用的电子器件的基本个数是固定的，通常把这种具有固定位数的二进制串称为字，而把字包含的二进制数的位数称为字长。通常所说的计算机是多少位，就是指机器字长的二进制位数。例如，16 位微型计算机的字长为 16 位，32 位微型计算机的字长为 32 位。一般说来，计算机的字长越长，其性能就越高。

3．运算速度

运算速度的单位为 MIPS（百万条指令每秒），是一项综合性的参考指标。过去用执行定点加法指令作为标准来衡量，现在一般用等效速度或平均速度来衡量。等效速度是由各种指令的平均执行时间及相应的指令运行比例计算出来的，即用加权平均法求得。

4．内存容量

内存容量是计算机内存所能存放二进制数的量。单位包括如下几种：

bit（位）：能够存放一个二进制数的 0 或 1。

B（字节）：存放 8 位二进制数，即 1 B=8 bit 用 1 B 表示。

KB（千字节）：1 KB=1 024 B=2^{10} B。

MB（兆字节）：1 MB=1 024 KB=2^{20} B。

GB：1 GB=1 024 MB=2^{30} B。

TB：1 TB=1 024 GB=2^{40} B。

5．存取周期

存取周期是指连续两次启动独立的存储器操作（例如连续两次读操作）所需要间隔的最小时间。存储器操作包括如下两种。

① 写操作：把信息代码存入存储器的操作。

② 读操作：把信息代码从存储器中取出的操作。

6．性能价格比

这里所讲的性能是综合性能，包括硬件性能、软件性能、使用性能等，而价格也同样要考虑整个系统的价格，包括硬件的价格和软件的价格。

除上述的评价指标外，还应考虑兼容性、可靠性、系统可维护性及汉字处理能力、数据库管理功能、网络功能等。总之，计算机系统的性能需要综合考虑。

3.1.4　计算机的工作过程

1．计算机的指令和程序

指令就是让计算机完成某个操作所发出的命令，即计算机完成某个操作的依据。一条指令通常由操作码部分和操作数部分组成。操作码指明该指令要完成的操作；操作数是指参加操作的数或者操作数所在的单元地址。一台计算机所有指令的集合称为该计算机的指令系统。

程序是人们为解决某一问题而为计算机编写的指令序列。程序中的每一条指令必须是所用计算机的指令系统中的指令。指令系统是提供给用户编写程序的基本依据，它反映了计算机的基本功能，不同的计算机其指令系统也不相同。

2．计算机执行指令的过程

计算机执行指令一般分为两个阶段。先将要执行的指令从内存中取出送入 CPU，然后由 CPU 对指令进行分析译码，判断该条指令要完成的操作，并向各个部件发出完成该操作的控制信号，完成该指令的功能。当一条指令执行完后，自动进入下一条指令的取指操作。

3．程序的执行过程

程序是计算机指令序列，程序的执行就是一条一条地执行这一序列中的指令。也就是说，计算机在运行时，CPU 从内存读出一条指令送到 CPU 执行，指令执行完以后，再从内存读出下一条指令送到 CPU 执行。CPU 不断地取指令，执行指令，这就是程序的执行过程。

杰出人物：计算机之父——冯·诺依曼（Von Neumann）

约翰·冯·诺依曼（1903—1957），美籍匈牙利人，是 20 世纪最杰出的数学家之一，于 1945 年提出了著名的"冯·诺依曼机"设想，其中心就是存储程序原则——指令和数据一起存储。这个概念被誉为"计算机发展史上的一个里程碑"，它标志着电子计算机时代的真正开始，指导着以后的计算机设计。由于他在计算机逻辑结构设计上的伟大贡献，所以他被誉为"计算机之父"。

3.2 微型计算机硬件系统

微型计算机，又称 PC（Personal Computer），是大规模集成电路发展的产物，是以中央处理器为核心，配以存储器、I/O 接口电路及系统总线所组成的计算机。微型计算机以其结构简单、通用性强、可靠性高、体积小、重量轻、耗电省、价格便宜的特点，成为计算机领域中一个必不可少的分支。自 1971 年在美国硅谷诞生第一片微处理器以来，微型计算机异军突起，发展极为迅速。随着微处理器的不断更新，微型计算机的功能越来越强，应用越来越广。微型计算机具有计算机的一般共性，也有其特殊性，其内部结构图如图 3-3 所示。

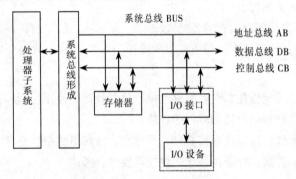

图 3-3 微型计算机内部结构图

3.2.1 微型计算机的基本组成

微型计算机在系统结构和基本工作原理上与其他计算机没有本质区别。通常将微型计算机的硬件系统分为两大部分，即主机和外围设备。主机是微型计算机的主体，微型计算机的运算和存储过程都是在这里完成的。主机以外的设备称为外围设备。

从外观上看，一台微型计算机的硬件主要包括主机箱、显示器、常用 I/O 设备（如鼠标、键盘等）。

主机箱里包含微型计算机的大部分重要硬件设备，如 CPU、主板、内存、硬盘、光驱、软驱、各种板卡、电源及各种连线。

目前，多数用户的计算机上配置了声卡、音箱等，这就构成了一台多媒体计算机，一些用户的计算机还配置了打印机、扫描仪、绘图仪等常用外围设备。

3.2.2　系统主板

系统主板又称主板、主机板或母板。它是微型计算机最基本、最重要的部件之一，是其他各种设备的连接载体。PC99 技术规格规范了主板设计要求，提出主板各接口必须采用有色识别标志，以方便用户识别。系统主板如图 3-4 所示。

图 3-4　系统主板

主板是微型计算机主机箱内的一块平面集成电路板，一般安装在主机箱的底部（卧式机）或一侧（立式机）。板上集成了 CPU 插座、内存插槽、控制芯片组、BIOS（Basic Input Output System，基本输入/输出系统）芯片、电源插座、软盘接口插座、硬盘接口插座、光盘接口插座、扩展插槽、并行接口、串行接口、USB 接口、多媒体与通信设备接口，以及一些连接其他部件的接口等。主板几乎与主机内的所有设备都有连接关系，微型计算机通过主板上的总线及接口将 CPU 等器件与外围设备有机地连接起来，形成一个完整的系统。微型计算机在正常运行时的各种操作都离不开主板，因此微型计算机的整体运行速度和稳定性在相当程度上取决于主板的性能。离开主板，微型计算机将无法工作。

主板从结构上可大体分为 AT 主板、ATX 主板、NLX 主板 3 大类型。AT 主板是一种最基本板型，其特点是结构简单、价格低廉，一般的低价位主板都采用这种结构，目前已被淘汰；ATX 主板形状则像一块横置的大 AT 板，这样便于 ATX 机箱的风扇对 CPU 进行吹风散热，而且板上的很多端口都"竖立"起来直接与外界"沟通"，ATX 主板是 Intel 公司新型主板结构规范，目前大多数主板采用这种结构；NLX 主板比较受品牌机厂商的青睐，其外形像是插了一块显卡的主板，由两部分构成，一部分是布有逻辑控制芯片和基本输入/输出端口的基板，另一部分具有 AGP、PCI、ISA 等插槽的附加板，像显卡一样插在基板的特殊端口中。这样做可以使一些很"高大"的板卡躺在主板上，不仅使机箱变矮，而且抽取起来更加方便，那些超薄的原装机机箱一般都采用了 NLX 主板。虽然主板的生产厂商及品牌较多，主板上各器件的布局方式、尺寸大小、形状及所使用的电源规格等不同，但基本组成和使用是一致的。

下面以 ATX 主板为例介绍主板上的几个主要部件。

1. CPU 插座

主板上的 CPU 插座是安装 CPU 的基座（见图 3-5），它是主板上的"王座"，其结构与形状取决于 CPU 的封装形式。CPU 插座有 Slot 和 Socket 两大主流结构，目前的主流产品一般采用 Socket 结构，Socket 结构是一种方形多针的 ZIF（零插拔力）插座，这种结构便于 CPU 的安装与拆卸，只要抬起插座边上的拉杆，就可以毫不费力地插拔 CPU，拉下拉杆，

图 3-5　CPU 的插座与插槽

CPU 就被牢牢地固定在插座上。为了便于识别安装的方向，Socket 结构在插座上都标有 CPU 定位标记，在 CPU 的对角也有一个标记，安装时只要将两者的定位标记对准，就可以顺利插接。

2. 芯片组

芯片组（Chipset）是主板的控制中枢，它是随着集成电路工艺及微型计算机结构的发展而发展起来的，人们将微型计算机的大部分标准电路集成到几块大规模集成电路中，便产生了芯片组的概念。

芯片组作为主板的灵魂和核心，起着协调和控制数据在 CPU、内存和各部件之间传输的作用，主板所采用芯片的型号决定了主板的主要性能和级别。如同人的大脑分为左脑和右脑一样，根据芯片的功能，芯片组分为南桥芯片和北桥芯片。其中，南桥芯片一般位于 PCI 插槽旁边，主要负责 I/O 接口控制及硬盘等存储设备控制，其作用是使所用的数据都得到有效传输；北桥芯片一般位于 CPU 旁边，决定 CPU 的类型及主频、内存的类型及最大容量等，并负责 CPU、内存之间的数据传输。北桥芯片起着主导作用，又称主桥。由于北桥芯片发热量较大，所以在芯片上装有散热片散热。不过，Intel 公司在新型的芯片组中已不再分南北桥芯片，而改用 ICH（接口控制中心）和 MCH（内存控制中心）来替代传统意义上的南北桥的概念，ICH 相当于南桥，MCH 相当于北桥。

3. BIOS 芯片

BIOS（Basic Input Output System）芯片即基本输入/输出系统，它实际是一组程序，该程序负责主板的一些最基本的输入和输出，在开机后对系统的各部件进行检测和初始化。BIOS 一般固化在可擦编程只读存储器（Erasable Programmable Read-Only Memory，EPROM）或电可擦编程只读存储器（Electrically Erasable Programmable Read-Only Memory，EEPROM）芯片中，在新型主板中也有存储在 Flash（闪存，英文全称是 Flash Memory，简称为 Flash，属于内存器件的一种）ROM 芯片中的。如果说芯片组是主板的心脏，那么 BIOS 就是主板的大脑，它告诉主板应该如何工作，各个中断地址的使用状况，以及把一些特定的开关打开等。BIOS 还有一个用途是支持即插即用（PNP）设备，它通知系统正在使用什么 CPU、显示卡、硬盘、光驱、声卡、网卡等设备，从开机的画面上就可以看出各个设备的型号及连接是否正常。另外，在启动微型计算机时，BIOS 还提供一个界面，可对微型计算机系统有关参数如系统日期、时间等进行设置，这些设置的信息保存在一块 CMOS RAM 芯片中。CMOS RAM 通常由主板上的一块电池供电，即使关机，其中的信息也不会丢失。

4．内存插槽

内存插槽是主板上用来安装内存条的一组长形插槽，内存条（将若干个内存芯片集中在一块条状结构的集成电路板上）通过正反两面带有的金手指与主板连接。主板所支持的内存种类和容量都是由内存插槽决定的。早期主板上的内存插槽一般采用 SIMM（单列直插式内存组件）插槽，SIMM 插槽有 30 线接口和 72 线接口两种，现已被淘汰。目前，主板上的内存插槽都采用 DIMM（双列直插式内存组件）插槽，DIMM 又分为 SDRAM DIMM 和 DDR SDRAM DIMM 两种，SDRAM DIMM 插槽用于安装 168 线的 SDRAM 内存条，内存条金手指每面为 84 线，金手指上有两个卡口，用来避免插入插槽时误将内存反向插入而导致烧毁；而 DDR SDRAM DIMM 插槽用于安装 184 线的 DDR SDRAM 内存条，内存条金手指每面有 92 线，金手指上只有一个卡口。另外，在市场上出现了一种新的 DIMM 结构，是用于安装 DDR2 内存的 240 线 DIMM 插槽，金手指每面有 120 线，与 DDR DIMM 一样，金手指上也只有一个卡口，但是卡口的位置与 DDR DIMM 稍有不同，因此 DDR SDRAM 内存条是插不进 DDR2 DIMM 的，同理 DDR2 内存条也是插不进 DDR SDRAM DIMM 的，因此在一些同时具有 DDR SDRAM DIMM 和 DDR2 DIMM 的主板上，不会出现将内存条插错的问题。

5．驱动器插座

驱动器插座是指硬盘、光盘、软盘驱动器与主板连接的插座。硬盘、光盘驱动器一般通过 80 芯的专用扁平电缆与主板上的 IDE、EIDE 或 SCSI 接口连接；软盘驱动器一般也是通过一根扁平电缆与主板上提供的一个 34 针的软盘驱动器插座连接的。

6．扩展槽

主板上的扩展槽是用来扩展微型计算机功能的插槽，扩展槽可用来安装各种扩展卡（又称适配卡），如显卡、声卡、内置式 Modem 卡、网卡等（大部分微型计算机已经将某些扩展卡集成在主板上）。扩展槽在现代计算机中被广泛应用，其方法是将扩展卡插入到主板的扩展槽上，然后通过扩展卡的端口和连接电缆连接扩展卡和新的外围设备。目前微型计算机上板上较为常见的扩展槽有 PCI 扩展槽和 AGP 扩展槽（ISA 扩展槽在某些工控机上还保留）。主板上一般有 3～5 个白色的 PCI 扩展槽能接插 PCI 显卡、PCI 网卡等。AGP 扩展槽是专门用于安装 AGP 显卡的，速度比普通的 PCI 显卡要快很多。AGP 扩展槽一般是棕色或黑色的插槽，长度比 PCI 插槽短。每块主板上一般只有一个 AGP 扩展槽，集成了显卡的主板一般就不配 AGP 扩展槽了。

7．计算机与外围设备接口

外部总线通常以接口形式出现，是外围设备与计算机连接的端口，又称 I/O 接口。在微机计算中，通常将 I/O 接口做成 I/O 接口卡插在主板的 I/O 扩展槽上（如显卡、网卡），也有的直接将其安在主板上，如键盘接口、鼠标接口、串行接口、并行接口、USB 接口及高档微型计算机上的 IEEE 1394 口（俗称火线口）等。ATX 主板的外部接口一般集成在主机的后半部（即主机箱的后面）。外围设备和主机的连接通常是通过连接电缆将外围设备与主板上提供的外部接口连接起来实现的。

1）键盘和鼠标接口

现代微型计算机上键盘和鼠标接口一般采用 PS/2 圆形接口。为了方便识别，键盘接口为蓝色，鼠标接口为绿色，目前键盘和鼠标也可采用 USB 接口。

2）串行接口

串行接口又称 COM 口（如 COM1、COM2 等），通常分为 9 针和 25 针两种插座，通过 RS-232C（异步通信适配器接口）连接电缆将外围设备与主机连接起来，如将外置式调制解调器与计算机连接。为了便于识别，微型计算机上的串行接口一般为针式接口。目前以 9 针串行接口为主。

3）并行接口

并行接口又称 LPT 口，其插座上有 25 个导电的小孔，一般用于连接打印机，所以常被称为打印口或并行打印机适配器。并行接口可同时传输 8 路信号，因此能够一次并行传送完整的一个字节数据。

最初的并口设计是单向传输数据的，也就是说，数据在某一时刻只能实现输入或者输出。后来 IBM 又开发出了一种被称为 SPP（Standard Parallel Port）的双向并口技术，它可以实现数据的同时输入和输出，这样就将原来的半互动并口变成了真正的双方互动并口。1991 年，Intel、Xircom 及 Zenith 共同推出了 EPP（Enhanced Parallel Port），允许更大容量的数据传输（500～1 000 bit/s），其主要是针对要求较高数据传输速率的非打印机设备，如存储设备等。1992 年，微软和惠普联合推出了被称为 ECP（Extended Capabilities Port）的新并口标准，和 EPP 不同，ECP 是专门针对打印机制定的标准。目前所使用的并口都支持 EPP 和 ECP 这两个标准，用户可以在 CMOS 当中自己设置并口的工作模式。

4）USB 口

USB 口称为通用串行总线接口，一般为扁平状，可连接各种具有 USB 接口的外围设备。目前，普遍使用的是 USB 2.0 标准接口，其最大数据传输速率为 480 Mbit/s。USB 接口将会成为微型计算机接口的主流，甚至将取代并行口和串行口，同时提供快速的即插即用和热插拔功能。

5）IEEE 1394 接口

IEEE 1394 接口又称"火线"口，是目前最新的一种连接技术，它可以方便地把各种外围设备（如数码照相机、数码摄像机等）与微型计算机连接，实现通信。它可以实现即插即用式操作，其数据传输速率为 400 Mbit/s。

目前，市场上的主板品牌比较多，如华硕、微星、技嘉、硕泰克、联想、磐英等。

3.2.3 CPU

CPU（Central Processing Unit）的中文名称是中央处理器，微型计算机中的 CPU 又称微处理器（Micro-Processor），是利用大规模集成电路技术，把运算器、控制器集成在一块芯片上的集成电路。CPU 内部可分为控制单元、逻辑单元和存储单元 3 大部分。这 3 大部分相互协调，进行分析、判断、运算并控制计算机各部分协调工作。

CPU 就像计算机的"大脑"，计算机处理速度的快慢主要由 CPU 决定，人们常以它来判定计算机的档次。CPU 一般安插在主板的 CPU 插座上。目前，世界上只有少数国家和地区拥有通用 CPU 的核心技术。我国继 2002 年自主研制成功"龙芯一号"CPU 芯片后，又研制成功了"龙芯二号"高性能通用 CPU 芯片，标志着我国已经拥有了 CPU 的核心技术。当前，微型计算机市场上的 CPU 产品主要由美国的 Intel 公司和 AMD 公司生产。如今使用双核心处理器的个人计算机已相当普遍，双核心中央处理器是在中央处理器芯片或封装中包含两个处理器核心，一般共用二级缓存（见图 3-6）。另外，也有 3 核心、4 核心处理器、6 核心、8 核心处理器等。

CPU 的主要技术参数如下：

① 主频：CPU 的性能主要由 CPU 的字长和主频决定。主频是指 CPU 的工作频率，单位为 MHz 或 GHz。主频越高，运算速度越快。

② 字长：CPU 的字长是指 CPU 可以同时传送数据的位数，一般字长较长的 CPU 处理数据的能力较强，处理数据的精度也较高。目前通常使用的 CPU 字长为 32 位。

图 3-6　英特尔酷睿双核处理器

③ 外频：CPU 的基准频率，单位为 MHz。外频是 CPU 与主板之间同步运行的速度。目前，大部分计算机系统中的外频也是内存与主板之间同步运行的速度。在这种状态下，可以理解为 CPU 的外频直接与内存相连通，实现两者间的同步运行状态。

④ 一级高级缓存（L1 Cache）：它是封闭在 CPU 内部的高速缓存，用于暂时存储 CPU 运算时的部分指令和数据，容量单位一般为 KB。通常情况下，一级高速缓存越大，CPU 与二级缓存和内存之间交换数据的次数就越少，计算机的运算速度就越快。L1 缓存的容量通常为 32～256 KB。

⑤ 二级高级缓存（L2 Cache）：一般与 CPU 封装在一起，提供了一个拥有更高数据吞吐率的通道，可以提高内存和 CPU 之间的数据交换频率，提高计算机的总体性能。L2 高速缓存容量原则上越大越好，采用 0.13 μm 制程技术的 Pentium 4 处理器提供有 512 KB 的二级高级缓存。

3.2.4　主存储器

存储器是由一些能表示二进制数 0 和 1 的物理器件组成的，这种器件称为记忆元件或存储介质。常用的存储介质有半导体器件和磁性材料。例如，一个双稳态半导体电路、磁性材料中的存储元等都可以存储一位二进制代码信息。

计算机中的存储器分为两大类：主存储器（又称内存储器）和辅助存储器（又称外存储器）。

主存储器分为只读存储器 ROM（Read Only Memory）和随机存储器 RAM（Random Access Memory）两种。ROM 是一种只能读取而不能写入的存储器，主要用来存放那些不需要改变的信息。这些信息由厂商通过特殊的设备写入，关掉电源后存储器中的信息不会消失，例如主板上的 BIOS 信息就是用 ROM 存储的。

RAM 即经常所说的内存，可以读出，也可以写入。所谓随机存取，是指存取任一单元所需要的时间相同。当断电后，RAM 中存储的内容立即消失，称其具有易失性（Volatile）。RAM 中的信息可以通过指令随时读出和写入，在工作时存放运行的程序和使用的数据。内存是计算机基本硬件设备之一，内存大小直接影响计算机的运行速度。

早期的微型计算机中，内存一般直接使用内存芯片，将内存芯片直接插在主板的芯片插座上，或者直接焊接在电路板上。现代微型计算机系统的内存模块中，一般是将若干个内存芯片集成在一块条状结构的集成电路板上，通常称为内存条（见图 3-7），内存条需要插在主板的内存插槽上，通过正反两面带有的金手指与主板相连。目前，微型计算机上主要使用 SDRAM 或 DDRRAM 内存条，SDRAM 内存条金手指上的引脚为 168 针，金手指正反两面各有 84 针，就是人们通常说的 168 线（pin）内存条，同时金手指上有两个卡口，主要应用于 PentiumⅢ 系列微型计算机。DDRRAM 内存条金手指上的引脚为 184 针，金手指正反两面各有 92 针，就是人们通常说的 184 线内存条，而金手指上有一个卡口，主要应用于 Pentium 4 系列微机。DDR2 和 DDR3 内存条为 240 线。现在内存条的容量较大，一般为 256 MB、512 MB、1 GB、2 GB、4 GB 等。内存条的选用一定要和主板上内存插槽的形式相匹配。

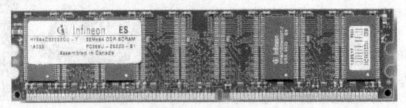

图 3-7　内存条

最近几年微型计算机的硬件更新速度很快，对内存的带宽（速度）需求也越来越高，对内存的容量要求也越来越大。另外，操作系统也变得越来越复杂，对内存的性能要求也不断提高。随着微型计算机性能地不断提升，人们要求内存封装更加精致，以适应大容量的内存芯片，同时也要求内存封装的散热性能更好，以适应越来越快的核心频率。

3.2.5　辅助存储器

辅助存储器用来存放系统文件、大型文件、数据库等大量程序与数据信息，它们位于主机范畴之外，常称为外存储器，简称外存。常用的外存储器有磁带存储器、磁盘存储器、光盘存储器和闪存，其中磁盘存储器又分为软盘存储器和硬盘存储器两种。

1. 软驱和软盘

一个完整的软盘存储系统由软盘、软盘驱动器、软盘控制器（现已集成在主板上）组成。

软驱又称软盘驱动器，它的基本作用是读取软盘中的数据。目前，使用的软驱主要是传统的 1.44 MB 软驱，使用的软盘为 3.5 英寸软盘，简称为 3 英寸盘。软盘的价格便宜，且便于携带、保存，为计算机信息的保存和转储提供了便利。其缺点是存储容量小、读写速度慢。软驱和软盘的外形如图 3-8 所示。

图 3-8　软驱和软盘

软盘俗称或译为软磁盘，以前是广泛使用的一种廉价介质，目前已较少使用。它是在聚酯塑料（Mylar Plastic）盘片上涂盖容易磁化并有一定矫顽力的磁薄膜制成的。所用磁介质有一氧化铁和渗钴氧化铁，对于高密度介质（超过 30 000 bpi）则采用钡铁氧体、金属介质等。

软盘的主要规格是磁片直径。1972 年出现的是 8 英寸软盘。1976 年与微型计算机同时问世的是 5.25 英寸软盘，简称 5 英寸盘。1985 年，日本索尼（SONY）公司推出 3.5 英寸软盘。1987 年，索尼公司又推出 2.5 英寸软盘，简称 2 英寸盘。后来已出现 1.5 英寸软盘，只是未批量生产。

目前，市场上的软驱生产厂商主要有索尼、东芝、NEC、三星等。

2．硬盘

软盘具有使用携带方便等特点，但其存储容量小，读写速度慢，对大量数据的存储显得力不从心，而硬盘则具有解决以上问题的全部特点。硬盘作为微型计算机系统的外存储器，它具有软盘所不可比拟的优势，所以成为微型计算型计算机的主要配置之一。

硬盘像软盘一样，也划分为磁面、磁道和扇区。不同的是，一个硬盘包括若干个磁性圆盘，每个盘片有 2 个磁面，每个磁面各有一个读写磁头，并且每个磁面上的磁道数和每个磁道上的扇区数也因硬盘的规格不同而不同。硬盘的容量比软盘大得多。早期的硬盘容量仅为几十兆字节和几百兆字节，随着多媒体技术的应用及需要，硬盘容量逐步达到 40 GB、80 GB、120 GB 或更高。硬盘的外形如图 3-9 所示。

1）硬盘的结构和存储原理

硬磁盘采用金属做基底，表面涂盖磁性材料。由于刚性较强，所以称为硬磁盘。应用最广的小型温式（温彻斯特式）硬磁盘机，是在一个轴上平行安装若干个圆形磁盘片，它们同轴旋转，如图 3-10 所示。每片磁盘的表面都装有一个读写磁头，在控制器的统一控制下沿着磁盘表面做径向同步移动。于是几层盘片上具有相同半径的磁道可以看做一个圆柱，每个圆柱称为一个"柱面（Cylinder）"。盘片与磁头等有关部件都被密封在一个腔体中，构成一个组件，只能整体更换。

图 3-9　硬盘

图 3-10　硬盘盘片图

硬盘与软盘的工作原理相同。硬盘一般由多个盘片固定在一个公共转轴上，构成盘片组。微型计算机上用的硬盘采用了温彻斯特技术，它把硬盘、驱动电机、读写磁头等封装在一起，成为温彻斯特驱动器。硬盘工作时，固定同一个转轴上的多张盘片以每分数千转甚至更高的速度旋转，在驱动马达的带动下磁头在磁介质盘上作径向移动，寻找定位，完成写入或读出数据的工作。

硬盘经过低级格式化、分区及高级格式化后即可使用。

2）硬盘的接口类型

硬盘按照接口类型可以分为 IDE 接口和 SCSI 接口两种：

① IDE（Integrated Drive Electronics）又称 ATA（Advanced Technology Attachment）接口，在计算机上大部分使用的硬盘是 IDE 接口。相比较，IDE 接口的数据传输速率比较低，初期的数据传输速率只有 16.6 Mbit/s 或 66 Mbit/s，而现在数据传输速率一般为 100 Mbit/s 或 133 Mbit/s。平时硬盘上面标有 ATA/100 就代表是 ATA 接口，数据传输速率为 100 Mbit/s。

② SCSI（Small Computer System Interface）原是为小型机研制出的一种接口技术，随着计算机技术的发展，计算机上有许多设备也使用 SCSI 接口，如硬盘、刻录机、扫描仪等。SCSI 接口具有很好的并行处理能力，也具有比较高的磁盘性能，在高端计算机、服务器上常用来作为硬盘

及其他存储装置的接口。

硬盘上的电源线、数据线插口及跳线如
图 3-11 所示。

电源插口
跳线
数据线插口

图 3-11　硬盘上的电源插口、数据线插口及跳线

3）硬盘的种类

① 按磁盘片直径分：有 2.5 英寸、3.5 英寸、5.25 英寸 3 种。

② 按硬盘机结构分：有盒式硬盘机、可换盘组硬盘机、固定式硬盘机等。目前占据硬盘市场 90% 以上，技术优点较多的"温彻斯特"硬盘机（简称温盘）就是固定式的。

③ 内置硬盘：简称硬盘，安装在系统单元的内部。

④ 盒式硬盘：与录音机的磁带一样，可以方便地移动，用做内置硬盘的补充。

⑤ 硬盘组：存储大容量信息、可移动的存储设备，其容量远远大于上述两种硬盘。

⑥ USB 移动硬盘：支持即插即用。

4）硬盘使用注意事项

① 不要频繁开关电源；供电电源应稳定。

② 未经授权的普通用户切勿进行硬盘低级格式化、硬盘分区、硬盘高级格式化等操作。

转速是影响硬盘性能最重要的因素之一，高低速硬盘的性能差距非常明显，所以建议选择使用高速硬盘。现在在市场上较流行 5 400 rpm（每分钟转数）和 7 200 rpm 的硬盘。

目前，比较有名的硬盘生产厂商有 Quantum、Seagate、Maxtor、IBM、西部数据等。

3. 光盘存储器

随着多媒体技术的广泛应用和计算机处理大量数据、图形、文字、音像等多种信息能力的增强，磁盘存储器存储容量不足的矛盾日益突出。这种背景下，人们又研制了一种新型的"光盘存储器"，而且发展非常迅速。光盘存储器使用激光进行读写，比磁盘存储器具有更大的存储容量，被誉为"海量存储器"。又由于激光头与介质无接触、没有退磁问题，所以信息保存时间长（几十年）。但是，光盘读写速度比硬磁盘慢且驱动器价格较高。今后，随着多媒体技术的广泛应用及光盘技术的进一步提高，光盘将会取得与磁盘同等重要的地位。

光盘存储器是由光盘、光盘驱动器和接口电路组成的。

光驱和 CD-R/CD-RW 刻录机是目前使用最普遍的光盘存储器，它们具有技术成熟、读取速度快、价格低和使用方便等优点。

1）光驱

光盘驱动器简称光驱，它是读取光盘信息的设备，目前已成为多媒体计算机必备的外围设备。光驱的外形如图 3-12 所示。

图 3-12　光驱

光驱工作方式有两种，具体如下：

① 恒定线速度（CLV）：无论光驱读取头在内轨还是在外轨读取数据，数据传输速率都保持不变，而光驱的转速随读取头在光盘位置的不同而变化。光驱读取头远离光盘中心时，光驱转速逐渐下降，这样读取头在单位时间内可以扫过相同的轨迹长度，读取相同的数据量，从而可以以相同的速率读出所有的数据。

② 恒定角速度（CAV）：与 CLV 正好相反，它是让数据传输速率发生变化，保持光盘固定的转速。光驱读取头从光盘中央向外圈移动时，数据传输速率是递增的，并且数据传输速率完全取决于数据存放的位置。

光盘驱动器主要有 CD-ROM 和 DVD-ROM 两种。CD-ROM 是只读光盘驱动器；DVD-ROM 是数字视频光盘驱动器。

在购买的光驱正面往往会刻有"50×"等字样，"50×"代表该光驱的倍速为 50。所谓倍速，是指光驱读取资料的数据传输速率，它是衡量光驱性能的重要指标之一。单倍速的数据传输速率是 150 kbit/s，所以 50 倍速的光驱的数据传输速率为 50×150 kbit/s=7 500 kbit/s。

2）光盘

光盘采用磁光材料作为存储介质，通过改变记录介质的折光率保存信息，根据激光束反射光的强弱来读出数据。光盘与磁盘、磁带比较，其主要优点是记录密度高、存储容量大、体积小、易携带，被广泛用于存储各种数字信息。

根据性能和用途的不同，光盘存储器可分为只读型光盘、一次写入型光盘和可重写型光盘 3 种。光盘如图 3-13 所示（正面和反面）。

图 3-13　光盘

① 光盘的存储原理。光电存储介质俗称光盘，光盘上有许多刻痕，光电读取设备中的光学读取头将激光束投到光盘上，根据刻痕的深浅不同，反射的光束也不同，表示不同的数据。一张光盘可以存储 650～800 MB 的数据。

② 光盘的分类。光盘用激光进行读写，按读写功能分为只读型、一次写入型和可重复写型 3 种，它们的工作原理并不完全相同，分别如下：

- CD-ROM（Compact Disk Read Only Memory）：只读型光盘。厂家按用户要求写入数据后，永久不能改变其内容。这种光盘一般采用丙烯树脂做基片，表面涂一层碲合金或其他介质的薄膜，由写入的数据调制强激光束，在薄膜表面烧出千分之一毫米宽度的一系列凹坑，最后产生的凹凸不平表面就存储了这些数据信息。读数据时，由光盘驱动器中的弱激光源扫描光盘，解调后便可得到有关数据。该光盘可反复进行读操作，但不能进行写操作，即光盘中的数据不能更改或删除，而是永久保存。由于这种光盘具有 ROM 性质，因此又称 CD-ROM。目前 CD-ROM 光盘使用较广泛。

- WORM（Write Once Read Many Disk）：简写为 WO，一次写入型光盘。使用时允许用户写入信息，但只能写入一次，不能抹去和改写，以后可以读出。写入方法是用强激光束对光介质进行烧孔或起泡，从而产生凹凸不平的表面。这种光盘的信息可反复读取光盘上的信息。

- E-R/W（REWRITEBLE）：可重写型光盘。用户可自己写入信息，也可对已有的信息进行抹除和改写，就像使用磁盘一样反复使用。可重写型光盘需要插入特殊的光盘驱动器进行读写操作，它的存储容量一般在几百 MB 至几 GB。

DVD-ROM（Digital Versatile Disk-Read Only Memory）是 CD-ROM 的后继产品。采用 650 nm 较短波长的激光，单面单层容量是 4.7 GB，双面双层容量为 17 GB。盘片尺寸与 CD-ROM 相同，且在使用上兼容音频 CD 和 CD-ROM。光盘及光驱已经成为多媒体计算机的重要组成部分。

3）刻录机

随着光技术的不断进步和成本的不断降低，光盘刻录机的使用已十分普及，并大有取代光驱而成为计算机标准外围设备的趋势。

光盘刻录机按照功能可以分为 CD-R 和 CD-RW 两种：CD-R 刻录机用来刻录一次写入型光盘，刻录后光盘内的数据不可更改；CD-RW 刻录机多数用来刻录可重写型光盘，可以在一张光盘上进行多次数据擦写操作。当然，CD-RW 刻录机完全具备 CD-R 刻录机的功能。

和光驱一样，读取速度也是刻录机的主要性能指标。对刻录机而言，性能指标有读取速度、写入速度和复写速度，其中写入速度是最重要的指标，它直接决定了刻录机的性能、档次与价格。在购买的刻录机正面一般会顺序标出写入速度、复写速度和读取速度。例如，"32×12×48×"即表示此款刻录机的写入速度为 32 倍速，复写速度为 12 倍速，读取速度为 48 倍速。

有名的刻录机厂商有索尼（SONY）、雅马哈（YAMAHA）、明基（BENQ）、华硕（ASUS）、理光（RICOH）和爱国者等。

4. 闪存盘（俗称优盘）

闪存的英文是 Flash Memory，是一种非易失性存储器。闪存芯片是一种新型的 EEPROM（Electronic Erasable Programmable Read-Only Memory），它不仅像 RAM 那样可读可写，而且还具有 ROM 在断电后数据不会消失的优点，如图 3-14 所示。

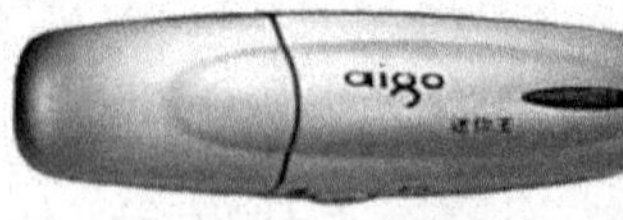

图 3-14　闪存盘

闪存盘通过 USB、PCMCIA 等接口与计算机连接，目前最常见的是 USB 闪存盘。USB 闪存盘由闪存芯片、控制芯片（Flash 转 USB）和外壳组成，是一种新型的移动存储器。与其他移动存储器相比，USB 闪存盘具有体积小、外形美观、物理特性优异、兼容性良好等特点。USB 闪存盘一般仅有 10～20 g，存储容量有 2 GB、4 GB、8 MB、16 GB 和 32 GB 等。

闪存不仅具有 RAM 可擦除、可编程的优点，而且还具有 ROM 的写入数据断电后不会消失的优点。USB 闪存盘普遍采用 USB 接口，具有易扩展、即插即用的优点。

USB 闪存盘通过 USB 口提供电源，支持即插即用和热插拔。对于 Windows 系列操作系统，把闪存盘插入主机的 USB 口时，系统能自动识别并赋予它一个盘符。

目前，市场上的大多数 USB 闪存盘支持"系统引导"功能，随着价格的不断下降及容量、密度的不断提高，闪存盘开始向通用化的移动存储产品发展。随着 Intel 公司等著名厂商对外宣布将在新款处理器中彻底停止对软盘驱动器的支持，USB 移动存储盘将会彻底取代传统的软盘驱动器。

5. 磁带

磁盘提供的是快速、直接的存取方式，即当用户选择盘片中的某一文件或歌曲时，驱动器直接定位到该文件或歌曲存放位置的开始处并进行读取。而磁带提供的是顺序化存取方式，即在定位指定文件或歌曲时，必须访问前面几英寸的磁带，这需要花费一定的时间。

最近几年，由于螺旋扫描记录和数据流工作方式的开发，磁带机的命运出现了新的转机，使磁带机容量大、价格低、携带方便、容易脱机保存的优势得到更充分的发挥。磁带机适合存放源程序、系统诊断程序和其他内容相对稳定的文件，可作为数据库及大型信息系统的后备支持。

3.2.6 输入/输出接口电路

计算机运行时的程序和数据需要通过输入设备送入计算机，程序运行的结果需要通过输出设备返回给用户，所以输入/输出设备是微型计算机系统中不可缺少的组成部分。而这些设备与主机间的通信是通过输入/输出接口电路进行的，因为外围设备具有多样性和复杂性，不能直接与 CPU 相连，特别是速度比 CPU 低得多，所以通过接口电路来进行隔离、变换和锁存。输入/输出接口电路又称 I/O（Input/Output）电路，即通常所说的适配器、适配卡或接口卡。它是微型计算机与外围设备交换信息的桥梁。

① 接口电路结构：一般由寄存器组、专用存储器和控制电路几部分组成，当前的控制指令、通信数据及外围设备的状态信息等分别存放在专用存储器或寄存器组中。

② 接口电路的连接：所有外围设备都通过各自的接口电路连接到微型计算机的系统总线上。

③ 通信方式：分为并行通信和串行通信。并行通信是将数据各位同时传送；串行通信则是将数据一位一位地顺序传送。

3.2.7 微型计算机的总线结构

微型计算机作为计算机体系结构中的一种，具有很高的性能价格比。它采用典型的总线结构，即各个部分通过一组公共的信号线联系起来，这组信号线称为系统总线。总线是 CPU、主存储器、I/O 接口设备之间进行信息传送的一组公共通道，如图 3-15 所示。采用总线结构形式具有简化系统硬件、软件的设计，简化系统的结构，使系统易于扩充和更新，可靠性高等优点，但由于在各个部件之间采用分时传送操作，因而降低了系统的工作速度。

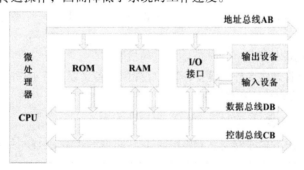

图 3-15 3 大总线与 CPU、存储器、I/O 接口之间的关系

系统总线是 CPU 与其他部件之间传送数据、地址和控制信息的公共通道。根据传送的信息类型又可分为数据总线（DB）、地址总线（AB）和控制总线（CB）3 种。

这种总线结构使得各部件之间的关系都成为单一面向总线的关系，即任何一个部件只要按照标准挂接到总线上，就进入了系统，就可以在 CPU 统一控制下进行工作。注意总线上的信号必须与连到总线上的各个部件所产生的信号协调。

总线的工业标准有 ISA、EISA、VESA、PCI 和 AGP 等。

3.3   输入/输出系统

现代计算机系统的外围设备种类很多，各类设备都有着各自不同的组织结构和工作原理，与CPU的连接方式也各不相同。在计算机系统中有两种体系结构：

① 独立体系结构：是指制造商生产的计算机不允许用户进行扩展，即用户不能够通过简单的方式增加新的设备。

② 开放体系结构：是指允许用户通过系统主板上提供的扩展槽增加新的设备。其方法是将适配卡插到系统的主板扩展槽上，然后通过适配卡的端口和连接电缆连接适配卡和新的外围设备。

所以，计算机系统的输入/输出系统的基本功能有两个：一是为数据传输操作选择输入/输出设备；二是在选定的输入/输出设备和CPU（或主存储器）之间交换数据。通常采用第二种体系结构，计算机或输入/输出设备的厂商根据各种设备的输入/输出要求，设计和生产各种适配卡，然后通过插入主板上的扩展槽中连接外围设备。

3.3.1   输入/输出原理

对于工作速度、工作方式和工作性质不同的外围设备，通常采用不同的输入/输出方式。而常用的输入/输出方式有以下 5 种：程序控制输入/输出方式、中断输入/输出方式、直接存储器存取（Direct Memory Access，DMA）方式、通道方式和外围处理机方式。

1．程序控制输入/输出方式

程序控制输入/输出方式又称应答输入/输出方式、查询输入/输出方式、条件驱动输入/输出方式等，通过 CPU 执行程序中的 I/O 指令来完成传送，它有如下特点：

① 何时对何设备进行输入/输出操作完全受 CPU 控制。

② 外围设备与 CPU 处于异步工作关系。CPU 要通过指令对设备进行测试才能知道设备的工作状态。

③ 数据的输入和输出都要经过 CPU。外围设备每发送或接收一个数据都要由 CPU 执行相应的指令才能完成。

④ 用于连接低速的外围设备，如终端、打印机等。

当一个 CPU 需要管理多台外围设备，而这些外围设备又要并行工作时，CPU 可以采用轮流循环测试方式，分时为多台外围设备服务。

2．中断输入/输出方式

采用中断输入/输出方式能够克服程序控制输入/输出方式中 CPU 与外围设备之间不能并行工作的缺点。

为了实现中断输入/输出方式，CPU 和外围设备都需要增加相关的功能。在外围设备方面，要将被动地等待 CPU 来为其服务的工作方式改为主动工作方式，即当输入设备把数据准备就绪或者输出设备已经空闲时，主动向 CPU 发出中断服务请求。CPU 每执行完一条指令都要测试是否有外围设备的中断服务请求。如果发现有外围设备的中断服务请求，则暂时停止当前正在执行的程序，保护好现场后去为外围设备服务，等服务结束后，恢复现场，再继续执行原来的程序。

3．直接存储器存取方式

直接存储器服务方式是在外围设备与主存储器之间建立直接数据通路，它主要用来连接高速外围设备，如磁盘、磁带存储器等。在 DMA 方式中，CPU 不仅能够与外围设备并行工作，而且整个数据的传送过程也不需要 CPU 干预。其主要特点如下：

① 主存储器既可以被 CPU 访问，也可以被外围设备访问。

② 由于在外围设备与主存储器之间传输数据不需要执行程序，也不用 CPU 中的数据寄存器和指令计数器，因此不需要现场保护和恢复，从而使 DMA 方式的工作效率大大加快。

③ 在 DMA 方式中，CPU 不仅能够与外围设备并行工作，而且整个数据的传送过程也不需要 CPU 干预。

4．通道方式

外围设备与内存之间的数据传送由具有特殊功能的输入/输出处理器（I/O Processor）控制。与 DMA 方式相比，通道的出现进一步减轻了 CPU 对 I/O 操作的控制，提高了 CPU 的利用率。

5．外围处理机（Periphery Process）方式

外围处理机方式是通道方式的进一步发展。由于外围处理机基本上独立于主机工作，且一些系统中设置多台外围处理机分别承担 I/O 控制、通信、维护诊断等任务，因此从某种意义上说，这种系统已变为分布式多机系统。

程序查询方式和程序中断方式适合于数据传输速率比较低的外围设备，而 DMA 方式、通道方式和外围处理机方式适合于数据传输速率比较高的外围设备。目前，单片机和微型计算机中大多采用程序查询方式、程序中断方式和 DMA 方式，通道方式和外围处理机方式大多适用于中、大型计算机。

3.3.2　输入设备

输入（Input）通常是指预备好送入计算机系统进行处理的数据，常常也指把数据送入计算机系统的过程。计算机输入设备能够把用文字或语言表达的问题直接送到计算机内部进行处理。输入的信息有数字、字母、文字、图形、图像、声音等多种形式，送入计算机的只有一种形式，就是二进制数据。一般的输入设备只用于原始数据和程序的输入，其主要功能有两个：

① 用于输入指令，指挥计算机进行各种操作，对计算机反馈的提问做出选择，以便计算机进行下一步操作。

② 输入各种字符、图像、视频流等数据资料，供计算机进一步处理。

不同时代，计算机的输入设备不同。在 DOS 时代，键盘几乎是唯一的输入设备；而 Windows 时代，鼠标和键盘是主要的输入设备；随着多媒体技术的迅猛发展，扫描仪、手写板、传声器（俗称麦克风）、数码照相机、摄像头或数码摄像机等都成了输入设备。

1．键盘

键盘是计算机系统中最常用的输入设备之一，平时所做的文字录入工作主要是通过键盘完成的。所以对每一个用户来说，熟练使用键盘是至关重要的。

1）键盘功能

键盘主要用于输入数据、文本、程序和命令。

2）键盘结构

配合微型计算机使用的键盘一般都用可伸长的螺旋导线和主机相连。电线头上配有一个 DIN 插头，插入主机板上的一个 5 芯圆形插座。电缆内有电源线（+5V）、地线、两根双向信号线，电缆外有屏蔽。

键盘内有一单片微处理器，负责控制整个键盘的工作。加电时的键盘自检、键盘扫描码的缓冲及与主机通信等。按下键后，根据其位置将该字符转换成对应的二进制码，并传送给主机和显示器。当 CPU 来不及响应时，先将输入的字符送入主存中的"输入缓冲区"；待 CPU 能处理时，再从缓冲区取出送 CPU。一般微型计算机设置有 20 个字符的输入缓冲区。

有些键盘背面有一个可折叠的仰角托架，供操作人员选择自己认为适当的距离和角度。

按键由键帽和键体组成。键体内部有按杆、触点、复位弹簧和 G2 声弹片。

3）键盘的使用

按照各类按键的功能和排列位置，可将键盘分为 4 个主要部分：打字机键盘、功能键、编辑键（包括光标控制键）和数字小键盘，如图 3-16 所示。

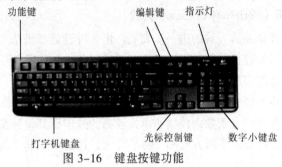

图 3-16　键盘按键功能

2．鼠标

输入字符、数字和标点符号时使用键盘都很方便，但却不适合图形操作。随着计算机软件的发展，图形处理的任务越来越多，键盘已经不能够满足要求了，因此，出现了"鼠标"。鼠标是一种屏幕标定装置，不能像键盘那样直接输入字符和数字。但在图形处理软件的支持下，在屏幕上使用它进行图形处理却比键盘方便得多。尤其是现在出现的一些大型软件，几乎全部采用各种形式的"菜单"或"图标"操作，操作时只需要在屏幕特定的位置单击，该操作即可执行。随着 Windows 操作系统的普及，鼠标已经成为计算机最重要的输入设备这一。鼠标因其外观而得名（见图 3-17），分为有线鼠标和无线鼠标，常见的有线鼠标有两种，机械式和光电式；无线鼠标器也有两种，红外线型和无线电波型。

图 3-17　鼠标

1）机械鼠标

机械鼠标又称机电式鼠标，其分辨率高，但编码器会受磨损。在它的下面有一个可以滚动的小球。当鼠标在桌面上移动时，小球和桌面摩擦，发生转动。屏幕上的光标随着鼠标的移动而移动，光标和鼠标的移动方向一致，而且与移动的距离成比例。这种鼠标价格便宜，但易沾灰尘，影响移动速度，且故障率高，需要经常清洗。

2）光学鼠标

光学鼠标维护方便，可靠性和精度都较高；缺点是分辨率的提高受限制。

3）光学机械鼠标

光学机械鼠标又称光电鼠标，是光学、机械的混合形式。光电鼠标的下面是两个平行放置的小光源（灯泡），它只能在特定的反射板上移动。光源发出的光经反射后，再由鼠标接收，并转换为移动信号送入计算机，使屏幕光标随之移动。其他原理和机械鼠标相同。现在大多数高分辨率的鼠标都是光电鼠标。

4）无线鼠标

无线鼠标又可分为红外线型和无线电波型两类。红外线型无线鼠标对鼠标与主机之间的距离有严格要求，遥控距离一般在 2 m 以内；无线电波型无线鼠标器较为灵活，但价格贵。

5）鼠标的主要技术指标

① 分辨率：以 dpi 为单位，即每英寸有多少个点。分辨率越高越便于控制。大部分提供 200～400 dpi 的标准分辨率。

② 轨迹速度：反映鼠标的移动灵敏度，以 mm/s 为单位。该速度达到 600 mm/s 为好。

③ 通信标准：有 MS（Microsoft）和 PC 两种。MS Mouse 使用左、右 2 个按键；PC Mouse 使用左、中、右 3 个按键。现在多数鼠标都与这 2 个通信标准兼容，通常在鼠标底部设有一个切换开关，扳动即可转换。

目前在便携式计算机上还配置了具有鼠标功能的跟踪球（Trace Ball）或触摸板（Touch Pad）等。

3. 扫描仪

扫描仪是一种图像输入设备，通过它可以将图像、照片、图形、文字等信息以图像形式扫描输入到计算机中。扫描仪如图 3-18 所示，是继键盘和鼠标之后的第三代计算机输入设备，目前正在被广泛使用。

1）扫描仪的工作原理

在扫描仪中装有低频光源。光线照射到要扫描的图像上，纸上的黑色部分吸收光线，白色部分反射光线。光线反射到由电荷耦合器件（Charge Coupled Device，CCD）制成的光敏二极管矩阵

图 3-18　扫描仪

上，形成模拟信号，然后再转换成数字信号。因此，只有选用品质优良、性能稳定的 CCD 装置，才能保证图像输入的质量。

根据对纸张的处理方式扫描仪可分为滚筒式扫描仪和平台式扫描仪。滚筒式扫描仪便于处理装入多张原稿并自动送纸的文件，但对于书本或立体物就不行了；平台式扫描仪类似于复印机，书刊资料不必撕下就能扫描。在传动机构的设计上，它们也有区别。滚筒式扫描仪以固定的光电机构来扫描移动的原稿，平台式扫描仪则以移动的光电机构来扫描固定不动的原稿。因此，扫描器的光学设计和电机控制起着重要作用。

2）扫描仪的使用方法

为使图像逼真重现，应当采用灰度扫描技术。灰度是指介于白色与黑色之间的若干层次的阴影。

没有灰度的图像显得呆板僵化。如果用 1 bit 来表现一个像素，则它就只有黑白两色；如果用 4 bit 来表现一个像素，它就可以有 16 种灰度层次。同理，8 bit 可有 256 种灰度。目前平台式扫描仪可达 48 bit。

为了方便用户利用扫描仪的标准功能，扫描仪都提供驱动软件。通常有图像扫描与图像修正软件、图像编辑软件等。

例如，Picture Publisher 就是适用于 IBM PC 的灰度图像编辑软件。因此，扫描仪都提供标准的文件格式与接口，以便各类应用软件调用。

扫描仪的优点是可以最大程度的保留原稿面貌，这是键盘和鼠标都做不到的。通过扫描仪得到的图像文件可以提供给图像处理程序（如 Photoshop 等）进行处理。如果配上光学字符识别（OCR）程序，还可以把扫描得到的中西文字形转变为文本信息，以供文字处理软件（如 Word 等）进行编辑处理，这样就免去了人工输入的环节。

著名的扫描仪生产厂商有 MICROTEK、MUSTEK、HP、CONTEX、联想、方正等。

4．语音输入设备

语音输入设备（Voice Input Device）是直接将人们所说的话转换成数字代码并输入到计算机的设备。最广泛使用的语音识别系统由传声器（俗称麦克风）、声卡和语音输入软件系统组成，如图 3-19 所示。

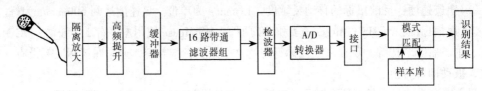

图 3-19　语音识别系统框图

语音识别的基本原理仍是模式匹配。为此，预先要建立丰富的样本库。当未知语音输入时，即与样本进行比较，若满足匹配，则可识别。显然，建立声信号样本库的工作十分重要。

5．光笔、数字板及其他

1）光笔

在指点式设备中，光笔的精度要比手指高得多。光笔的外形及尺寸均与普通笔类似，只是其一端装有光敏器件，另一端通过导线接到计算机上。当光敏端的笔尖接触屏幕时，产生的光电信号经计算机处理即可知道它在屏幕上的位置。再配合使用按键，可以对光笔指点处进行增删修改处理。

2）数字板

常见的数字化板有两种形式：

① 压笔式：该数字化板是压敏的，当数字化笔压过板面时，板面电荷分布出现差异，装在笔尖上的电荷敏感元件检测出信号并输给计算机，在屏幕上可以画出相应的图。

② 扫描式：把现成的一幅图片放在数字化板上，用一个外形类似鼠标的数字化器扫过图片，它可以把图片变换成数字信号，在屏幕上也可以画出相应的图片。

3）游戏杆（Joy Stick）

游戏杆又称摇杆，主要用于计算机游戏。有的与键盘装在一起，更多的则是作为"计算机小百货"单独供应。某些个人计算机设有两个游戏杆接口，可同时装两个游戏杆，在游戏机上也常装有这样的操纵杆装置。

4）条形码阅读器

条形码阅读器是一种阅读条形码的光电扫描仪，条形码是打印在产品外包装上的垂直斑纹标记。目前广泛应用于超市及大型书店的收银台。

5）触摸屏

触摸屏是一种覆盖了一层塑料的特殊显示屏，可通过手指触摸显示屏来选择菜单。由于触摸屏容易使用，目前已广泛应用于信息查询，如银行、电信及数字化城市查询系统，车站、宾馆的服务信息系统等。触摸操作的方式可以为不熟悉计算机操作的人提供非常方便的人机对话。

6）数码照相机

数码照相机与扫描仪一样，也是一种图像输入设备。它与传统照相机的主要区别在于传统照相机所摄制的图像以胶片的方式保存，而数码照相机所摄制的图像以数字形式保存在存储卡中，并可通过微型计算机上的 USB 接口输入到微型计算机中。数码照相机一般自带一根 USB 接口与 IEEE 1394 火线口转接线。数码照相机还可以通过 LCD 屏随时看到所拍照片的效果，实现即拍即得。

7）数码摄像机

数码摄像机与数码照相机一样，也是一种图像输入设备。家用数码摄像机的格式一般为 DV 格式。在数码摄像中将拍摄到的场景以数字形式保存在 DV 带或存储卡中。数码摄像机可以与计算机连接，从而把 DV 带或存储卡中的内容读入到计算机中。

8）摄像头

摄像头也是一种图像输入设备。随着因特网的普及，人们通过摄像头实现视频聊天已成为一种时尚。目前，市场上的主流产品是带有 USB 接口的数字摄像头。

3.3.3 输出设备

输出（Output）就是把计算机处理的数据转换成用户需要的形式送给人们，或者传给某种介质的存储设备中将其保存起来，以便日后使用。输出设备是计算机系统最重要的组成部分之一。如果一个计算机系统没有输出部分，数据处理的结果就不能与外部世界进行通信，也就失去了存在的价值，不能算是一个完整的系统。输出部分是计算机与人直接联系的主要渠道。

输出设备把计算机输入的指令、数据加工处理以后的结果以其他设备或用户能够接受的形式输出。现代的计算机输出设备可以把计算机处理后的结果以音乐、动画、图像、文字和表格等各种媒体形象生动地展现在人们面前。它也是人机交互的重要工具。计算机系统的输出设备包括显示器、打印机和音箱等。

1. 显示器

显示器通过显卡接到系统总线上，两者共同构成显示系统。

1）显卡

显卡（Video Card）是系统必备的装置，其基本作用是控制计算机的图形输出，如图 3-20 所示。显卡直接插在主机板的扩展槽上并和显示器连接。显卡有独立显卡和集成显卡之分，独立显卡通常安装在 PCI 扩展槽或 AGP 扩展槽中；集成显卡则直接集成在主板上。显卡中的 CPU（图像处理器）和显存是衡量显卡的主要指标，其容量的大小决定了显卡的最大分辨率。

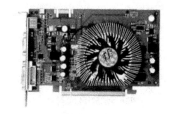

图 3-20　显卡

（1）显卡的功能

早期的显卡只起到 CPU 与显示器之间的接口作用，它负责把需要显示的图像数据转换成视频控制信号，控制显示器显示该图像。因此，显示器和显卡的参数必须相匹配，才能得到最佳效果的图像。一个参数过高且另一个过低，将浪费资源。而现在显卡的作用已不仅局限于此，它还起到了处理图形数据、加速图形显示等作用。显卡的核心部分是图形加速芯片。图形加速芯片是一个固化了一定数量的常用基本图形程序模块的硅片。

这些常用的基本图形程序模块所具备的功能包括控制硬件光标、光栅操作、位块传输、画线、手绘多边形及多边形填充等。芯片从图形设备接口接受指令并把它们转变成一幅图，然后将数据写到显示存储器中，以红、绿、蓝数据格式传递给显示器。图形加速芯片大大减轻了 CPU 的负担，加快了图形操作速度。

（2）显卡的组成

显卡由显卡寄存器组、显示存储器和控制电路 3 大部分组成。

（3）显卡的分类

① 按采用的图形芯片分类可分为：单色显卡、彩色显卡、2D 图形加速卡、3D 图形加速卡。

② 按配合的总线类型分类，可分为：ISA 卡、VESA（VL-Bus）卡、PCI 卡。

③ 按卡上存储器的种类分类，可分为：

SGRAM（Synchronous Graphics RAM）卡，即高速同步内存卡。

WDRAM（Windows DAM）卡，即 Windows 内存卡。

MDRAM（Multi-Bank DRAM）卡，即多内存卡。

RDRAN（Rambus DRAM）卡，即随机存储总线内存卡。

VRAM（Video RAM）卡，即视频内存卡。

EDO（Extended Data Output RAM）卡，即扩展数据输出内存卡。

④ 按显示的彩色数量分类，可分为：

伪彩色卡：用 1 B 表示像素，可显示 256 种颜色，又称 8 位色。

高彩色卡：用 2 B 表示像素，可显示 65 536 种颜色，又称 16 位色。

真彩色卡：用 3 B 表示像素，可显示 1 680 万种颜色，又称 24 位色。

目前好的显卡已达到 32 位色的水平。32 位色是指图像的 RGB 各 8 位，再加上 Z-Buffer 8 位凑成 32 位，其中真彩 24 位就足够了，后面的 8 位用于 3D 的显示中。

⑤ 按显卡发展过程分类，可分为：

MDA（Monochrome Display Adapter）卡，即单色字符显卡。

CGA（Color Graphics Adapter）卡，即彩色图形显卡。

EGA（Enhanced Graphics Adapter）卡，即增强图形显卡。

VGA（Video Graphics Array）卡，即视频图形阵列显卡。

SVGA（Super VGA）卡，即超级视频图形阵列显卡。

XGA（Extended Graphics Array）卡，即增强图形阵列显卡。

目前计算机上配置的显卡大部分为 AGP（Accelerated Graphics Port）接口，这样的显卡本身具有加速图形处理的功能，相对 CPU 而言，常常将这种类型的显卡称为 GPU。显卡有专业显卡和普通显卡之分，专业显卡专门用来编辑图像、视频动画等，其性能比较好，当然价格也不菲。

（4）显卡的选择

通常考虑下列因素：

① 2D、3D 图形加速芯片的档次。一般显卡都具有 2D 或 3D 芯片，按它们的功能多少和性能差异来区分显卡的高、中、低档。

② 显示存储器的类型及容量。显卡多采用 SD RAM、DPR SDRAM、DOR SGRAM，主流容量为 512 MB、1 GB、2 GB。

③ 可支持的显示分辨率、刷新频率和 DAC 速度，以及能否与显示器参数配合。

④ 存储像素数据的位数（8、16、24）是否满足使用需要。

⑤ 是 ISA 卡、VESA 卡还是 PCI 卡，以及能否与主板总线相配。

显卡主要根据显卡的显存大小及芯片的生产厂商来判断优劣，目前市场上显卡的显存至少为 512 MB、大多为 1 GB 或 2 GB。

显卡的主要制造商有爱尔莎（ELSA）、丽台（NVidia）、扬智（ATI）和 S3 等。

2）显示器

显示器是微型计算机最重要的输出设备之一，是"人机对话"不可缺少的工具，是操作计算机时传递各种信息的窗口，如图 3-21 所示。它能用于显示用户输入的命令和数据，正在编辑的文件、图形、图像，以及计算机所处的状态等信息。程序运行的结果、执行命令的

图 3-21　CRT 显示器和液晶显示器

提示信息等也通过显示器提供给用户，从而建立起计算机和用户之间的联系。

（1）分类

按不同分类方法，显示器可分为不同种类。具体如下：

① 按显示的颜色分类，显示器可分为单色和彩色两类。单色显示器只能提供两种颜色；彩色显示器可以显示 16 色、256 色，以及 2^{16} 和 2^{24} 这样的真彩色，其提供色彩的能力与显卡及显卡的设置有关。

② 按显示器的尺寸大小分类，显示器可分为 14 英寸、15 英寸、17 英寸、19 英寸、21 英寸、22 英寸等。

③ 按所使用的显示管分类，显示器可分为传统的阴极射线管（Cathode Ray Tube，CRT）显示器和液晶显示（Liquid Crystal Display，LCD）器。CRT 显示器按照屏幕分类，可分为球面显示器、柱面显示器和纯平显示器。现在市场上销售的 CRT 显示器大部分是纯平显示器。著名的纯平面显像管有 Sony 的平面珑、LG 的未来窗、三星的丹娜及三菱的纯平面钻石珑等。与传统的 CRT 显示器相比，液晶显示器具有体积小、厚度薄、重量轻、耗能少、无辐射等优点。液晶显示器从 1998 年开始进入台式计算机应用领域，其价格不断下降，用户也越来越多。

（2）显示方式

显示器的显示方式分为字符显示方式和图形显示方式两种：

① 字符显示方式：在这种工作方式下，计算机首先把显示字符的代码（ASCII 码或汉字代码）送入主存储器中的显示缓冲区，再由显示缓冲区送往字符发生器（ROM 构成）或字库，查出其点阵图形，最后通过视频控制电路送给显示器显示。这种方式只需要较小的显示缓冲区就可以工作，而且控制简单，显示速度快。

② 图形显示方式：这种工作方式是直接将显示字符或图像的点阵（不是字符代码）送往显示缓冲区，再由显示缓冲区通过视频控制电路送给显示器显示。这种显示方式要求显示缓冲区很大，但可以直接对屏幕上的"点"进行操作。

（3）主要技术参数和概念

① 屏幕尺寸：以矩形屏幕的对角线长度来计算，以英寸为单位，反映显示屏幕的大小。现

在常用的是 15 英寸、17 英寸、19 英寸、21 英寸、22 英寸等，图形工作站多为 20 英寸以上。

② 宽高比：屏幕横向与纵向的比例，通常都是 4：3。

③ 点距（Dot Pitch）：彩色显示器都用红、蓝、绿 3 个电子枪组合在一起显示色彩。在荧光屏内侧有一片薄钢板，上面刻有横竖规则排列的几十万个小孔，每个小孔都保证 3 种颜色的电子束能同时穿过，集中打到屏幕上的一个极小区域内（荧光点），这些荧光点的间距就称为点距。它决定像素的大小及能够达到的最高显示分辨率。现有的点距规格是 0.20 mm、0.25 mm、0.26 mm、0.28 mm、0.31 mm、0.39 mm 等，显然点距越小越好。

④ 像素（Pixel 或 Pel）：是指屏幕上能被独立控制其颜色和亮度的最小区域，即荧光点，是显示画面的最小组成单位。一个屏幕像素点数的多少与屏幕尺寸和点距有关。例如，14 英寸显示器的横向长度是 240 mm、设点距为 0.31 mm，则相除后得到的横向像素点数是 477 个。

⑤ 显示分辨率（Resolution）：是指屏幕像素的点阵。通常写成"水平点数×垂直点数"的形式，如 640×480、800×600、1024×768 等。它取决于垂直方向和水平方向扫描线的线数，而这又与选择的显卡类型有关。通常，显卡分辨率越高，显示的图像越清晰，但要求的扫描频率也越快。由像素的概念可以看出，显示器尺寸与点距限制了该显示器可以达到的最高显示分辨率。因此，不顾及显示器的尺寸和点距，盲目选择高分辨率的显卡或显示模式毫无意义。

⑥ 灰度和颜色（Gray Scale Color Depth）：灰度指像素点亮度的差别，在单色显示方式下，灰度的级数越多，图像层次越清晰。灰度用二进制数进行编码，位数越多，级数越多。灰度编码使用在彩色显示方式时则代表颜色。增加颜色种类和灰度等级主要受到显示存储器容量的限制。例如，表示一个像素的黑白两级灰度或颜色时，只需要 1 位二进制数（0、1）即可；当要求一个像素具有 16 种颜色或 16 级灰度时，则需要使用 4 位二进制数（0000～1111）。

⑦ 刷新频率（Refresh Rate）：屏幕上的像素点经过一遍扫描（每行自左向右、行间自上向下）之后，得到一帧画面。每秒屏幕画面更新的次数称为刷新频率。刷新频率越高，画面闪烁越小，通常是 75～200 Hz。

⑧ 数模转换速度：即 DAC（Digital to Analog Converters）速度，表示数模转换器将数字图像数据转换为显示器模拟信号的速度，以 MHz 为单位。它是显卡的一个重要参数，与刷新频率和显示分辨率有很大的联动关系。原因是：显示分辨率越高，更新画面越快，则要求生成和显示像素的速度也越快。例如，在 1 024×768 分辨率、75 Hz 刷新频率下，要求 DAC 速度至少达到 80 MHz。

由于用户直接面对的就是显示器，从健康的角度考虑，购买时最好选择无辐射的液晶显示器。著名的显示器制造商主要有三星、美格、飞利浦、明基、LG、NEC 等。

显示器具有速度快、无噪声、无机械磨损、使用简便、可靠性高等特点。但是，显示的信息不能长期保存。因此，一般都将显示器与打印机配合使用。

2．打印机

打印机是计算机的重要输出设备之一，它可以将计算机的处理结果、信息等打印在纸上，以便长期保存和修改。

1）打印机的分类

① 按输出方式：分为行式打印机和串式打印机。行式打印机是按"点阵"逐行打印的，自上而下每次动作打印一行点阵，打印完一页后再打印下一页；串式打印机则是按"字符"逐行打印的，自左至右每次动作打印一个字符的一列点阵，打印完一列后再打印下一列。显然，行式打

印机的打印速度要比串式打印机快得多，其结构也复杂得多，当然价格也就相对偏高。目前，微型计算机中使用最多的针式打印机（即点阵打印机）就属于串式打印机。针式打印机由走纸装置、打印头和色带组成。其中，打印头上纵向排列有若干数目的打印针（一般是 24 根），打印头自左至右逐列移动，打印针按照字符纵向点阵的排列规则击色带，打印出一个个字符。

② 按工作方式：分为击打式打印机和非击打式打印机。其中，击打式打印机又可分为点阵打印机和字模打印机两种；非击打式打印机又可分为激光打印机、喷墨打印机和热敏打印机 3 种。

③ 按打印颜色：分为单色打印机和彩色打印机。早期的打印机只能打印单色，用于自动控制的打印机可使用黑、红两色色带打印出两种颜色。黑色为正常输出，红色为异常报警输出。随着彩色显示器的普及和办公自动化、管理信息系统、工程工作站等的广泛应用，打印输出也要要求具有彩色功能，因而近几年彩色打印机发展得很快，以激光和喷墨打印机为主实现彩色打印，售价较高。

④ 带汉字库的打印机。一般打印机只能打印 ASCII 码字符。在使用这种打印机打印汉字时，必须先运行汉字打印驱动程序，使计算机输出的汉字编码变为汉字点阵后，再送至打印机打印出汉字。现在的很多打印机都自带汉字库，如目前微型计算机中常用的 LQ-1500K、LQ-1600K、AR-2463 等。使用这类打印机时，只要向打印机输出汉字编码，打印机就可以从自带的汉字库中找出对应汉字的点阵进行打印，大大提高了汉字打印速度。

2）打印机主要技术参数

① 打印速度：可用 CPS（字符/秒）表示。现在多使用"页/分钟"。

② 打印分辨率：用 dpi（点/英寸）表示。激光和喷墨打印机一般都达到 600 dpi。

③ 打印纸最大尺寸：一般打印机是 A4 幅面。

3）常用打印机

目前经常使用的打印机主要有 3 种：点阵打印机、喷墨打印机和激光打印机，如图 3-22 所示。

喷墨打印机　　　　　　　　　　　　　　　　激光打印机

点阵打印机

图 3-22　3 种类型的打印机

（1）点阵打印机

点阵打印机利用打印钢针组成的点阵来表示打印的内容。它的优点是结构简单、价格低、耗材便宜、打印内容不受限制；缺点是打印速度慢、噪声大、打印质量粗糙。点阵打印机根据打印头上的钢针数，可分为 9 针打印机和 24 针打印机。根据打印的宽度可分为宽行打印机和窄行打印机。目前，点阵打印机仍有广泛的市场。

（2）喷墨打印机

使用喷墨来代替针打，利用振动或热喷管使带电墨水喷出，在打印纸上绘出文字或图形。喷墨打印机噪声低、重量轻、清晰度高，能提供比点阵打印机更好的打印质量，可以喷打出逼真的彩色图像，而且采用与点阵打印机不同的技术，能打印多种字形的文本和图形，但是需要定期更换墨盒，使用成本较高。喷墨打印机的工作原理是向纸上喷射细小的墨水滴，墨水滴的密度可达到 90 000 dpi，并且每个点的位置都非常精确，打印效果接近激光打印机。目前的喷墨打印机有黑白和彩色两种类型。

（3）激光打印机

激光打印机实际上是复印机、计算机和激光技术的复合。它是利用电子成像技术进行打印的，应用激光技术，当调制激光束在硒鼓上沿轴向进行扫描时，按点阵组字的原理，激光束有选择地使鼓面感光，构成负电荷阴影；当鼓面经过带正电的墨粉时，感光部分就吸附上墨粉然后将墨粉转印到纸上，纸上的墨粉经加热熔化，渗入纸质，形成永久性的字符和图形，如图 3-23 所示。激光打印机无噪声、速度快、分辨率高。目前的激光打印机有黑白和彩色两种类型。

著名的打印机厂商有实达、惠普、爱普生等。

3．绘图仪

绘图仪适用于产生直方图、地图、建筑图及三维图表等的专用输出设备，能产生高质量的彩色文档及输出打印机不能处理的大型文档。根据绘图仪的机械结构，可以分为 3 种：

① 平板式绘图仪：纸张固定在绘图仪的平板上，绘图笔则可在垂直与水平方向移动而实现绘图，故称 XY 绘图仪。其优点是纸张不易破损且噪声小。

② 滚轴式绘图仪：借助滚轴与纸张间的摩擦力带动绘图纸在一个方向移动，而绘图笔则在相垂直的另一方向绘图。其优点是机械结构简单，而且可以自动送纸。

③ 转筒式绘图仪：机械构造与滚轴式相似，而且有类似打印机那样的夹纸或送纸装置。其优点是适合使用连续纸张，可做长时间的记录性图表。

常见的绘图仪有两种：平板式与滚筒式。平板式绘图仪通过绘图笔架在 X、Y 平面上移动而画出向量图；滚筒式绘图仪的绘图纸沿垂直方向运动，绘图笔沿水平方向运动，由此画出向量图。最大的平板式绘图仪可绘 0 号图纸，小的可绘 4 号图纸，其直观性好，对绘图纸无特殊要求，但绘图速度较慢，占地面积大。滚筒式绘图仪重量轻，占地面积小，绘图速度快，但对纸张有特殊要求。滚筒式绘图仪如图 3-24 所示。

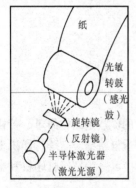

图 3-23　激光印字机的工作原理

图 3-24　滚筒式绘图仪

著名的绘图仪厂商有惠普、爱普生、佳能等。

4．影像输出系统

这里的影像输出是指摄影输出和录像输出。

1）计算机缩微输出

① 计算机缩微胶卷输出（Computer Output to Microfilm，COM）：它所占空间仅为纸张打印输出文件所占空间的 1%，这是其最大的优点。

② 计算机缩微胶片输出（Computer Output to Microfiche，COM）：像一本书这样的篇幅，只需要两张缩微胶片就能全部容纳。

2）计算机录像输出

电视广告、电视气象预报及电视综艺节目的制作越来越先进，图形、箭头、字幕能巧妙地与真实形象结合在一起，这都是利用计算机图像处理技术实现的，记录输出的录像带可以在电视台播放。

5．语音输出系统

当今的社会中，语音输出设备已深入到许多生活场合，例如，在电话、汽车中，经常能听到合成的（声音）讲话。计算机的声音系统如图 3-25 所示。

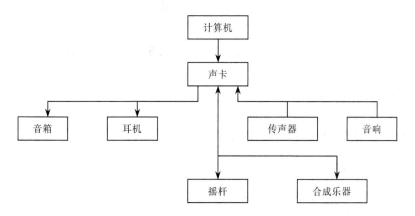

图 3-25　计算机的声音系统

语音输出一般由预先录制的数字化声音数据库组成，最广泛使用的输出设备是计算机上配备的立体声音箱和耳机。这些设备通过系统扩展槽上的声卡连接到计算机，声卡通过软件读取预先录制的数字化声音数据库，并将之转换成声音所需的模拟信号送到声音输出设备。

杰出人物：当代毕昇——王选

王选，中国计算机汉字激光照排技术创始人。作为汉字激光照排系统的发明者，他推动了中国印刷技术的第二次革命，被誉为"当代毕昇"。王选教授主要致力于文字、图形和图像的计算机处理研究。1975 年开始，他作为技术总负责人，领导了我国计算机汉字激光照排系统和后来的电子出版系统的研制工作。针对汉字字数多、印刷用汉字字体多、精密照排要求分辨率很高所带来的技术困难，发明了高分辨率字形的高倍率信息压缩技术（压缩倍数达到 500∶1）和高速复原方法，率先设计了提高字形复原速度的专用芯片，使汉字字形复原速度达到 700 字/秒的领先水平，在世界上首次使用控制信息（或参数）来描述笔画的宽度、拐角形状等特征，以保证字形变小后的笔画匀称和宽度一致。这一发明获得了欧洲专利和 8 项中国专利。以该技术为核心研制的华光和方正中文电子出版系统位于国内外领先地位，引起了我国报业和印刷业一场"告别铅与火、迈入光与电"的技术革命，使我国沿用了上百年的铅字印刷得到了彻底改造，这一技术占领了国内报业 99%和书刊（黑白）出版业 90%的市场，以及 80%的海外华文报业市场，方正日文出版系统进入日本的报社、杂志社和广告业，方正韩文出版系统开始进入韩国市场，取得了巨大的经济效益和社会效益，分别两度被评为国家科技进步一等奖及中国十大科技成就之一。

小　　结

计算机硬件的发展呈现为两大趋势，巨型化和微型化。本章以微型计算机为主，介绍了计算机的体系结构及运算器、控制器、存储器和输入/输出设备等基本组成部件。在后续的计算机组成原理、微机原理及应用、接口技术、硬件实习等课程的学习中，读者将进一步掌握汇编语言程序设计、计算机的工作原理、输入/输出方式及并行处理等先进的计算机体系，并能运用这些技术设计或开发计算机控制系统。

习　　题

1. 计算机主要应用于哪些领域？读者在哪些方面接触或使用了计算机？
2. 计算机硬件系统由哪几部分组成？
3. 简述计算机的工作原理。
4. 微型计算机由哪些主要部件组成？
5. 衡量 CPU 性能的主要技术指标有哪些？
6. 随机存储器有几种？每种技术指标有哪些？
7. 微型计算机的外存储设备有哪些？各有什么特点？
8. 什么是位？什么是字节？常用哪些单位来表示存储器的容量？它们之间的换算关系是什么？
9. 微型计算机中常用的输入/输出设备有哪些？

第*4*章 | 计算机的软件系统

计算机系统是由计算机的硬件系统和计算机的软件系统组成的，计算机系统的功能是通过计算机软件系统来发挥的。本章将介绍计算机软件的分类，以及各类软件的典型或常用软件，让读者对计算机软件系统有一定的认识。

本章知识要点：
- 计算机操作系统
- 程序设计语言翻译系统
- 常用工具软件
- 常用应用软件

4.1　计算机的软件系统概述

计算机软件系统是指在计算机硬件系统上运行的程序、相关的文档资料和数据的集合。计算机软件用于扩充计算机系统的功能，提高计算机系统的效率。

按照软件所起的作用和需要的运行环境不同，通常将计算机软件分为两类：系统软件和应用软件，如图 4-1 所示。

系统软件是为整个计算机系统配置的不依赖特定应用领域的通用软件。这些软件对计算机系统的硬件和软件资源进行控制和管理，并为用户使用和其他程序的运行提供服务。也就是说，只有在系统软件的作用下，计算机硬件才能协调工作，应用软件才能运行。根据系统软件的功能不同，可将其划分为操作系统、程序设计语言翻译系统、数据库管理系统、网络软件等。

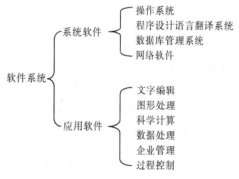

图 4-1　软件分类

应用软件是指为某类应用需要或解决某个特定问题而设计的程序，如图形软件、财务软件、软件包等，这是范围很广的一类软件。在企事业单位或机构中，应用软件发挥着巨大的作用，承担了许多应用任务，如人事管理、财务管理、图书管理等。按照应用软件使用面的不同，可把应用软件分为两类：专用的应用软件和通用的应用软件。专用的应用软件是指为解决专门问题而订制的软件，它是按照用户的特定需求而专门开发的，所以应用面窄，往往只局限于本单位或部门使用；通用的应用软件则是指为解决较有普遍性的问题而开发的软件，如文字处理软件、电子表格软件、文稿演示软件等。它们在计算机应用普及进程中被迅速推广流行，又反过来推进了计算机应用的进一步普及。

一些应用软件被称为工具软件，确切地讲应该称为实用工具软件。它们一般较小，功能相对单一，但却是解决一些特定问题的有力工具，如下载软件、播放器、阅读器、杀毒软件等，它们就像拆计算机时使用的锥子、测量时使用的万用表。这类工具软件大多数是共享软件、免费软件、自由软件或软件厂商开发的小型商业软件。

本章将在 4.2 节和 4.3 节将介绍两种典型的系统软件：操作系统和程序设计语言翻译系统；将在 4.4 节介绍一些常用的应用软件；将在 4.5 节介绍一些优秀的工具软件。

4.2　操 作 系 统

操作系统（Operating System，OS）是计算机系统软件的核心，是计算机系统的灵魂，是计算机系统的管家，软件和硬件资源的协调大师。如果没有操作系统，计算机就是一堆废铜烂铁；掌握了操作系统，也就掌握了计算机的精髓。

4.2.1　操作系统的概念

人们都知道一些操作系统的名称，如 DOS、UNIX、Linux 、Windows 98、NetWare、Windows NT、Windows 2000、Windows XP 等，也有使用操作系统的体验，但什么是操作系统呢？可以认为，操作系统是一组控制和管理计算机硬件和软件资源、有效地组织多道程序运行及方便用户使用的程序的集合。

操作系统是计算机系统资源的管理者。人们知道，现代计算机由处理器、存储器、输入/输出设备 3 类硬件资源和数据、程序等软件资源组成，操作系统负责对这些资源进行管理。设想一下，当多个用户的程序都想在系统中运行，如何为它们分配内存？何时调度哪个程序在 CPU 上执行？要打开某个文件时，怎样到磁盘中查找？多个用户都要到同一台打印机上输出计算结果时，如何解决彼此的竞争问题？诸如此类的资源分配、管理、保护及程序活动的调度、协调种种事项都需要操作系统负责。

在资源管理的同时，通过合理的组织和调度，使多道程序在系统中能够有效地运行，并提高系统的处理能力。

从用户的观点来看，操作系统是处于用户与计算机硬件系统之间，为用户提供使用计算机系统的接口。因此，操作系统应该使用方便、功能强、效率高、安全可靠、易于安装和维护等。

用户		
应用软件		
编译程序、数据库管理系统		
操作系统		
计算机硬件		

图 4-2　计算机系统层次结构图

操作系统是最靠近硬件的第一层软件，如图 4-2 所示。它向下管理裸机及其中的文件，向上为用户提供接口，以及为其他系统软件和应用软件提供支持。

为了让操作系统进行工作，首先要将它从外存储器装入内存储器，这一安装过程称为引导系统。安装完毕后，操作系统中的管理程序部分将保存在主存储器中，称其为驻留程序。其他部分在需要时再自动地从外存储器调入主存储器，这些程序称为临时程序。

4.2.2　操作系统的功能

从资源管理的角度来看，操作系统要对系统内所有资源进行有效管理，优化其使用。从用户的角度来看，操作系统应该使用方便。综合来看，操作系统的主要功能为：处理器管理、存储器管理、设备管理、文件管理和用户接口。

1．处理器管理

处理器管理又称进程管理，主要是解决程序在处理器（CPU）上的有效执行问题，所以进程管理的功能包括进程调度、进程控制和进程通信。

所谓进程，是指程序的一次执行。进程调度则解决处理器的分配问题，它决定在多个进程请求运行时，选择或调度哪个进程，将处理器分配给它，并使它运行。

进程控制是指对进程活动进行控制，包括创建进程、撤销进程、阻塞进程、唤醒进程等。进程是系统中活动的实体，它由创建而产生；当执行完成或遇到故障执行不下去时便将其撤销，使它消亡；在它因请求的资源不能分配时便将其阻塞使它等待；在阻塞期间若它所等待的资源能够分配给它时便将其唤醒。

进程通信是指进程之间的信息交换。在同一个系统中运行着的多个进程，它们之间存在相互制约的关系，为保证进程能有条不紊地执行，需要设置进程同步机制。相互合作的进程之间往往需要交换信息，于是，系统要提供进程通信机制。

2．存储器管理

存储器管理的基本任务是为了解决内存空间的分配问题。它为程序和数据分配所需的内存空间，且保证它们的存储区不发生冲突，程序都在自己的存储区中访问而互不干扰。由于内存是宝贵的系统资源，所以在制定分配策略时应该考虑减少内存浪费、提高内存利用率，甚至从逻辑上实现对内存的扩充。

3．设备管理

设备管理用于管理计算机系统中所有的外围设备，而设备管理的主要任务是：完成用户进程提出的 I/O 请求；为用户进程分配所需的 I/O 设备；提高 CPU 和 I/O 设备的利用率；提高 I/O 速度；方便用户使用 I/O 设备。为完成上述任务，设备管理应具有缓冲管理、设备分配和设备处理，以及虚拟设备等功能。

4．文件管理

在现代计算机管理中，总是把程序、数据等以文件形式存储在磁盘或磁带上，文件管理功能就是对存放在计算机中的所有文件进行管理，以方便用户的使用，并保证文件的安全。为此，文件管理应具有对文件存储空间的管理、目录管理、文件的共享和保护，以及实现对文件的各种操作等功能。例如，可向用户提供创建文件、删除文件、读写文件、打开和关闭文件等操作。有了文件管理，用户可以按名存取文件而不必指定文件的存储位置。这不仅便于用户操作，还有利于文件共享。另外，文件管理可通过用户在创建文件时规定文件的使用权限来保证文件的安全性。

5．用户接口

为了方便用户使用计算机，操作系统提供有用户接口。用户通过接口使用操作系统的功能，从而达到方便使用计算机的目的。操作系统的用户接口有两种基本类型：联机用户接口和程序接口。

联机用户接口是直接提供给用户在终端上使用的命令形式的接口。根据命令形式的不同，又将其分为命令接口和图形界面两种。命令接口由一组键盘操作命令及命令解释程序组成。用户在键盘上每输入一条命令后，系统便立即转入命令解释程序，对该命令加以解释并执行该命令。在完成指定功能后，控制又返回到终端，等待用户输入下一条命令。命令接口的一个典型实例是 MS-DOS 联机界面。命令接口要求用户要熟记各种命令的名字和格式，并严格按照规定的格式输入命令。这样做既不方便，又浪费时间，于是，图形用户接口便应运而生。图形用户接口采用了图形化的操作界面，用非常容易识别的各种图标（Icon）将系统的各项功能、各种应用程序和文件直观、逼真地表示出来。用户使用鼠标或通过菜单和对话框来完成各项操作。这种接口减轻或免除了用户记忆量，把用户从烦琐、单调的操作中解脱出来。图形用户接口的一个典型实例是Windows界面。

程序接口是提供给应用程序使用的，它是应用程序取得操作系统服务的唯一途径。它由一组系统调用组成，每一个系统调用都是一个能完成特定功能的子程序，每当应用程序要求操作系统提供某种服务（功能）时，便调用相应功能的系统调用。

4.2.3 操作系统的分类

操作系统有许多不同的分类方法，如可按计算机硬件的规模分为大型机操作系统、小型机操作系统和微型机操作系统。另一种典型的分类方法是按照操作系统的性能来划分，分为多道批处理操作系统、分时操作系统、实时操作系统和网络操作系统。下面就对这4类操作系统进行简要介绍。

1．多道批处理操作系统

多道程序设计是指在主存储器中同时存放多道程序，使其按照一定的策略插空在CPU上运行，共享CPU和输入输出设备等系统资源。多道批处理操作系统负责把用户作业成批地接收进外存储器，形成作业队列，然后按一定的策略将作业队列中的一些作业调入内存，并使得这些作业在调度下轮流使用CPU和外围设备等资源。因此从宏观上来看，计算机中有多个作业均在运行；但从微观上来看，对于单CPU的计算机而言，在每个瞬间实际上只有一道作业在CPU上运行。多道批处理操作系统可以提高系统资源的利用率。

2．分时操作系统

分时系统是指在同一台主机上连接了多台（几台到几十台）由显示器和键盘组成的终端，同时允许多个用户通过自己的终端联机使用计算机，共享主机的资源。所谓分时，是指系统将CPU的时间划分成一个一个的时间片，并轮流把每个时间片分给每个用户程序，每个程序一次只可运行一个时间片。当时间片用完时，操作系统便选择下一道程序，分给它一个时间片并将其投入运行，如此反复。由于相对人的感觉来说，时间片很短，往往在几秒内系统就能对用户命令做出响应，使系统中的用户感觉不到其他用户的存在，而认为整个系统被自己独占。

3．实时操作系统

实时即及时的意思，而实时系统是指系统能及时响应外部事件的请求，在规定的时间内完成对事件的处理，并控制所有实事任务协调一致地运行。在实时系统中，时间就是生命。

根据实时任务的不同，实时系统分为两类：

1）实时控制系统

实时控制系统主要用于生产过程的自动控制、实验数据的自动采集、武器的控制（包括火炮自动控制、飞机自动驾驶、导弹的制导系统）。这类系统中随机发生的外部事件并非是由人工启动和直接干预引起的，但系统的响应时间是由外部事件决定的，可以快到毫秒数量级。

2）实时信息处理系统

实时信息处理系统主要用于实时信息处理，像飞机（或火车）订票系统、情报检索系统等。

这类随机发生的事件是由人工通过终端启动，并通过连续对话引起的。系统的响应时间往往是用户所能接受的秒数量级。

4. 网络操作系统

计算机网络是通过通信线路将地理上分散的自主计算机、终端、外围设备等连接在一起，以达到数据通信和资源共享目的的一种计算机系统。由于在网络上的计算机的硬件特征、数据表示格式等的不同，为了在相互通信时能够彼此理解，必须共同遵守某些约定，这些约定称为协议。网络操作系统是使网络上各计算机方便有效地共享网络资源、为网络用户提供所需要的各种服务和通信协议的集合。

网络操作系统除了具有通常操作系统所具有的功能外，还应该提供高效、可靠的网络通信及多种网络服务功能。其中，网络通信按照网络协议来进行；网络服务包括文件传输、远程登录、电子邮件、信息检索等，能使网络用户方便有效地利用网络上的各种资源。

4.2.4　几种常用的微机操作系统

不同用途、不同硬件的计算机需要采用不同的操作系统。下面简要介绍在微型计算机上广泛使用的几种操作系统。

1. MS-DOS

MS-DOS 是 Microsoft Disk Operating System 的简称，它自 1981 年问世到推出 Windows 95 期间，是 IBM PC 及兼容机的最基本配备，是 16 位单用户单任务操作系统事实上的标准。正是 MS-DOS 的推出，微软后来才有机会推出 Windows 操作系统，并把盖茨推上世界首富宝座。

MS-DOS 的功能主要有以下 3 个方面：

① 磁盘文件管理：对建立在磁盘上的文件进行管理是 MS-DOS 最主要的功能之一。由文件管理模块（MSDOS.SYS）实现对磁盘文件的建立、打印、读/写、修改、查找、删除等操作的控制与管理。

② 输入/输出管理：实现对标准输入/输出设备（包括键盘、显示器、打印机、串行通信接口等）的控制与管理，该项功能由输入/输出模块（IO.SYS）来完成。

③ 命令处理：提供人机界面，使用户能够通过 DOS 命令对计算机进行操作。在 MS-DOS 中，由命令处理模块（COMMAND.COM）负责对用户输入的命令进行接收、识别、解释和执行。

MS-DOS 由引导程序（Boot）负责将系统装入主存储器。启动计算机后引导程序检查驱动器 A 或 C 中是否有装有系统文件 MSDOS.SYS 和 IO.SYS 的系统盘。如果有，则将 MS-DOS 引导到主存储器；否则，将显示出错信息。把 MS-DOS 的系统文件装入主存的过程称为启动 MS-DOS。

启动 DOS 有两种方法：冷启动和热启动。冷启动是指当计算机处于关机状态时，通过打开电源开关加电启动 DOS 的方式；热启动则是指在不断电状态下通过按【Ctrl+Alt+Delete】组合键来启动 DOS。在微型计算机主机的面板上有一个复位按钮 Reset，单击该按钮也可以重新启动计算机，这是热启动的另一种方式。DOS 启动成功后，将显示系统提示符，这是系统处于接收用户输入命令的状态。

MS-DOS 采用命令行界面，其中的命令都要用户死记，这给用户的学习和使用带来了困难。DOS 中文件名所用的字符不能超过 8 个，扩展名的字符不能超过 3 个。在 MS-DOS 的提示符下，用户可以输入命令，按【Enter】键表示命令输入结束。输入命令的格式和语法必须正确，如不正确，MS–DOS 会给出出错信息。

MS–DOS 命令分为内部命令和外部命令两种。内部命令是包含在 COMMAND.COM 文件中可直接执行的命令；而外部命令则是以普通文件的形式存放在磁盘上的，需要时将其调入主存。具体的命令格式和使用方法请参阅 MS–DOS 的有关资料。

2. Microsoft Windows

Microsoft Windows 是由微软公司开发的基于图形界面的多任务操作系统，又称视窗操作系统。Windows 就像它的名字一样，在计算机和用户之间打开了一个窗口，用户通过这个窗口直接使用、控制和管理计算机。从而使操作计算机的方法和软件的开发方法产生了巨大的变化。

1）Windows 的历史

Windows 起源可追溯到 Xerox 公司进行的工作。1970 年，美国 Xerox 公司成立了著名的研究机构 Palo Alto Research Center（PARC），从事局域网、激光打印机、图形用户接口和面向对象技术的研究，并于 1981 年宣布推出第一个商用的 GUI（图形用户接口）系统——Star 8010 工作站。但像后来的许多公司一样，由于种种原因，技术上的先进性并没有带来所期望的商业上的成功。当时，Apple Computer 公司的创始人之一 Steve Jobs 在参观 Xerox 公司的 PARC 研究中心后，认识到了图形用户接口的重要性及其广阔的市场前景，开始着手进行自己的 GUI 系统的研究开发工作，并于 1983 年研制成功第一个 GUI 系统——Apple Lisa。随后不久，Apple 又推出第二个 GUI 系统 Apple Macintosh，这是世界上第一个成功的商用 GUI 系统。Apple 公司在开发 Macintosh 时，由于缺乏市场战略上的考虑，只开发了适用于 Apple 公司自己微型计算机的 GUI 系统，而此时，基于 Intel x86 微处理器芯片的 IBM 兼容微型计算机已渐露峥嵘。这样，就给 Microsoft 公司开发 Windows 提供了发展空间和市场。

1983 年 11 月，Microsoft 公司开始了 Windows 的研制开发工作。该公司在对微型计算机产业界的市场预测时有一个至今看来仍是十分重要而又正确的观点：微型计算机产业要取得成功的关键是软件标准和兼容性。正是这一观点，Windows 操作系统才能超越非 Intel 体系结构的微型计算机 Macintosh 上的操作系统而成为主流。Windows 的第一个版本于 1985 年问世，1987 年又推出了 Windows 2.0，那时的操作系统虽然使用起来不十分方便，但它的能互相覆盖的多窗口的用户界面形式至今仍在沿用。

1990 年推出的 Windows 3.0 是一个里程碑，它在市场上的成功奠定了 Windows 操作系统在个人计算机领域的垄断地位。之后出现的一系列 Windows 3.x 操作系统为程序开发提供了功能强大的控制能力，使得 Windows 和在 Windows 环境下运行的应用程序具有风格统一、操作灵活、使用简便的用户界面。Windows 3.x 也提供了网络支持，为用户和网络服务器及网络打印机的连接提供了方便。

微软在此之后推出的 Windows NT（New Technology）可以支持从桌面系统到网络服务器等一系列计算机，系统的安全性较好。

1995 年微软又推出了 Windows 95，该版本对原来的 Windows 3.x 进行了全面地改进，不但功能增强，而且改进了用户界面，从而使用户对系统中的各种资源的浏览和操纵既方便又合理。此后又推出了 Windows 98，Windows 98 比 Windows 95 在因特网浏览等功能方面有较大改进。Windows 98 为近几年计算机硬件方面的创新思路提供支持，例如，通用串行总线（USB）、高速串行连接总线标准（IEEE 1394）及电源管理等。

2000 年，微软继 Windows 98 之后又推出了 Windows 2000。该操作系统集中了 Windows 95/98 和 Windows NT 的优点，使其在功能上和对各种硬件的支持方面都有比较周到的考虑。Windows 2000 共有 4 个版本：Windows 2000 Professional、Windows 2000 Server、Windows 2000 Advanced Server 和 Windows 2000 Data Center Server。

Windows 操作系统版本的更新速度之快，简直让用户来不及适应。2001 年 10 月 25 日，微软的操作系统 Windows XP 上市，对 Windows XP 推出的意义，比尔盖茨在产品发布会上是这样表达的："随着 Windows XP 的上市，我们进入了一个全新的、令人振奋的个人计算机时代。新版 Windows 向用户提供了更多令人激动的改进，它充分释放了个人计算机的潜在力量，使人们真正体验到数字世界的极致。"从某种意义上说，Windows XP 的功能大大超出了通常所说的"操作系统"的概念（如及时传信、在线照片处理等）。

2003 年 4 月 27 日，微软发布了 Windows Server 2003，它是一个多任务操作系统，能以集中或分布的方式处理各种服务器角色。Windows Server 2003 系列的主要优点是高可靠性、高效、连接性和最经济。发布时的宣传口号是 do more with less，意思是：用更少的资源做更多的工作。2009 年 10 月发布的 Windows 7 是具有革命性变化的操作系统，该系统旨在让人们的日常计算机操作更加简单和快捷。2012 年 4 月发布的 Windows 8 的目标是在平板和桌面计算机上创造同样好的用户体验。表 4-1 列出了 Windows 的发展历程。

表 4-1　W indows 发展一览

操作系统名称	发 布 时 间	类 型
Windows 1.0	1983.10	桌面操作系统
Windows 2.0	1987.10	桌面操作系统
Windows 3.0	1990.5	桌面操作系统
Windows 3.1	1992.4	桌面操作系统
Windows NT workstation 3.5	1994.7	桌面操作系统
Windows NT 3.5x	1994.9	服务器操作系统
Windows 95	1995.8	桌面操作系统
Windows NT workstation 4.x	1996.7	桌面操作系统
Windows NT Server 4.0	1996.9	服务器操作系统
Windows 98	1998.6	桌面操作系统
Windows 2000	2000.2	桌面操作系统
Windows 2000 Server	2000.2	服务器操作系统
Windows XP	2001.10	桌面操作系统
Windows Server 2003	2003.4	服务器操作系统
Windows Vista	2007.1	桌面操作系统
Windows 7	2009.10	桌面操作系统
Windows Server 2008 R2	2009.10	服务器操作系统
Windows 8	2012.4	桌面操作系统

2）Windows 的特点

Windows 之所以取得成功，主要在于它具有如下优点：

（1）直观高效的面向对象的图形用户界面，易学易用

从某种意义上讲，Windows 的用户界面和开发环境都是面向对象的。用户采用"选择对象—操作对象"的方式工作。例如，要打开一个文档，先用鼠标或键盘选择该文档，然后右击并在弹出的快捷菜单中选择打开命令，即可打开该文档。这种操作方式模拟了现实世界的行为，易于理解、学习和使用。

（2）用户界面统一、友好、美观

Windows 应用程序大多符合 IBM 公司提出的 CUA（Common User Access）标准，所有的程序都拥有相同的或相似的基本外观，包括窗口、菜单、工具条等。用户只要掌握其中一个，就不难学会其他软件，从而降低了用户培训学习的费用。

（3）丰富的设备无关的图形操作

Windows 的图形设备接口（GDI）提供了丰富的图形操作工具，可以绘制出如线、圆、框等几何图形，并支持各种输出操作。设备无关意味着在针式打印机上和高分辨率的显示器上都能显示出相同效果的图形。

（4）多任务

Windows 是一个多任务的操作环境，它允许用户同时运行多个应用程序，或在一个程序中同时做几件事。每个程序在屏幕上占据一个矩形区域，这个矩形区域称为窗口。窗口可以重叠，也可被用户移动，还可以在不同应用程序之间切换，甚至可以在程序之间进行手工和自动的数据交换和通信。虽然同一时刻计算机可以运行多个应用程序，但仅有一个是处于活动状态的，其标题栏呈现高亮颜色。一个活动的程序是指当前能够接收用户键盘输入的程序。

3）Windows 的注册表

Windows 是通过一个名为"注册表"的核心数据库来管理计算机。注册表直接控制着 Windows 的启动、硬件驱动程序的装载及一些应用程序的运行，对系统的运行起着至关重要的作用，所以注册表是 Windows 计算机行为和能力的数据交换中心。

（1）注册表的结构和作用

注册表是层叠式的结构（见图 4-3），是按照根键（HKEY）、键、子键及值项的层次结构来组织的，每个值项有 3 方面属性：名称、数据类型及值。

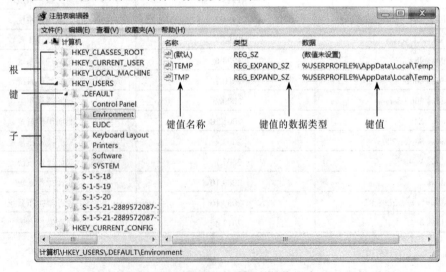

图 4-3　注册表的结构

根键类似于磁盘内的根文件夹。键与子键的关系类似于文件夹与子文件夹。在键中可以包含值项与子键。每个注册表项或子项都可以包含称为值项的数据。有些值项存储特定于每个用户的信息，而其他值项则存储应用于计算机所有用户的信息。注册表有 5 大根键（见表 4-2）。值项的数据类型说明如表 4-3 所示。

表 4-2　注册表的 5 大根键

根 键 名 称	描　　　　　　述
HKEY_CLASSES_ROOT	包含用于各种 OLE 技术和文件类关联数据的信息
HKEY_CURRENT_USER	包含当前登录用户的配置信息，例如，包含环境变量、桌面设置、控制面板设置等。此处显示的数据来自于 HKEY_USERS\当前用户的安全 ID
HKEY_LOCAL_MACHINE	存储着本地计算机的配置数据，如硬件设备设置、应用程序设置、安全数据库、系统设置等数据
HKEY_USERS	包含计算机上所有用户的配置文件。HKEY_CURRENT_USER 是 HKEY_USERS 的子项
HKEY_CURRENT_CONFIG	包含系统启动时使用的硬件配置文件的相关信息。该信息用于配置一些设置，如要加载的设备驱动程序、显示的分辨率。此处显示的数是来自于 HKEY_LOCAL_MACHINE\SYSTEM\CurrentControlSet\Hardware Profiles\Current 分支

表 4-3　值项的数据类型

数据类型	说　　　　　明
REG_BINARY	二进制数据。多数硬件组件信息都以二进制数据存储，而以十六进制格式显示在注册表编辑器中
REG_DWORD	双字。它占用 4 B（字节）的长度。设备驱动程序和服务的很多参数都是采用这种类型
REG_EXPAND_SZ	长度可变的字符串，如包含变量（例如%system%）的字符串
REG_MULTI_SZ	多重字符串，包含列表或多值的值通常都是这种类型
REG_SZ	固定长度的字符串
REG_FULL_RESOURCE_DESCRIPTOR	专用于存储硬件或驱动程序所占用的资源列表。不能修改此处的数据

（2）注册表的维护方法

① 打开注册表编辑器。注册表是一个二进制的数据库文件，用户无法直接读取，为方便用户编辑注册表，Windows 提供了一个注册表编辑器（regedit.exe 或 regedit32.exe）。打开注册表编辑器的方法：选择"开始"菜单中的"运行"命令，在弹出的"运行"对话框中输入 Regedit，按【Enter】键即可。

② 在注册表中更改项和值，具体如下：

- 查找字符串、值或项：在注册表编辑器中，选择"编辑"菜单下的"查找"命令，输入要查找的目标，可根据情况选择"项"、"值"、"数据"和"全字匹配"等复选框，然后单击"查找下一个"按钮即可。
- 将注册表项添加到收藏夹：在注册表编辑器中，选择要添加到收藏夹的分支（如 HKEY_CURRENT_USER\SOFTWARE\MICROSOFT），再选择"收藏夹"菜单下的"添加到收藏夹"命令即可，以后就可以通过收藏夹定位到该分支。
- 在注册表中添加项或值：在注册表编辑器中，选中要添加项的分支（如 HKEY_CURRENT _USER\Software\Microsoft\Windows\CurrentVersion\Policies），右击该选项，然后在弹出的快捷菜单中选择"新建"菜单下的"项"命令，再输入 system 即可。在注册表编辑器中，选中要添加值的分支（如 HKEY_CURRENT_USER\Software\Microsoft\ Windows\CurrentVersion\Policies\system），右击该选项，然后在弹出的快捷菜单中选择"新建"菜单下的"DWORD值"命令，输入 NoDispSettingsPage 即可。

- 在注册表中删除项或值：选中要删除的注册表项或值，选择"编辑"菜单下的"删除"命令即可。
- 在注册表中修改值：在注册表编辑器中，选中要修改的值项（如 HKEY_CURRENT_USER\Software\Microsoft\Windows\CurrentVersion\Policies\system\NoDispSettingsPage），双击该选项或选择"编辑"菜单下的"修改"命令，输入该值项的新数据即可。

③ 导入或导出注册表，具体如下：

- 导出注册表：在注册表编辑器中，选中要导出的分支，选择"文件"菜单下的"导出"命令。导出范围默认是选中"所选分支"，输入文件名，选择保存类型及位置。要想导出全部注册表，则将导出范围改为"全部"。
- 导入注册表：如果在实际应用中需要恢复注册表，则可以将导出的注册表文件导入到注册表中。若导出的是注册文件 reg 类型，则直接双击就可以导入了，或者在注册表编辑器中，选择"文件"菜单下的"导入"命令，选择要导入的文件即可。

（3）常用的注册表操作

① 禁止修改桌面属性。在注册表编辑器中，打开 HKEY_CURRENT_USER\Software\Micro soft\Windows\CurrentVersion\ Policies\System（若 System 子项不存在，则创建该子项），新建一个 DWORD值项：NoDispCPL，并将其数据设置为 1。然后右击并在弹出的快捷菜单中选择"属性"命令，查看桌面属性设置是否已被禁用。

② 禁用显示属性中的"外观"、"屏幕保护程序"、"设置"选项卡。可以单独禁用显示属性中的"外观"、"屏幕保护程序"、"设置"等选项卡。在注册表编辑器中，打开 HKEY_CURRENT_USER\Software\Microsoft\Windows\Current Version\Policies\System。新建一个 DWORD 值项 NoDispAppearancePage，并将其数据设置为 1。

用同样的方法可以禁用显示属性中的"屏幕保护程序"（新建一个 DWORD 值项 NoDispScrsavPage，并将其数据设置为 1）、"设置"（新建一个 DWORD 值项 NoDispSettingsPage，并将其数据设置为 1）等选项卡。

③ 设定随系统启动时运行的程序。在注册表编辑器中，打开 HKEY_LOCAL_MACHINE\SOFTWARE\Microsoft\Windows\Current Version\Run，新建一字符串值项，并将其数据设置可执行文件的路径和文件名。例如，新建一字符串 NotepadProgram，其数据设置为 C:\Windows\system32\notepad.exe。注销即可验证，重新登录时自动打开记事本。

④ 加快预读能力改善开机速度。Windows XP 预读设定可提高系统速度，加快开机速度。按照下面的方法进行修改可进一步改善 CPU 的效率：打开 HKEY_LOCAL_MACHINE\SYSTEM\CurrentControlSet\Control\SessionManager\MemoryManagement，在 PrefetchParameters 右侧窗口，将 EnablePrefetcher 的数值数据做如下更改，如使用 PIII 800 MHz 以上的 CPU，建议将数值更改为 4 或 5；否则，建议保留数值为默认值即 3。

⑤ 加快开关机速度（不宜用于服务器）。在 Windows XP 中关机时，系统会发送消息到运行

中的程序和远程服务器，告诉它们系统要关闭，并等待接到回应后系统才开始关机。加快开机速度，可以先设置自动结束任务，首先找到 HKEY_CURRENT_USER\Control Panel\Desktop，把 AutoEndTasks 的键值设置为 1；然后在该分支下有个 HungAppTimeout，把它的值改为 4 000（或更少）；最后再找到 HKEY_LOCAL_MACHINE\System\CurrentControlSet\Control\，同样把 WaitToKill ServiceTimeout 设置为 4 000。通过这样设置关机速度明显加快。

⑥ 加快菜单显示速度。可以在 HKEY_CURRENT_USER\Control Panel\Desktop 下找到 MenuShowDelay 主键，把它的值改为 0 就可以达到加快菜单显示速度的效果。

3. UNIX 及 Linux

1）UNIX

（1）UNIX 的发展

UNIX 是当代最著名的多用户、多进程、多任务分时操作系统。1969—1971 年，由美国贝尔实验室的 Ken L.Thompson 和 Dennis M.Ritchie 研制成功，其最初的目的是创建一个较好的程序开发环境。UNIX 直接吸取了 Multics 和 CTSS 的特征，UNIX 一词就是针对 Multics 的双关语。由于具有研制 UNIX 操作系统的卓越贡献，上述两位学者双双获得了 1983 年的图灵奖。

1974 年，美国电话电报公司（AT&T）允许教育机构免费使用 UNIX 操作系统，这一举措促进了 UNIX 技术的发展，各种不同版本的 UNIX 操作系统相继出现，其中最值得一提的是加州大学伯克利（Berkley）分校的 BSD 版。20 世纪 70 年代末，市场上出现了 UNIX 的商品化版本，代表产品有 AT&T 公司的 UNIX SYSTEM V、UNIX SVR 4X、SUN 公司的 SUNOS、Microsoft 公司的 XENIX 和 SCO UNIX 等。到了 20 世纪 90 年代，不同的 UNIX 版本已有 100 多种，比较主流的产品有 SUN Solaris、SCO 的 UNIX Ware 等。

（2）UNIX 的组成

图 4-4 是 UNIX 的体系结构示意图。图的中心是计算机硬件，靠近硬件的内层称为 UNIX 内核（Kernel），它直接与计算机硬件打交道，并为外层应用程序提供公共服务。内核的主要作用是将应用程序和计算机硬件隔离起来，这使得应用程序不依赖具体的计算机硬件，因而为应用程序提供了很好的可移植性。内核程序分为文件子系统和进程控制子系统两大部分，而进程控制子系统又分内存管理、进程调度和进程间通信等模块。内核是 UNIX 操作系统中唯一不能由用户任意改变的部分。内核的外层是实用程序，包括命令解释器 Shell、正文编辑器、C 编译程序等。

（3）UNIX 的特征

UNIX 能够用于任何类型的计算机，如工作站、小型机及巨型机。大型的商业应用，如电信、银行、证券、邮政等大都采用 UNIX。UNIX 操作系统能取得如此大的成功，其原因可归结为该系统具有以下特征：

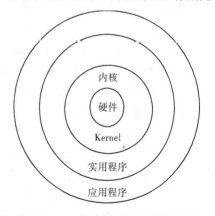

图 4-4 UNIX 操作系统的体系结构

① 开放性：UNIX 操作系统最本质的特征是开放性。所谓开放性，是指系统遵循国际标准规范，凡遵循国际标准所开发的硬件和软件都能彼此兼容，可方便地实现互连。开放性已经成为 20 世纪 90 年代计算机技术的核心问题，也是一个新推出的系统或软件能否被广泛使用的重要因素。

人们普遍认为，UNIX 是目前开放性最好的操作系统，是目前唯一能够稳定运行在从微型计算机到大、中型等各种规模计算机上的操作系统，而且还能方便地将已配置了 UNIX 操作系统的计算机互连成计算机网络。

② 多用户、多任务环境。UNIX 操作系统是一个多用户、多任务操作系统，它既可以支持数十个乃至数百个用户通过各自的联机终端同时使用一台计算机，又允许每个用户同时执行多个任务。例如，在进行字符、图形处理时，用户可建立多个任务，分别用于处理字符的输入、图形的制作和编辑等任务。

③ 功能强大，实现高效。UNIX 操作系统提供了精选的、丰富的系统功能，使用户可以方便、快速地完成许多其他操作系统难以实现的功能。UNIX 已成为世界上最强大的操作系统之一，它在许多功能的实现上有其独到之处，并且效率很高。例如，UNIX 的目录结构、磁盘空间的管理方式、I/O 重定向和管道功能等。其中，不少功能及其实现技术已被其他操作系统借鉴。

④ 提供了丰富的网络功能。UNIX 操作系统还提供了丰富的网络功能。作为 Internet 网络技术基础的 TCP/IP，便是在 UNIX 操作系统上开发出来的，并已成为 UNIX 操作系统不可分割的部分。UNIX 操作系统还提供了许多常用的网络通信协议软件，其中包括网络文件系统 NFS 软件、客户机/服务器协议软件 Lan Manager Client/Server、IPX/SPX 软件等。通过这些产品可以实现在各 UNIX 操作系统之间、UNIX 与 Novell 的 NetWare，以及 MS-Windows NT、IBM LAN Server 等网络之间的互连和互操作。

⑤ 支持多处理器功能。与 Windows NT 及 NetWare 等操作系统相比，UNIX 是最早提供支持多处理器功能的操作系统，它所支持的处理器数目也一直处于领先水平。例如，1996 年推出的 NT 4.0 只能支持 1~4 个处理器，而 Windows 2000 最多也只支持 16 个处理器，而 UNIX 操作系统在 20 世纪 90 年代中期，便已能支持 32~64 个处理器，而且拥有数百个乃至数千个处理器的超级并行机也普遍支持 UNIX。

2）Linux

Linux 是可以运行在计算机上的免费 UNIX 操作系统。它被称为是一匹自由而奔放的黑马。它诞生于学生之手，成长于 Internet，壮大于自由而开放的文化。

Linus Torvalds 是自由软件 Linux 操作系统的创始人和主要设计者。1991 年，芬兰赫尔辛基大学计算机科学系的年轻学生 Linus Torvalds 做出了一个在当时甚至现在看起来也是不可思议的决定，就是把 UNIX 操作系统移植到 Intel 构架的个人计算机上，设计一个比 MS-DOS 功能更强，并能自由下载的新操作系统——Linux。在开始设计 Linux 时，Linus Torvalds 的目的只不过是想看一看 Intel 386 存储管理硬件是怎样工作的，而没想到这一举动会在计算机界产生如此重大的影响。经过短短几个月时间，Linus Torvalds 在一台 Intel 386 微型计算机上完成了一个类似于 UNIX 的操作系统内核，这就是最早的 Linux 版本。

这时，Internet 的触角已经伸开。1991 年底，Linus Torvalds 首次在 Internet 上发布了基于 Intel 386 体系结构的 Linux 源代码，希望志同道合者能够加入其中。在这之后，很快就有数百名程序员通过 Internet 加入 Linux 的行列，Linux 就此诞生了。由于 Linux 具有结构清晰、功能简捷等特点，许多大专院校的学生和科研机构的研究人员纷纷把它作为学习和研究的对象。经过遍布全球的用户和程序员的努力，Linux 已经成为一个成熟的操作系统，并以其良好的稳定性、优异的性能、低廉的价格和开放的源代码给现有的软件体系带来了巨大的冲击。Linux 的使用日益广泛，其影响力紧跟 UNIX，其用户数量还将大幅度地提高。

Linux 的版本更新很快，在短短的 7 年里，其版本已升至 2.2.x。这里之所以用 x 表示，是因为 x 的值变化太快，很难准确定位它的值。不过，Linux 用得最多的版本还是 2.0.3，许多商品化的操作系统都以它为核心。

Linux 的开发及源代码对每个人都是免费的。Linux 用途广泛，包括网络、软件开发、用户平台等，Linux 被认为是一种高性能、低开支的可以替换其他昂贵操作系统的操作系统。

现在主要流行的版本有 Red Hat Linux、Turbo Linux 及我国自己开发的红旗 Linux、蓝点 Linux 等。Linux 操作系统在短短几年内迅猛发展，应归功于 Linux 良好的特性。

Linux 是与 UNIX 兼容的 32 位操作系统，它能运行主要的 UNIX 工具软件、应用程序和网络协议，并支持 32 位和 64 位的硬件。Linux 的设计继承了 UNIX 以网络为核心的设计思想，是一个性能稳定的多用户网络操作系统。同时，它还支持多任务、多进程和多 CPU。

Linux 的模块化设计结构，使它有优于其他操作系统的扩充性。用户不仅可以免费获得 Linux 的源代码，还可以修改，以实现特定的功能，这使任何人都可以参与 Linux 的开发。

Linux 还是一个提供完整网络集成的操作系统，它可以轻松地与 TCP/IP、LAN Manager、Windows for Workgroups、Novell NetWare 或 Windows NT 集成在一起。Linux 可以通过以太网或 Modem 连接到 Internet 上。

Linux 主要有以下作用：个人 UNIX 工作、X 终端客户、X 应用服务器、UNIX 开发平台、网络服务器、Internet 服务器、终端服务器。

众所周知，操作系统对于一个国家的信息产业有着特殊的意义。如果没有独立自主知识产权的操作系统，事关国家安全的军事、经济、金融、机要系统全部使用外来的操作系统，后果是不可想象的。Linux 的出现，为各国发展拥有自主产权的安全的操作系统提供了契机。Linux 还引发了一场轰轰烈烈的软件开源运动。

杰出人物：1983 年图灵奖获得者，C 和 UNIX 的发明人——肯尼思·汤普森和丹尼斯·里奇

汤普森于 1943 年出生于新奥尔良，由于对无线电感兴趣，就读于加州大学伯克利分校时学电气工程专业，于 1965 年取得学士学位，第二年又取得硕士学位。里奇于 1941 年生于纽约州，中学毕业后进入哈佛大学学物理，并于 1963 年获得学士学位。毕业后他在应用数学系攻读博士学位，于 1967 年进入贝尔实验室，与比他早一年到贝尔实验室的汤普森会合，从此，他们开始了长达数十年的合作。谁能想到，对整个软件技术和软件产业都产生了深远影响的 C 语言和 UNIX 操作系统竟是汤普森和里奇在没有任何资助的情况下悄悄开发出来的。他们决心"要创造一个舒适、愉快的工作环境"，并于 1971 年底开发完成了 UNIX。由于它采用了一系列先进的技术和措施，解决了一系列软件工程的问题，使系统具有功能简单实用、操作使用方便、结构灵活多样的特点，成为有史以来使用最广泛的操作系统之一，也是关键应用中的首选操作系统。UNIX 成为后来的操作系统的楷模，也是大学里操作系统课程的"示范标本"。

杰出人物：微软公司的创始人——威廉（比尔）H·盖茨

盖茨生于 1955 年，在西雅图长大。他曾就读于西雅图的公立小学和私立湖滨中学，在那里，他开始了自己个人计算机软件的职业经历，13 岁就开始编写计算机程序。1973 年，盖茨进入哈佛大学一年级，在那里他与 Steve Ballmer 住在同一楼层，后者目前是微软公司总裁。在哈佛期间，盖茨为第一台微型计算机——MITSAltair 开发了 Basic 编程语言。三年级时，盖茨从哈佛退学，全身心投入其与童年伙伴 Paul Allen 一起于 1975 年组建的微软公司。他们深信个人计算机将是每一部办公桌面系统以及每一家庭的非常有价值的工具，并构想让每张办公桌和每个家庭都拥有一台计算机。28 年后，这个伟大构想变得如此接近现实。但在只有极少数人才知道个人计算机究竟为何物的那个年代，上述构想却意味着信念与胆识的一大飞跃。1995 年，盖茨编写了《未来之路》一书。在书中，他认为信息技术将带动社会的进步。盖茨有关个人计算机的远见和洞察力一直是微软公司和软件业界成功的关键。

　　提示：在计算机科学与技术专业培养方案中设置有"操作系统"课程，该课程会系统地讲授操作系统的基本原理，详细地阐述操作系统对各种系统资源进行管理的算法和策略。

4.3　程序设计语言翻译系统

　　人们习惯使用高级程序设计语言或汇编语言来编写程序，而计算机硬件却只能识别和执行机器指令，为了让用汇编语言或高级语言编写的程序能在计算机上执行，就必须为它配一个"翻译"，这就是所谓的程序设计语言的翻译系统。

　　程序设计语言的翻译系统是一类软件，它能将某一种语言编写的程序翻译成与其等价的使用另一种目标语言编写的程序。使用源语言编写的程序称为源程序，使用目标语言编写的程序称为目标程序。源程序是程序设计语言翻译系统加工的"原材料"，而目标语言编写的程序是程序设计语言翻译系统加工的"最终产品"。不同的程序设计语言需要不同的程序设计语言翻译系统，同一种程序设计语言在不同种计算机系统中也需要配置不同的程序设计语言翻译系统。翻译程序是现代计算机系统的基本组成部分之一，并且多数计算机系统都含有不止一个高级语言的翻译程序。对有些高级语言甚至配置几个不同性能的翻译程序。

　　程序设计语言翻译系统可以分为 3 种：汇编语言翻译系统、高级语言源程序编译系统和高级语言源程序解释系统。它们的区别主要体现在它们生成机器代码的过程中。

4.3.1　汇编语言翻译系统

　　汇编语言翻译系统的主要功能是将用汇编语言编写的程序翻译成用二进制 0、1 表示的等价的、计算机可以执行的机器指令代码程序。也就是说，若源语言是汇编语言，目标语言是机器语言，则翻译程序称为汇编程序翻译器或简称汇编程序，如图 4-5 所示。

　　汇编程序的翻译工作具体有如下几步：

① 用机器操作码代替符号化的操作符。
② 用数值地址代替符号名字。
③ 将常数翻译为机器的内部表示。
④ 分配指令和数据的存储单元。

图 4-5　汇编程序翻译器示意图

4.3.2　高级程序设计语言编译系统

1. 高级程序设计语言编译系统的概念

　　高级程序设计语言编译系统（Compiler）是将用高级语言书写的源程序翻译成等价的机器语言程序或汇编程序的处理系统，又称编译程序。也就是说，若源语言是高级语言，目标语言是机器语言或汇编语言，并生成目标程序，则翻译程序称为编译程序。

大多数高级程序设计语言都采用编译方式，如 C、Pascal、FORTRAN 等。

2．编译程序的结构

编译程序的结构和工作过程如图 4-6 所示。为便于理解，可把编译过程比喻成一个"信息加工流水线"，其加工的"原材料"就是源程序，"最终产品"就是目标程序，每一道"工序"的输入是上一道"工序"的输出（可视为"半成品"），每一道"工序"的输出作为下一道"工序"的输入，直至最后得到"最终产品"——目标程序。

该"信息加工流水线"共有 5 道"主工序"，具体如下：

① 词法分析：扫描以字符串形式输入的源程序，识别出一个个的单词并将其转换为机内表示形式。完成该工作的程序称为词法分析程序，又称扫描器。

② 语法分析：对单词进行分析，按照语法规则分析出一个个的语法单位，如程序、语句、表达式等。完成该工作的程序称为语法分析程序，又称分析器。

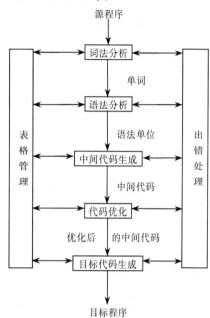

图 4-6　编译程序的结构与工作过程

③ 中间代码生成：将语法单位转换为某种中间代码，如四元式、三元式、逆波兰式等。完成该工作的程序称为中间代码生成程序。

④ 代码优化：对中间代码进行优化，使得优化后的中间代码在运行速度、存储空间方面具有较高的质量。完成该工作的程序称为优化程序。

⑤ 目标代码生成：将优化后的中间代码转换成目标程序。完成该工作的程序称为目标代码生成程序。

在每道工序中，需要用表格记录和查询必要的信息，或者需要进行出错处理，这些任务将由表格管理程序和出错处理程序来完成。

4.3.3　高级程序设计语言解释系统

1．高级程序设计语言解释系统的概念

为了实现高级语言源程序能在计算机上运行，主要有两个途径：第一个途径是把该程序翻译为这个计算机的指令代码序列，这就是前面已经描述的编译过程；第二个途径是按照程序中的语句的动态顺序逐条翻译并立即执行相应的功能，这就是解释过程，完成该功能的程序称为解释程序（Interpreter）。

2．解释与编译的区别

从功能上说，一个解释程序能让计算机执行高级语言源程序。它与编译程序的主要不同是它不生成一个完整的目标程序。解释程序是将源程序中的语句逐句翻译成机器指令并立即执行该指令，因此，源程序每次执行都需要重新解释。图 4-7 是它的工作机理。

解释程序直接输出结果。而编译程序则生成目标代码，例如：

```
movf #2,b
```

```
movf b,R1
addf #2,R1
movf R1,a
```

编译系统生成的目标代码由计算机执行才能生成结果。使用编译系统时会区分编译阶段和运行阶段，编译阶段是对源程序进行编译，运行阶段是指目标程序的运行。而解释系统则是边解释边执行。

图 4-7　程序解释示例图

编译是按源程序的实际输入顺序，处理程序语句，得到执行的目标程序。解释是按源语言的定义边解释边执行。解释执行是按照被解释源程序的逻辑流程进行工作的。

可将编译比喻为笔译（产生目标程序），将解释比喻为口译（不产生目标程序）。

很多语言如 Basic、LISP 和 PROLOG 等最初都是解释执行的，后来也都有了编译系统。号称最具生命力的 Java 环境同时需要解释和编译系统的支持。

提示：在计算机科学与技术专业培养方案中一般都设置有"编译原理"课程，在该课程中会详细讲解编译系统对高级语言源程序进行翻译的 5 个主要阶段所采取的具体方法。

4.4　常用应用软件

为各级政府、企事业单位和个人用户提供服务的中文办公软件，是最常用的应用软件。在该类软件中，金山公司的 WPS Office 是为中国用户特制的，能很好地适应中国用户习惯，满足中国用户需求。北京红旗中文贰仟公司的 RedOffice 具有跨平台应用（可在 Windows 和 Linux 操作系统上运行、文档跨平台读写）、国际化标准（采用 XML 国际标准作为文档存储格式）、完全兼容性（自由读写 Microsoft Office 的格式文档、支持 PDF、SWF、RTF、TXT、CVS、DBF 等文件格式）等特点。Microsoft Office 是微软公司推出的一套桌面办公软件，就应用现状而言，它的适用面最广，所以本节将介绍 Microsoft Office。

Microsoft Office 自推出后发展很快，先后发布了多个版本，其中 Microsoft Office 2007 是较新的版本，包括 Word 2007、Excel 2007、PowerPoint 2007、Access 2007、Outlook 2007、OneNote 2007、Groove 2007、InfoPath 2007 和 Publisher 2007 等组件。

Office XP 不仅是日常工作的重要工具，也是日常生活中计算机作业不可缺少的得力助手。尽管现在的 Office 组件越来越趋向于集成化，但在 Office XP 中各个组件仍有着比较明确的分工。一般说来，Word 主要用来进行文本的输入、编辑、排版、打印等工作；Excel 主要用来进行有繁重计算任务的预算、财务、数据汇总等工作；PowerPoint 主要用来制作演示文稿和幻灯片及投影片等；Access 是一个桌面数据库系统及数据库应用程序；Outlook 是一个桌面信息管理的应用程序；FrontPage 主要用来制作和发布因特网的 Web 页面。

本节将详细讲解 Word 2007、Excel 2007 和 PowerPoint 2007，并对 Access 2007 和 FrontPage 2007 进行简单介绍。

4.4.1 文字处理软件 Word 2007

Microsoft Word 2007 是一套用于日常办公等领域的专业字处理软件，主要用来进行文本的输入、编辑、排版、打印等工作。该软件在 Word 97、Word 2000、Word XP、Word 2003 等版本的基础上进行了许多改进，增加了许多新的功能，操作更简便，功能更强大，是当前世界上最流行的字处理软件之一。它可以制作出图文并茂的精美文档，也可以制作出功能完善的 Web 页面，还可通过联机协作与他人召开网络联机会议。它适合众多的普通计算机用户、办公室人员和专业排版人员使用。小至一份通知、信函、简报，大到一份杂志或一本书，它都能轻松完成。

1. Word 2007 概述

1）Word 2007 的功能

（1）文字处理软件的一般功能

① 管理功能：包括文档的建立和打开，以多种格式对文档进行保存，在编辑过程中自动保存文档，文档的加密，发生意外情况时对文档的恢复等。

② 编辑功能：包括文档内容的输入和修改，查找和替换，输入时的自动格式套用和检查更正，英文字母的大小写转换等。

③ 排版功能：为页面、段落、文字等提供丰富实用的排版格式。

④ 表格处理：提供表格的建立、编辑、格式设置和数据计算等功能。

⑤ 图形处理：插入或建立多种类型的图形，提供对图形格式的设置、图文混排等功能。

（2）Word 2007 的新增功能

① 博客撰写与发布功能：2007 年博客很热门，Word 2007 乘上东风，集成了撰写和直接发布 Blog 的功能。这一新功能必然会对博客的进一步流行产生巨大的推动作用。

② 强大的结构图制作工具 SmartArt：SmartArt 这项新功能用于表现演示流程、层次结构、循环或者关系。SmartArt 图形包括水平列表和垂直列表、组织结构图以及射线图与维恩图。配合图形样式的使用，它会制作出用户意想不到的效果。

③ 数据图表功能赶超 Excel：Word 2007 在数据图表方面有很大改进，除了做复杂的数据分析外，Word 2007 完全可以作为 Excel 的替代品来使用。而且它能对数据图表进行专业级的美化，这是 Excel 做不到的。

④ 全新的图片编辑功能：Word 2007 大大改进了图片编辑器，可以媲美专门的图片处理软件。再加上它与 Word 融合得如此完美，实在可以算是新版本的一大亮色。

⑤ 优化的文本框工具：配合 Word 2007 强大的样式库，可以制作出变化万千的精美文本框。

⑥ 自动生成精致的文档封面：Word 2007 提供了很多不同风格的模板，它们非常精致而美丽，这就为新功能——自动生成文档封面提供了有力的支持。

⑦ Word 2007 中编辑公式的方法：在 Word 2007 版本中可以直接插入公式，并且公式的样式有多种选择。

⑧ Word 2007 稿纸功能：虽然通过 Word 自身带的模板"稿纸向导"或安装稿纸插件来实现稿纸文档，但这样的稿纸功能有些地方并不符合中文稿纸行文习惯，不能让人们满意。在新版本 Word 2007 中，直接提供了稿纸功能。

2）Word 2007 的启动和退出

（1）启动 Word 2007 的常用的 3 种方法

① 单击"开始"按钮，选择"所有程序"菜单下的 Microsoft Office 子菜单下的 Microsoft Office Word 2007 命令。

② 如果在桌面上创建了 Word 2007 的快捷方式，双击快捷方式图标即可。

③ 双击已经创建的 Word 文档图标，启动 Word 2007 并打开文档。

（2）退出 Word 2007 的 4 种方法

① 单击标题栏最右侧的"关闭"按钮 ⊠ 。

② 单击标题栏最左侧的 Office 按钮 ⊙ ，在弹出的下拉菜单中单击"退出 Word"按钮。

③ 双击标题栏最左侧的 Office 按钮 ⊙ 。

④ 按【Alt+F4】组合键。

3）Word 2007 的窗口界面

启动 Word 2007 后，屏幕将出现 Word 2007 的窗口，如图 4-8 所示。Word 2007 是一个多文档窗口，由标题栏、功能区、文档编辑区、标尺、滚动条和状态栏等组成。

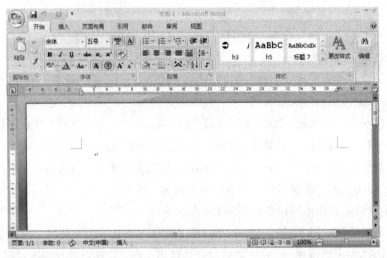

图 4-8　Word 2007 的窗口

（1）标题栏

标题栏位于窗口的最上方。从左到右依次为 Office 按钮、快速访问工具栏、文档名、应用程序名（即 Microsoft Word）、最小化按钮、最大化按钮（或还原按钮）及关闭按钮。

（2）功能区

与 Word 2003 相比，Word 2007 最明显的变化就是取消了传统的菜单操作方式，增加了各种功能区。在 Word 2007 窗口上方，看起来像菜单的名称其实是功能区的名称，当单击这些名称时并不会打开菜单，而是切换到与之相对应的功能区面板。每个功能区根据功能的不同又分为若干个组，下面具体介绍各个功能区所拥有的功能：

①"开始"功能区：该功能区中包括剪贴板、字体、段落、样式和编辑 5 个组，对应 Word 2003 的"编辑"和"段落"菜单的部分命令。该功能区主要用于帮助用户对 Word 2007 文档进行文字编辑和格式设置，是用户最常用的功能区之一。

② "插入"功能区：该功能区包括页、表格、插图、链接、页眉和页脚、文本、符号和特殊符号几个组，对应 Word 2003 中 "插入"菜单的部分命令，主要用于在 Word 2007 文档中插入各种元素。

③ "页面布局"功能区：该功能区包括主题、页面设置、稿纸、页面背景、段落、排列几个组，对应 Word 2003 的 "页面设置"菜单命令和 "段落"菜单中的部分命令，用于帮助用户设置 Word 2007 文档页面样式。

④ "引用"功能区：该功能区包括目录、脚注、引文与书目、题注、索引和引文目录几个组，用于实现在 Word 2007 文档中插入目录等比较高级的功能。

⑤ "邮件"功能区：该功能区包括创建、开始邮件合并、编写和插入域、预览结果和完成几个组，该功能区的作用比较专一，专门用于在 Word 2007 文档中进行邮件合并方面的操作。

⑥ "审阅"功能区：该功能区包括校对、中文简繁转换、批注、修订、更改、比较和保护几个组，主要用于对 Word 2007 文档进行校对和修订等操作，适用于多人协作处理 Word 2007 长文档。

⑦ "视图"功能区：该功能区包括文档视图、显示/隐藏、显示比例、窗口和宏几个组，主要用于帮助用户设置 Word 2007 操作窗口的视图类型，以方便操作。

（3）文档编辑区

文档编辑区用来输入文字、插入图表，查看和修改文档。其中有一个闪烁的光标，称为插入点，用来标识字符输入的位置。

（4）标尺

标尺分为水平标尺和垂直标尺两种。水平标尺位于文档编辑区的上方，显示段落、表格的单元格或其他对象在水平方向的缩进方式、尺寸和边距。垂直标尺在文档编辑区的左侧，显示页面或其他对象在垂直方向的位置、尺寸和边距。

用鼠标拖动标尺上的滑块或标记可以快速改变文档或对象的布局。

单击垂直滚动条上方的 "标尺"按钮 ，可以同时打开或者关闭水平标尺和垂直标尺。

（5）滚动条

滚动条分为水平滚动条和垂直滚动条两种，分别位于文档编辑区的下方与右侧。通过滚动条可以浏览到文档的所有内容。

（6）状态栏

状态栏位于 Word 窗口的最下方，显示文档及当前操作的有关信息，如当前页码、总页数、总字数、语言、显示比例，以及对文档的输入操作是改写还是插入等。

2．文档的基本操作

文档的基本操作包括创建和保存文档、打开和关闭文档，以及在文档中进行文本的输入、修改、删除、复制、移动等操作。

1）文档的建立和保存

（1）文档的 4 种建立方法

① 启动 Word 2007，Word 将自动创建一个文件名为 "文档 1"的新文档。

② 按【Ctrl+N】组合键。

③ 单击 Office 按钮，在弹出的下拉菜单中选择 "新建"命令，在弹出的 "新建文档"对话框中选择需要建立的文档类型，如空白文档、新建博客文章、书法字帖等。

④ 打开 "我的电脑"或 "资源管理器"，在需要建立 Word 文档的窗口空白处右击，在弹出

的快捷菜单中选择"新建"菜单下的"Microsoft Office Word 文档"命令。

（2）新文档的保存

第一次保存文档时，单击 Office 按钮，在弹出的下拉菜单中选择"保存"或"另存为"命令，两者的作用相同。保存一个新文档的步骤如下：

① 单击 Office 按钮，在弹出的下拉菜单中选择"保存"命令，或单击快速访问工具栏上的"保存"按钮 ，弹出"另存为"对话框。

② 在"保存位置"下拉列表框中选择保存文档的驱动器或文件夹。

③ 在"文件名"文本框中输入文档的文件名。

④ 在"保存类型"下拉列表框中选择文档的保存类型，默认为"Word 文档（*.docx）"类型。

⑤ 单击"保存"按钮。

（3）文档的再次保存

对于已经保存过的文档，若更新了其中的内容而需要再次保存时，单击快速访问工具栏上的"保存"按钮 即可。

如果需要为文档另外取名保存，或者需要将文档保存到其他的驱动器或文件夹，或者需要更改文档的保存类型，则应单击 Office 按钮，在弹出的下拉菜单中选择"另存为"命令，弹出"另存为"对话框，按实际需求进行相应的选择并保存文档。

（4）文档的自动保存

Word 2007 可以自动保存正在编辑的文档，以免因断电或计算机出现意外情况造成文档的丢失，设置步骤如下：

① 单击 Office 按钮，在弹出的下拉菜单中单击"Word 选项"按钮，弹出"Word 选项"对话框。

② 选择"保存"选项，再在"保存文档"选项组中选择"保存自动恢复信息时间间隔"复选框。

③ 在"分钟"微调按钮中输入自动保存文档的时间间隔，例如 10 分钟。

④ 单击"确定"按钮。

如果 Word 2007 遇到错误或停止响应，下一次打开程序时，将自动显示"文档恢复"任务窗格，并列出程序停止响应时所恢复的所有文件。

2）文档的关闭和打开

（1）文档的关闭

当完成了文档的编辑或者暂时不再编辑时，应先保存文档，再执行关闭命令。关闭文档时，只需要单击 Office 按钮，在弹出的下拉菜单中选择"关闭"命令。

如果文档尚未保存，或者上次保存后又做了新的修改，关闭文档时将显示提示保存的对话框。

（2）文档的打开

① 单击 Office 按钮，在弹出的下拉菜单中选择"打开"命令，在弹出的"打开"对话框中选择所要打开的文档，单击"打开"按钮。

② 打开"资源管理器"，找到需要打开的 Word 文档，双击文档图标。

3）文档的输入

Word 文档主要由文本、表格、图片及其他一些对象组成。其中，文本就是用户在文档编辑区输入的汉字、字母、数字和各种符号。对于文本输入，最常用的也是最基本的仍然是键盘输入，也可使用语音输入、鼠标手写输入和扫描仪输入等。下面只介绍键盘输入。

（1）文字输入

文字的输入主要包括中、英文输入。可以在语言栏上选择输入法，或者使用键盘切换。在默认状态下，按【Ctrl+Space】组合键进行中、英文切换，按【Ctrl+Shift】组合键切换不同的输入法。在输入中、英文时，还需要注意两种不同文字下标点符号的正确使用。

大部分中文输入法要求输入汉字时，键盘处于小写状态。使用【Caps Lock】键可以在字母的大、小写之间切换。

（2）符号输入

除了键盘上的常用符号，当需要插入一些特殊的符号时，可以使用以下方法：

① 使用中文输入法提供的软键盘。

② 使用 Word 2007"插入"选项卡下"符号"和"特殊符号"选项组，如图 4-9 所示。

4）文档的编辑

（1）定位插入点

图 4-9　"符号"和"特殊符号"选项组

在编辑文本时，必须进行插入点的定位，以确定在何处进行输入、修改和删除等操作。

① 使用键盘定位。使用键盘进行插入点定位有如下几个基本键位：

• 【←】键、【→】键：左移或右移一个字符。

• 【↑】键、【↓】键：上移或下移一行。

• 【PageUp】键、【PageDown】键：上移或下移一屏（指文档窗口中的一屏）。

• 【Home】键、【End】键：移至行首或行尾。

② 使用鼠标定位。使用鼠标在垂直、水平滚动条上单击，可以控制文档窗口的滚动（文本则向相反方向滚动）。滚动之后，还要在需要编辑文本的位置单击，才能将插入点定位到此。

单击垂直滚动按钮，窗口上、下滚动一行；单击垂直滚动条中的空白处，窗口上、下滚动一屏；拖动垂直滚动滑块，可以随心所欲地滚动文档窗口。

水平滚动条的操作与此相似。

还可以单击垂直滚动条下方的"选择浏览对象"按钮，可选择"按图形浏览"、"按表格浏览"、"按标题浏览"命令等。默认情况下，Word"按页浏览"，单击按钮或时，可使文本滚动到"前一页"或"下一页"。

（2）选定文本

在对文档中的指定内容进行移动、复制和删除等操作时，首先要选定操作对象。这里介绍选定文本的几种主要方法，其他对象的选定可参考后面相关章节。

① 用鼠标拖动选定文本。在要选定文本的起始位置按住鼠标，拖动至被选文本的末尾，释放鼠标即可选定被拖过的文本。用这种方法可以选定任意数量的文字，如一个字符、多个字符、一行、多行，或者整个文档。

② 用鼠标在选择区选定文本。"选择区"位于文档窗口的左侧。向左移动鼠标，当指针的形状由 I 变为 时，即进入了选择区。鼠标在选择区的基本操作如下：

• 单击：选定鼠标指向的一行文字。

• 双击：选定鼠标指向的一段文字。

• 三击：选定整个文档。

- 拖动：选定多行文字。

③ 与控制键配合选定文本。使用鼠标或者键盘时，配合控制键可以选定一些特定的文本，方法如下：

- 选定矩形块：按住【Alt】键，按住鼠标左键并从矩形块的左上角拖动到右下角。
- 选定单词或词组：在要选定的英文单词或汉语词组处双击。
- 选定一个句子：按住【Ctrl】键，然后在该句的任何位置单击。
- 选定大段文本：首先单击选定内容的起始处，然后滚动到选定内容的结尾处，按住【Shift】键并单击。

④ 用键盘选定文本。在实际操作中，使用键盘选定文本也非常方便，尤其在打字时，可以免除在鼠标和键盘之间的往返操作。虽然使用键盘选定文本的组合键很多，但大部分因需要额外记忆而失去了实际操作的意义。有实用价值的有以下方法：

- 按住【Shift】键，按【→】键向右选定文本；按【←】键向左选定文本；按【↑】、【↓】键向上或向下选定文本。
- 按住【Shift】键，按【PageUp】键或【PageDown】键，可以向上或向下一屏一屏地选定文本。
- 按【Ctrl+A】键，选定整个文档。

（3）文本的删除、移动和复制

① 文本的删除。删除少量字符时，可将插入点定位到需要删除文本的首尾处，然后按【Delete】键即可删除插入点后面的字符，或者按【Backspace】键删除插入点前面的字符。但当一次需要删除较多文本时，先选定所要删除的文本，再按【Delete】键，可提高删除文本的效率。删除文本还可以通过"剪切"命令来实现（需先选定文本），方法有 4 种：

- 在"开始"选项卡下的"剪贴板"选项组中单击"剪切"按钮 。
- 右击选定文本，在弹出的快捷菜单中选择"剪切"命令。
- 按【Ctrl+X】组合键。

② 文本的移动。在 Word 中移动文本有两种方法。

方法一：使用剪贴板。首先对选定文本执行"剪切"操作（所选文本被存入剪贴板），然后将插入点移动到目标位置，再执行"粘贴"命令，即可完成文本的移动。

可以用以下方法执行"粘贴"命令：

- 在"开始"选项卡下的"剪贴板"选项组中单击"粘贴"按钮 。
- 右击选定文本，在弹出的快捷菜单中选择"粘贴"命令。
- 按【Ctrl+V】组合键。

方法二：使用鼠标。选定文本后按住鼠标，拖动到目标位置，释放鼠标即可。

③ 文本的复制。在 Word 中复制文本也有两种方法。

方法一：使用剪贴板。选定需要复制的文本后，先执行"复制"操作（所选文本复制到剪贴板），再将插入点移动到目标位置，执行"粘贴"命令，即可完成文本的复制。

执行"复制"操作的方法如下（需先选定文本）：

- 单击"开始"选项卡下"剪贴板"选项组中"复制"按钮 。
- 右击选定文本，在弹出的快捷菜单中选择"复制"命令。
- 按【Ctrl+C】组合键。

　　方法二：使用鼠标。按住【Ctrl】键的同时，用鼠标拖动所选文本到目标位置。

　　执行"粘贴"命令后，被复制或者移动的文本下方边角处会出现一个"粘贴选项"按钮。单击右侧的下三角按钮，可以在弹出的下拉列表中选择需要采用的粘贴格式。

　　（4）使用 Office 剪贴板

　　单击"开始"选项卡下的"剪贴板"按钮，屏幕上将显示"剪贴板"任务窗格。

　　向 Office 剪贴板中复制对象的操作，仍然是使用"剪切"和"复制"命令完成的。执行这两个命令时，Word 会同时把所复制的对象添加到 Windows 操作系统剪贴板和 Office 剪贴板中。当复制新对象时，系统剪贴板中将用新复制的对象覆盖原有对象，而 Office 剪贴板则是在保留原有对象的基础上，添加新复制的对象。

　　需要注意的是，Office 剪贴板最多只能存放 24 个对象，当复制第 25 个对象时，第一个复制的对象将会被删除。

　　在 Office 剪贴板中，单击一个对象，可将该对象粘贴到文档的插入点位置。单击对象右侧的下三角按钮，在弹出的下拉列表中选择"粘贴"命令，也可以粘贴所选对象。需要删除对象时，单击需要删除对象右侧的下三角按钮，在弹出的下拉列表中选择"删除"命令即可。

　　（5）撤销和恢复

　　Word 记录了用户在文档编辑过程中所作的操作。单击快速访问工具栏上"撤销"按钮，可撤销上一次操作。若要撤销多次操作，单击按钮右侧的下三角按钮，可在弹出的下拉列表中查看和选择想要撤销的操作。

　　用户可以恢复被撤销的操作。单击快速访问工具栏上"恢复"按钮，可恢复最近一次的撤销操作；单击按钮右侧的下三角按钮，则可查看和选择想要恢复的多次撤销操作。

　　（6）查找和替换

　　在文档编辑过程中，如果想要查找某一个关键字，或者想把某些词汇转换成另外的内容，当文章较长时，使用 Word 内置的查找和替换功能，能够很方便地实现查找和置换，从而避免了在文档中进行烦琐的人工操作。

　　① 查找。在"开始"选项卡下的"编辑"选项组中单击"查找"按钮，弹出"查找和替换"对话框。在"查找内容"文本框中输入需要查找的内容，例如输入"工具栏"，如图 4-10 所示。单击"查找下一处"按钮，光标将定位并

图 4-10　"查找和替换"对话框

突出显示查找到的内容；再次单击"查找下一处"按钮，可在文档的其余位置进行查找。如果文档中不存在需要查找的内容，系统将提示"Word 已完成对文档的搜索，未找到搜索项"。

　　在"查找和替换"对话框中选择"突出显示所有在该范围找到的项目"复选框，可一次选中查找到的所有内容，以便在文档中浏览和修改。例如，当需要查找"替换"两个字，并选择该复选框时，文档中所有的"替换"均以反相方式突出显示。

　　单击"查找和替换"对话框中的"高级"按钮，将出现更多的选项，如搜索范围、是否区分大小写、是否使用通配符等，还能查找一些特殊字符，如段落标记、制表符、分栏符等。

　　② 替换。在"开始"选项卡下的"编辑"选项组中单击"替换"按钮，弹出"查找和替换"

对话框，在"查找内容"文本框内输入要搜索的文字，如 zg，再在"替换为"文本框内输入替换文字，这里输入"中华人民共和国"，单击"查找下一处"按钮，当 Word 找到需要替换的内容 zg 时，这部分文字将被突出显示。此时，如果单击"替换"按钮，zg 将被替换为"中华人民共和国"；如果单击"查找下一处"按钮，则跳过 zg 并继续搜索符合条件的内容。

在进行"替换"操作时，单击"全部替换"按钮，则自动完成搜索范围内所有满足条件的内容的替换。按【Esc】键可以取消正在进行的搜索。

（7）拼写检查

Word 提供的自动检查拼写与语法的功能，可以提高文本输入的正确性。单击 Office 按钮，在弹出的下拉菜单中选择"校对"命令，可选择"键入时检查拼写"、"随拼写检查语法"复选框，Word 在输入的同时将自动进行拼写检查。

在文档中，红色波形下画线表示可能拼写有问题，绿色波形下画线表示可能语法有问题。右击标有上述下画线的字符，可在弹出的快捷菜单中选择修改所需的命令，或者在列出的备选字词中挑选正确的文字。

5）文档的查看方式

Word 2007 为用户提供了查看文档的不同方式，分别为普通视图、Web 版式视图、页面视图、大纲视图和阅读版式。选择"视图"选项卡，可从中挑选所需的文档查看方式。此外，在 Word 窗口的水平滚动条右端有 5 个视图按钮，单击按钮可以切换到不同的视图方式。

保存文件时，视图设置将作为文档属性存储在每个文件中。再次打开文件时，Word 将使用上次保存文档时所设置的视图。

（1）普通视图

普通视图下可以输入、编辑文本，设置文本格式。普通视图简化了页面的布局，在普通视图中，不显示页边距、页眉、页脚、背景及图形对象，当录入的文本多于一页时，屏幕上会出现一条虚线，实际上它是 Word 为文档自动加入的分页线。

普通视图的显示速度较快，适合文字录入阶段。这个模式下的重新分页和屏幕刷新速度是所有视图中最快的。

（2）Web 版式视图

在 Web 版式视图中，Word 优化了文档页面，使其外观与在浏览器上看到的效果一致。在 Web 版式视图中，可以看到背景、自选图形等，文字将自动换行以适应窗口的宽度。Web 版式视图取消了文档中的分页符，整个文档显示为一个长页。在该模式下编辑的文档，可以比较准确地模拟它在网页浏览中实现的效果。

（3）页面视图

页面视图显示的是文档打印的实际效果，能显示页眉、页脚、图形、图片、文本框等对象的正确位置。在页面视图下，可以很方便地进行插入图片、文本框，为文档添加页眉、页脚等操作。页面视图模拟一页真实的纸张来反映文档的版式，还能起到预览文档的作用。这是使用最多的一种视图方式。

（4）大纲视图

大纲视图方式适用于审阅、处理文档的结构，可把文档组织成多层次的标题、子标题和文本。当要编排的文档较长，且具有多级标题和层次结构时，可用大纲视图编排文档。

在大纲视图中，通过折叠文档，可以只查看某级标题，或者展开文档以查看到所有标题或正文。还可以通过拖动标题来移动、复制和重新组织文本。

大纲视图中不显示页边距、页眉和页脚、图片和背景等。

（5）阅读版式

阅读版式视图使得在计算机上阅读文档变得更加舒适。在这种模式下，Word 删除了窗口中多余的工具栏，并能根据显示器的分辨率自动缩放文本以获得最佳的可读性。

3．排版和打印

输入文档后，为了使文档整齐、美观和节省页面，还需要对文档进行必要的排版。文档排版主要分为对字符格式的排版、对段落的排版和对页面的排版 3 种。

1）字符格式设置

字符格式设置包括改变字符的字体、字号、颜色，以及设置粗体、斜体、下画线等修饰效果。进行字符格式设置前，必须先选定所要排版的文本，否则格式设置只能对插入点后面新输入的文本起作用。

（1）使用"开始"功能区

可以使用"格式"工具栏中的按钮快速地改变字符的格式，具体操作如表 4-4 所示。

表 4-4　使用"开始"功能区改变字符格式的操作方法

格 式 设 置	操 作 方 法
改变字体	单击"字体"列表框 宋体 (中文标题) ，在弹出的下拉列表中选择所需字体的名称
改变字号	单击"字号"列表框 小五 ，在弹出的下拉列表中选择所需的字号或磅值
添加/取消下画线	单击"下画线"按钮 U ，在弹出的下拉列表中选择所需的下画线，或通过按【Ctrl+U】组合键选择默认下画线
设置/取消加粗格式	单击"加粗"按钮 B ，或按【Ctrl+B】组合键
设置/取消倾斜格式	单击"倾斜"按钮 I ，或按【Ctrl+I】组合键
改变字体颜色	单击"字体颜色"按钮 A ，在弹出的下拉列表中选择所需的字体颜色
突出显示文字	单击"突出显示" 按钮，待鼠标指针变成 形状后，用鼠标拖动需要突出显示的文字。可在下拉列表中选择突出显示的颜色

（2）使用"字体"对话框

单击"开始"选项卡下的"字体"按钮，弹出"字体"对话框，可以选择更多的字体设置选项。例如，在"字体"选项卡中，除了设置中文字体，还可以选择西文字体；可以将文字设置为上标或下标；设置文字的阴影、空心等特殊效果；在文字下方添加着重号等。在"预览"选项组中，可以看到所有设置的效果。在"字符间距"选项卡中，可以增加或减少字符之间的距离；在水平方向拉伸或压缩文本，基于水平方向提升或降低文本等。选择"文字效果"选项卡，可以使静态的字符产生动态的效果，使之更加醒目。但这种效果只适用于电子阅读，打印时是无法将动态的效果表现出来的。

2）段落格式设置

段落格式设置包括段落的缩进方式、对齐方式、行距，以及段落之间的间距等。

（1）段落缩进

段落缩进包括首行缩进、悬挂缩进（除第一行外，其他各行都缩进）、段落的整体缩进（分为左缩进和右缩进）。

　　设置段落缩进时，首先选定需要更改的段落，单击"开始"选项卡下的"段落"按钮，弹出"段落"对话框，选择"缩进和间距"选项卡，在"缩进"选项组中可以设置段落的左缩进和右缩进。在"特殊格式"下拉列表框中，选择"首行缩进"或"悬挂缩进"选项后，可进一步指定缩进的"度量值"。

　　利用水平标尺上的缩进标记（见图 4-11）可以快速设置段落的缩进方式及其缩进量。设置时，先将插入点移动到需要设置的段落（任意位置），如需要同时设置多个段落，则应选定这些段落，然后按住左键拖动相应的缩进标记，释放鼠标即可完成段落的缩进。

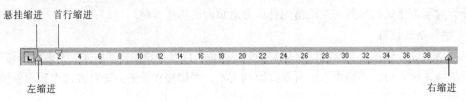

图 4-11　水平标尺及缩进标记

（2）对齐方式

　　常用的对齐方式包括两端对齐、居中、右对齐和分散对齐。单击"开始"选项卡下的"段落"按钮，弹出"段落"对话框，选择"缩进和间距"选项卡，可以在"对齐方式"列表框中选择段落的对齐方式。

　　使用"开始"选项卡下"对齐"按钮组 ▆▆▆▆▆，可以快速设置文本的对齐方式。设置时，先将插入点放到需要设置的段落，或者选定需要设置的一个或多个段落，单击对应的工具按钮即可。

（3）行距

　　行距表示行与行之间的垂直间距。在默认情况下，Word 采用单倍行距。设置行距时，所选行距将影响到选定段落或包含插入点的段落中的所有文本行。

　　若要设置行距，首先选定需要更改行距的段落，然后单击"开始"选项卡下的"段落"按钮，弹出"段落"对话框，选择"缩进和间距"选项卡，在"行距"列表框中选择所需的选项。如果选择了"最小值"、"固定值"或"多倍行距"，还应该设置相应的"设置值"。

　　"行距"列表框中的选项及作用如表 4-5 所示。

表 4-5　"行距"列表框中的选项及作用

选　项	作　用
单倍行距	行距为该行最大字体的高度加上一点额外的间距。额外间距值取决于所用的字体
1.5 倍行距	行距为单倍行距的 1.5 倍
2 倍行距	行距为单倍行距的 2 倍
最小值	Word 自动设置行距为能容纳本行中最大字体或图形的最小值
固定值	行距采用固定值，不需要 Word 进行调整
多倍行距	允许行距以指定的百分比增大或缩小。例如，将行距设置为 1.2 倍，则行距增加 20%，而将行距设置为 0.8 倍，则行距缩小 20%
设置值	输入文本行之间的垂直间距。该选项只有在"行距"列表框中选择了"最小值"、"固定值"或"多倍行距"选项时才有效

（4）段落间距

段落间距常用来设置标题与正文之间的间隔距离，或者设置一段特殊文本与上下段落之间的距离。选定需要改变段落间距的段落，单击"开始"选项卡下的"段落"按钮，弹出"段落"对话框，在"缩进和间距"选项卡的"间距"选项组中输入"段前"、"段后"所需要的间距值，即可调节段落的前后间距。

（5）段落的分页控制

单击"开始"选项卡下的"段落"按钮，弹出"段落"对话框，选择"换行和分页"选项卡，可以设置各种分页控制。有关选项的说明如表 4-6 所示。

表 4-6 "换行和分页"选项卡中的选项说明

选 项	说 明
孤行控制	用于不希望段落的最后一行出现在页首，或段落的第一行出现在页尾
段中不分页	用于控制某段不希望分页
与下段同页	用于控制某段需与下段同页。例如，对于文章标题应选择此项
段前分页	用于控制某段必须重新开始一页

3）制表符和制表位

若需要在一行内使用不同的对齐方式，制表符可以实现这一效果。

（1）用水平标尺设置制表位

Word 提供了 5 种制表符，它们分别是左对齐制表符■、居中式制表符■、右对齐制表符■、小数点对齐式制表符■和竖线对齐式制表符■。

设置时单击水平标尺左端的制表符按钮，直到出现所需的制表符。然后单击水平标尺上需要插入制表位的位置，制表符即出现在标尺上，需要时，可用同样的方法在水平标尺设置其他制表位。例如，在水平标尺上从左到右设置左对齐、居中、小数点对齐和右对齐 4 个制表位，如图 4-12 所示。

图 4-12 在水平标尺上设置制表位

制表位设置完成后，每输入一项内容（数字或文字），需要按【Tab】键将光标移动到下一制表位，再输入下一项内容。一行输入结束时，按【Enter】键，新的一行将自动获得上一行的制表位设置。

（2）利用"即点即输"插入制表符

单击文档空白处，当鼠标指针左右或者下方出现对齐符号，如左对齐Ⅰ═、居中Ⅰ、右对齐═Ⅰ时，双击即可设置相应的制表位。

4）项目符号和编号

为清晰地表示文档中的要点、方法、步骤等层次，可采用 Word 提供的项目符号和编号。

（1）使用编号

单击"开始"选项卡下的"段落"选项组中的"编号"按钮■，在光标所在行的行首会自动出现编号"1."（或其他编号），输入文字后按【Enter】键，在下一段将自动出现编号"2."。继续输入，编号将按段落依此类推。如果删除了自动编号文本中的一段，则其余编号会自动重新排列。

选定需要加入编号的文本，单击"编号"按钮，选定的所有段落将按顺序自动添加编号。再次单击"编号"按钮，取消自动编号。

可以根据需要选择不同的编号样式，如数字、罗马数字、字母等。在"开始"选项卡下的"段落"选项组中单击"编号"右侧的下三角按钮，在弹出的下拉列表中选择"定义新编号格式"选项，弹出"定义新编号格式"对话框，还可以设置编号样式、编号格式、对齐方式等。

（2）使用项目符号

设置项目符号与设置编号的方法类似，单击"开始"选项卡下的"段落"选项组中的"项目符号"按钮☷，可以添加或者删除项目符号。在"开始"选项卡下的"段落"选项组中单击"项目符号"右侧的下三角按钮，在弹出的下拉列表中选择"定义新项目符号"选项，弹出"定义新项目符号"对话框，同样可以设置项目符号所用的字符、图片和缩进位置等。

5）分节、分页和分栏

（1）分节

所谓节，是指文档中样式相对独立的部分，各节可以单独设置所需的文档布局、页码、页眉和页脚以及纸张大小等。

在文档中设置分节就是插入分节符的操作，步骤如下：

① 将插入点置于需要插入分节符的地方。

② 在"页面布局"选项卡下的"页面设置"选项组中单击"分隔符"按钮，弹出"分隔符"下拉列表。

③ 在"分节符"选项组中选择分节位置，即选择新的一节的起始点。

在"分节符类型"选项组中，有 4 个选项，有关说明如表 4-7 所示。

表 4-7　"分节符类型"选项组中的选项说明

选　项	说　明
下一页	插入分节符并分页，从下一页顶端开始新的一节
连续	从插入点开始新的一节
偶数页	从插入点后面的第一个偶数页开始新的一节
奇数页	从插入点后面的第一个奇数页开始新的一节

（2）分页

当输入文字、插入图形或表格等对象超过一页时，Word 会插入一个自动分页符，若要在指定位置强制分页，可插入手动分页符。

需要手动分页时，在"页面布局"选项卡下的"页面设置"选项组中单击"分隔符"按钮，弹出"分隔符"下拉列表，在"分页符"选项组中选择"分页符"选项，即可在插入点位置实现强制分页。

也可以通过在"插入"选项卡下的"页"选项组中单击"分页"按钮，直接在当前位置插入下一个页面。

（3）分栏

切换到页面视图，选定需要分栏的文本，或者将插入点置于分栏的起始位置。在"页面布局"选项卡下的"页面设置"选项组中单击"分栏"按钮，弹出"分栏"下拉列表，选择分栏的方式，如一栏（不分栏）、两栏、三栏、偏左或偏右。如果不满意，可以选择"更多分栏"选项，在弹出的"分栏"对话框中通过设置"栏数"、"宽度"和"间距"，自定义分栏方式。

选择"分隔线"复选框，可在栏与栏之间添加一条竖线。

如果要使同一个文档的不同部分使用不同的栏数，必须先将文档分为不同的节，并在"分栏"对话框的"应用于"列表框中选择"本节"选项；也可先将插入点置于开始分栏处，并在"应用于"列表框中选择"插入点之后"选项，Word 将自动插入分节符，以使新的分栏不会影响到前面文档的布局。

6）页眉和页脚

页眉和页脚通常用来显示文档名称、章节标题、公司徽标、作者姓名、页码、日期等文字或图形。页眉出现在每页的顶端，页脚出现在每页的底端。

（1）创建页眉和页脚

需要创建页眉时，在"插入"选项卡下的"页眉和页脚"选项组中单击"页眉"按钮，在弹出的下拉列表中选择"空白"、"空白（三栏）"、"边线型"、"传统型"等页眉样式，这时正文变为灰色并不可操作，屏幕上显示页眉区，同时自动选择"页眉和页脚工具设计"选项卡。可以像处理正文文档一样，利用选项卡下的选项和命令在页眉编辑区进行各种文字处理操作。设置好页眉后，单击"关闭"选项组中的"关闭页眉和页脚"按钮即可回到页面编辑状态。

要创建页脚，则在"页眉和页脚工具设计"选项卡下的"导航"选项组中单击"转至页脚"按钮，文档的插入点自动移至页脚区，用设置页眉相同的方法进行页脚的创建。

"页眉和页脚工具设计"选项卡中的各个按钮的名称和作用如表 4-8 所示。

（2）修改页眉和页脚

在"插入"选项卡下的"页眉和页脚"选项组中单击"页眉"或"页脚"按钮，可修改页眉或页脚。也可以直接用鼠标双击已有的页眉或页脚，进入页眉区或页脚区，进行新的设置或修改。

表 4-8　"页眉和页脚工具设计"功能区中按钮的名称和作用

按　钮	名　称	说　明
	页眉	编辑文档的页眉
	页脚	编辑文档的页脚
	页码	将页码插入文档
	设置页码格式	可设置起始页码，页码的数字格式，是否包含章节号等
	日期和时间	将当前日期和时间插入当前的文档
	转至页眉	激活此页的页眉使其可编辑
	转至页脚	激活此页的页脚使其可编辑
	上一节	导航至上一节的页眉或页脚
	下一节	导航至下一节的页眉或页脚
	链接到前一条页眉	链接到上一节，使当前节与上一节的页眉和页脚内容相同
	顶端页眉位置	指定页眉区域的高度
	底端页脚位置	指定页脚区域的高度
	插入"对齐方式"选项卡	插入制表位，以帮助对齐页眉或页脚中的内容
	关闭页眉和页脚	关闭"页眉和页脚"工具，也可双击文档区域返回编辑模式

（3）创建不同的页眉和页脚

如果要在文档的首页或奇偶页显示不同的页眉或页脚，可在"插入"选项卡下的"页眉和页脚"选项组中单击"页眉"按钮，在弹出的下拉列表中选择"编辑页眉"选项，转到"页眉和页脚工具设计"选项卡下，在"选项"选项组中选择"首页不同"复选框，可单独设置首页的页眉或页脚；选择"奇偶页不同"复选框，可创建奇数页与偶数页不同的页眉或页脚。

要在页眉或页脚的奇偶页之间切换，只需要单击"页眉和页脚工具设计"功能区中的"上一节"按钮 📑 或"下一节"按钮 📑。

如果要在文档的不同部分显示不同的页眉和页脚，如为不同的章节设置不同的页眉或页脚，应先将文档分为若干节，然后在设置页眉页脚时，当切换到不同的节时，关闭功能区中的"链接到前一条页眉"按钮 📑。

7）页面设置和打印

在对文档进行打印之前，还应进行页面的相关设置。在"页面布局"选项卡下的"页面设置"选项组中单击"纸张大小"按钮，在弹出的下拉列表中可以直接选择需要的纸张，也可以选择"其他页面大小…"选项，在弹出的"页面设置"对话框中进行设置，如图4-13所示。

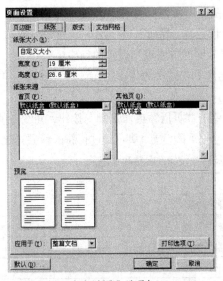
（a）"纸张"选项卡

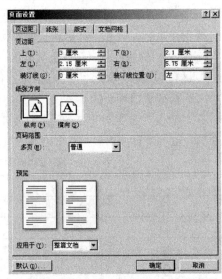
（b）"页边距"选项卡

图4-13　"页面设置"对话框

（1）设置纸张大小

在"页面设置"对话框中选择"纸张"选项卡，如图4-13（a）所示，在"纸张大小"下拉列表框中可选择纸张大小，如A4，或者修改"宽度"和"高度"，以使用自定义大小的纸张。

如要修改文档中某一部分的纸张大小，可以在选定文字后，打开"页面设置"对话框，在"应用于"下拉列表框中选择"所选文字"选项。Word将在设置了新纸张大小的文本前后自动插入分节符。如果文档已经分节，可以将插入点置于某节的任意位置或选定多节，然后在修改纸张大小时选择"应用于"下拉列表框中的"本节"选项。

（2）修改页边距

在"页面设置"对话框中选择"页边距"选项卡，如图4-13（b）所示，可指定文本与页面上、下、左、右的页边距值，装订线的位置和距离。若要修改文档中某一部分的页边距，应在"应用于"下拉列表框中选择"所选文字"选项。如果文档已经分节，需要单独设置该节的页边距时，则应在"应用于"下拉列表框中选择"本节"选项。

单击"纸张方向"选项组中的"纵向"或"横向"按钮，可以改变页的方向。如果要修改文档中某一部分的页面方向，同样应该在选定页面后再修改设置。

（3）设置文档网格

在"页面设置"对话框中选择"文档网格"选项卡，可设置每页行数及每行的字符数等。

（4）预览文档

打印预览用于显示打印后的实际效果。一般在打印之前使用，以查看文档是否需要修改。

单击 Office 按钮，在弹出的下拉菜单中选择"打印"下的"打印预览"命令，进入打印预览视图，Word 将自动显示"打印预览"功能区，如图 4-14 所示。

图 4-14　"打印预览"功能区

进入预览视图后，鼠标指向文档时指针变为 ⊕，单击可将页面的显示比例放大至 100%，同时鼠标指针改为 ⊖，此时，若单击文档，则恢复原来的显示比例。

如果打印一篇文档时在最后一页只有少量的文字，可以在打印预览状态下单击"减少一页"按钮 ，以减少输出页数。该功能特别适用于只有很少页数的文档，如信件或备忘录，Word 会通过减小字号来减少文档的打印页数。

（5）打印文档

完成文档的排版，经预览并确认无误后，单击 Office 按钮在弹出的下拉菜单中选择"打印"命令，弹出"打印"对话框，则可进行打印方式的设置，如图 4-15 所示。

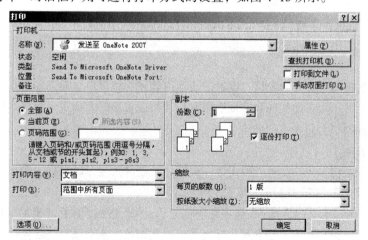

图 4-15　"打印"对话框

在"页面范围"选项组中可以指定文档的打印部分，如"全部"、"当前页"和"所选内容"等。若选中"页码范围"单选按钮，还应输入页码或页码范围，分以下几种情况：

① 单页：输入页码。例如，需要打印第 4 页，输入 4 即可。

② 非连续页：多个页码之间以逗号相隔。例如，输入 "2,4,9"，即打印第 2 页、第 4 页和第 9 页。

③ 连续页：起始页码和终止页码之间以连字符相连。例如，输入 "2-10"，即打印第 2～10 页。要打印第 1 页、第 3～6 页和第 8 页，则应输入 "1,3-6,8"。

④ 整节：输入 "s 节号"。例如，输入 "s3"，打印第 3 节。

⑤ 多节：节号之间以逗号相隔，连续的节号之间以连字符相连。例如，输入 "s3,s5"，即打印第 3 节和第 5 节。

⑥ 一节内的连续页：输入 "p 页码 s 节号"。例如，要打印第 3 节的第 5～7 页，可输入 "p5s3–p7s3"。

⑦ 跨越多节的连续页：输入起始页码、终止页码及节号，并以连字符分隔。例如，输入 "p7s2–p3s5" 表示从第 2 节第 7 页至第 5 节第 3 页。

在 "打印" 对话框中，还可以选择打印机（连接多台打印机时），设置文档打印的份数，调整文档中字体和图片的大小以适应所选纸张的尺寸等。完成设置后，单击 "确定" 按钮，即可根据设置开始打印。

4．表格

在日常工作和生活中，人们常采用表格的形式，将一些数据分门别类地表现出来。Word 的表格功能允许向表格中填写文字、插入图片、还可对其中的数字进行排序和计算等。

1）表格的建立方法

（1）使用工具栏中的按钮

使用 "插入" 选项卡下的 "表格" 按钮，可以快捷地创建一个简单表格。将插入点移动到需要创建表格的位置，单击 "表格" 按钮，拖动鼠标，当屏幕上显示所需的行、列数时，单击鼠标，即可插入所需的表格。

（2）使用 "插入表格" 对话框

在 "插入" 选项卡下的 "表格" 选项组中单击 "表格" 按钮，并在弹出的下拉列表中选择 "插入表格" 选项，弹出 "插入表格" 对话框，输入表格的行数、列数，单击 "确定" 按钮，即可完成表格的建立。

可以选择表格的列宽为固定值，或者随表格内容或文档窗口自动调整列宽。如果设置为固定值，则可在右侧显示 "自动" 的数字框中用鼠标调整或直接输入列宽。如果下次创建的表格与本次相同，则可选择 "为新表格记忆此尺寸" 复选框。

（3）绘制表格

使用 "绘制表格" 工具，可以像用笔一样任意绘制较为复杂的表格。例如，使表格的各行有不同的列数，以及在表格中绘制斜线等。方法如下：

在 "插入" 选项卡下的 "表格" 选项组中单击 "表格" 按钮，并在弹出的下拉列表中选择 "绘制表格" 选项，回到文档中，会发现鼠标已变成铅笔形状。拖动鼠标，首先绘制出一个矩形框，其实就是一个单行单列的表格。在表格中再次单击并拖动鼠标，就可以绘制表格的行和列，或者在某个单元格中绘制斜线。

如果已经打开了 "表格工具" 功能区，在 "表格工具–设计" 选项卡下单击 "绘制表格" 按

钮 ，鼠标变成铅笔形状，也可以直接在文档中绘制表格。再次单击"绘制表格"按钮，则取消绘制表格功能。如果要擦除表格中的框线，可单击"擦除"按钮 ，并在要擦除的表格线上拖动。

（4）将文本转换成表格

步骤如下：

① 在文本中要转换为表格列的位置处插入分隔符，如逗号、空格等。

② 选定需要转换的文本，在"插入"选项卡下的"表格"选项组中单击"表格"按钮，并在弹出的下拉列表中选择"文本转换成表格"选项，弹出"将文字转换成表格"对话框。

③ 在对话框中设置选项，完成后单击"确定"按钮。

2）表格的编辑

（1）输入表格内容

表格创建后，便可向其中输入内容。在表格中输入文本或插入图片的方法与在正文中的操作方法相同。输入单元格的次序无关，只需要先将鼠标定位到待输入内容的单元格中。

定位单元格的方法有两种：使用鼠标或者使用键盘。

使用鼠标时，单击表格中的一个单元格。

使用键盘时，可使用 Word 定义的一些用于表格定位的按键。有些组合键由于需要额外记忆往往很少使用，最常用是键盘上的【→】、【←】、【↑】、【↓】4 个方向键；另外，按【Tab】键可移至后一单元格，当位于一行的最后一个单元格时，则移至下一行的第一个单元格；按【Shift+Tab】组合键，可移至前一单元格。

（2）选定表格对象

选定表格中的单元格、行、列，乃至整个表格，可以使用鼠标，也可以通过功能区中的相关命令实现。

将插入点置于表格中，在"表格工具–布局"选项卡下的"表"选项组中单击"选择"按钮，在弹出的下拉列表中有 4 个选项：表格、列、行、单元格，可选择相应选项以选定所需的表格对象。

通常，使用鼠标可更加快捷地实现表格对象的选定。例如，单击某个单元格并拖动鼠标，可选定与其相邻的由若干个单元格组成的区域。如果将鼠标从某一行的第一个单元格拖动到最后一个单元格，将选定该行。用同样的方法，可选定一列，或从表格的左上角拖至右下角，选定整个表格。

在表格每一行的左外侧和每个单元格的左边界，以及每一列的上边界，有一个选择区域，鼠标指向选择区时将改变指针形状，单击可选定一行，一列或一个单元格。当表格左上角出现一个选定标记时，单击可选定表格，如图 4-16 所示。

学号	姓名	性别
201107062101	苗丹丹	女
201107062102	刘惠娟	女
201107062103	赵亮	男
201107062104	张绍光	男

（a）选定一行

学号	姓名	性别
201107062101	苗丹丹	女
201107062102	刘惠娟	女
201107062103	赵亮	男
201107062104	张绍光	男

（b）选定一列

学号	姓名	性别
201107062101	苗丹丹	女
201107062102	刘惠娟	女
201107062103	赵亮	男
201107062104	张绍光	男

（c）选定单元格

图 4-16　使用鼠标在选择区选定表格对象

（3）增删表格对象

需要在表格中添加行、列或单元格时，首先将插入点置于需要插入行、列或单元格的位置，在"表格工具–布局"选项卡下的"行和列"选项组中选择相应的命令即可插入所需的对象。

删除表格对象同样可以在该选项卡下操作。先将插入点定位到要删除的表格、行、列或单元格中，或者选定要删除的行和列（一般为多行多列），在"表格工具–布局"选项卡下的"行与列"选项组中单击"删除"按钮，可在弹出的下拉列表中选择相应的选项。

（4）拆分与合并

① 拆分单元格：要将表格中的一个单元格拆分成多个单元格，首先选定需要拆分的单元格，然后在"表格工具–布局"选项卡下的"合并"选项组中单击"拆分单元格"按钮，或者右击并在弹出的快捷菜单中选择"拆分单元格"命令，弹出"拆分单元格"对话框，选择需要拆分的行数和列数，单击"确定"按钮即可。

② 合并单元格：Word 能将表格中相邻的单元格合并为一个单元格。例如，要将一行中的若干单元格合并成横跨若干列的标题单元格，可在选定这些单元格后，在"表格工具–布局"选项卡下的"合并"选项组中单击"合并单元格"按钮，或者右击并在弹出的快捷菜单中选择"合并单元格"命令。

③ 拆分表格：要将一个表格拆分成两个表格，首先将插入点定位到下一个表格的首行，然后在"表格工具–布局"选项卡下的"合并"选项组中单击"拆分表格"按钮，即可将表格分成上、下两个表格。

需要在表格前插入文本时，可单击表格第一行，然后在"表格工具–布局"选项卡下的"合并"选项组中单击"拆分表格"按钮，即可在表格前增加一个空文本行（非表格行）。

④ 合并表格

合并表格的方法很简单，只需要将两个表格之间的空行删除即可。

3）表格的格式设置

表格的格式设置包括表格外观和表格内容的设置，如表格的边框和底纹、对齐方式、行高、列宽，以及表格中文本的字体、字号、缩进与对齐方式等。

（1）改变行高、列宽

如果没有指定行高，表格中各行的高度将取决于该行中单元格的内容及段落文本前后的间距。可以使用鼠标拖动表格的行边框或垂直标尺上的行标志来改变行高。如果在拖动的同时按住【Alt】键，会在垂直标尺上显示行高的数值。用类似方法可以改变表格的列宽。

在"表格工具–布局"选项卡下的"表"选项组中单击"属性"按钮，弹出"表格属性"对话框，可以按数值大小精确设置行高、列宽和单元格的宽度。

（2）设置对齐方式

① 表格对齐方式：Word 2007 允许表格和文字混排。无文字环绕时，文字出现在表格的上下方，可在"表格属性"对话框中的"文字环绕"选项组中单击"环绕"按钮，使文字排布在表格的四周。在"表格属性"对话框的"表格"选项卡中，可以设置表格的对齐方式和文字环绕方式。

② 单元格对齐方式：单元格内文本的对齐方式与正文类似，也有两端对齐、居中、右对齐等。选定需要设置的单元格后，在"表格属性"对话框的"表格"选项卡中单击"对齐方式"选项组中相应的按钮，即可快速地设置单元格内文本的对齐方式。

（3）设置边框、底纹

① 设置边框：首先选中需要设置边框或底纹的单元格，如果对整个表格进行设置，则需要选中表格或将插入点置于表格中，单击"表格工具–设计"选项卡下的"边框"按钮，弹出"边框和底纹"对话框。

在"边框"选项卡中，单击"设置"选项组中的"无"按钮取消所有表格框线。取消所有框线后，单元格中的内容仍然按原有的位置排列，用这样的方式排列文本，往往比使用制表位控制文档的对齐方式更加方便；单击"方框"按钮可取消表格内部的所有边框；如果只在某些位置添加线条，可以单击"自定义"按钮，并在"预览"选项组中单击示例表格中的相应边框，或者使用左侧和下方的按钮来添加或取消边框。

设置边框时，还可选择线条的"线型"、"颜色"和"宽度"等。

在完成设置单击"确定"按钮前，需要确认在"应用于"下拉列表框中选择了正确的选项。

② 设置底纹：在"边框和底纹"对话框中选择"底纹"选项卡，可根据需要选择表格的底色，也可以选择"无颜色"选项取消之前设置的表格底色，还可以选择其他颜色等。

（4）表格自动套用格式

对于表格的格式，可以在建表时选用 Word 内置的一些格式。或者选择已经建立的表格，在"表格工具–设计"选项卡下的"表样式"选项组中选择相应的选项，即可查看所选样式的实际效果。

4）表格的数据处理

Word 具有对表格内的数据进行简单处理的功能，包括排序、计算和统计等。

（1）排序

在"表格工具–布局"选项卡下的"数据"选项组中单击"排序"按钮，弹出"排序"对话框。可根据需要选择关键字、排序类型和排序方式。选中"有标题行"单选按钮时，关键字由系统从表格的第一行中自动提取；选中"无标题行"单选按钮时，则以"列 1"、"列 2"等表示。排序类型可根据关键字的类型或排列要求，选择笔画、数字、日期或拼音。排序方式为升序或降序。

可根据多个条件进行排序，依次确定关键字、排序类型和排序方式即可。

（2）统计

单击要放置计算结果的单元格，在"表格工具–布局"选项卡下的"数据"选项组中单击"公式"按钮，弹出"公式"对话框，如图 4-17 所示。如果 Word 自动填写的公式并非所需，应从"公式"文本框中将其删除（保留等号），并在"粘贴函数"下拉列表框中选择所需函数。统计函数包括求和（SUM）、平均值（AVERAGE）、最大值（MAX）、最小值（MIN）、计数（COUNT）等。

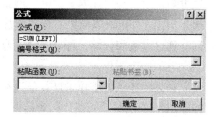

图 4-17　"公式"对话框

（3）生成图表

可以将表格中的数据或部分数据生成统计图，如柱形图、饼图、折线图等，使得表格中的数据更加直观，操作步骤如下：

① 选定表格中需要作图的单元格。

② 在"插入"选项卡下的"插图"选项组中单击"图表"按钮。

③ 在弹出的"插入图表"对话框中选择相应的图表并进行各种设置。

④ 完成后关闭"数据表"窗口，或者单击文档的任意位置。

5. 图形

Word 中使用的图形包括两大类，一种是利用其自带的图形处理程序生成的图形，如"插图"选项组中提供的各种自选图形，以及艺术字、文本框等；另一种是利用其他图形处理软件或工具生成的图形或图片，如剪贴画、照片等。

1）图形的插入

下面介绍自选图形、剪贴画、图片和艺术字的插入方法。作为特殊图形的文本框的插入将在后面介绍。

（1）插入自选图形

在"插入"选项卡下的"插图"选项组中单击"形状"按钮，弹出的下拉列表如图 4-18 所示。选择相应的按钮，可以绘制直线、箭头、矩形、椭圆等图形。

绘制各种图形的方法大体相同，下面以绘制"矩形"为例进行介绍。

单击"矩形"按钮，在文档中拖动鼠标，绘制合适的大小后释放鼠标，即完成图形的绘制。

（2）插入剪贴画

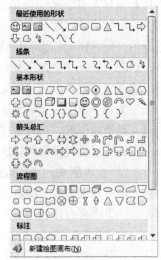

图 4-18 "形状"下拉列表

Word 提供了大量的剪贴画用来装饰文档。需要时在"插入"选项卡下的"插图"选项组中单击"剪贴画"按钮，Word 自动打开"剪贴画"任务窗格。单击"搜索"按钮，可以查找到符合"搜索范围"和"结果类型"的所有文件，并以缩略图的方式显示在列表框中。单击缩略图，可将所选图片插入到文档中。

将鼠标移至缩略图上，可以看到该图的关键字、宽、高、文件格式和大小等属性。单击图右侧的下三角按钮，在弹出的菜单中选择"插入"命令，图片将直接插入文档；选择"复制"命令，返回文档后，将光标移动到需要插入图片的位置，右击并在弹出的菜单中选择"粘贴"命令，可将图片插入到光标所在处。

单击"剪贴画"任务窗格中"管理剪辑"链接，打开"剪辑管理器"窗口。在"收藏集列表"任务窗格中，不但存放着 Office 内置的剪贴画，还包含用户计算机中的图片文件（在"我的收藏集"中）。"Office 收藏集"按照图片所属类别排列，而用户计算机中的图片则按文件所在路径排列。通过设置和分类，可以使插入媒体文件变得更加得心应手。

（3）插入图片

如果要插入的图片来自其他途径，可在"插入"选项卡下的"插图"选项组中单击"图片"按钮，弹出"插入图片"对话框，选择图片文件后，单击"插入"按钮即可。

（4）插入艺术字

在"插入"选项卡下的"文本"选项组中单击"艺术字"按钮，在弹出的下拉列表中选择所需的艺术字样式后，弹出"编辑艺术字文字"对话框。在"文字"文本框中输入要插入的艺术字的内容，选择"字体"、"字号"等，单击"确定"按钮。

2）图形的格式设置

（1）缩放图形

在文档中插入图形后，常常需要调整其大小。单击图形，其四周将出现 8 个控制柄，鼠标移动到控制柄就会变成双向箭头形状。此时，拖动鼠标就可以随意调整图形的大小。拖动图形四角的控制柄，可以在调整大小时保持其纵横比，以免在缩放时造成图形的失真。

需要按尺寸精确设置图形大小时，可利用"设置××格式"对话框，其中的"××"，根据所选对象的不同，可以是"图片"、"自选图形"、"艺术字"、"文本框"等。下面以图片为例进行说明。

右击图片并在弹出的快捷菜单中选择"设置图片格式"命令，弹出"设置图片格式"对话框。要按尺寸缩放图片，可在"大小"选项卡的"尺寸和旋转"选项组下，精确设置图片的"高度"和"宽度"值；要按比例操作时，则应在"缩放"选项组下按百分比进行修改。

（2）旋转图形

右击图形，在弹出的快捷菜单中选择"文字环绕"子菜单中的"浮于文字上方"命令，此时，图片上方出现一个绿色的小圆圈，称为旋转钮，拖动即可在 360°范围内任意旋转图形。

在"设置图片格式"对话框中可以按角度旋转图形。

（3）裁剪图片

用鼠标选定图片时，会出现"图片工具–格式"选项卡。单击该选项卡下"大小"选项组中的"裁剪"按钮 ⬚，拖动图片四周的控制点即可裁剪图片。

在"图片工具–格式"选项卡下的"大小"选项组中可设置图片高度和宽度的剪裁尺寸。

（4）修饰图形

对于自选图形，其默认的填充色为"白色"，线条为"黑色"，使用"绘图工具–格式"选项卡中的"形状填充"按钮 ⬚ ▾和"形状轮廓"按钮 ⬚ ▾，可以将图形变得绚丽多彩。填充颜色时，不但可以填充单色、双色，还可以辅以纹理和图案，或将一张图片填入所选图形。

单击"绘图工具–格式"选项下的"形状轮廓"按钮，在弹出的下拉列表中，单击"箭头样式"按钮 ⬚，将"直线"变成"箭头"，或将"箭头"改为"直线"，还可以根据需要选择不同的箭头样式。单击"线型"按钮 ⬚ 和"虚线线型"按钮 ⬚，可以改变"直线"和"箭头"这两种图形的线型和线条粗细。

需要为图形设置阴影效果或三维效果时，可在选中图形后单击"图片效果"按钮 ⬚ 或者"三维效果"按钮 ⬚。

Word 自带的图形对象，包括自选图形、艺术字和文本框都可以用上述方式进行修饰。剪贴画和公式也具有其中的一部分修饰功能，如填充颜色。

对于剪贴画和图片，还可以使用"图片工具–格式"选项卡下"调整"选项组中的按钮改变"亮度"和"对比度"，以及制作具有水印效果的图片等。

3）图文混排

Word 的图形环绕方式有 3 种：嵌入型、环绕型和图层方式。

用鼠标选定图形，在"图片工具–格式"选项卡下的"排列"选项组中单击"文字环绕"按钮 ⬚ 文字环绕 ，在弹出的下拉列表中可以查看或设置图形的环绕方式，如图 4-19 所示。

图 4-19　文字环绕方式

"嵌入型"将图形作为文字处理，图形在文档中占有固定的位置，当在图形前面插入或删除字符时，图形会随同其他文本一起移动。嵌入型是 Word 为插入的剪贴画、图片和艺术字等设置的默认混排方式。

环绕型主要包括"四周型环绕"和"紧密型环绕"两种。其差别是紧密型环绕可使文字按照图形的轮廓围绕在四周。

图层方式可以选用"浮于文字上方"和"衬于文字下方"两种。前一种方式由于会遮挡文字，在日常工作中极少使用；后一种方式常用来制作文档中的水印。

当把多个图形放在一起处理时，只要不是"嵌入型"的，其相互之间也有一个层次关系。通常，先创建的图形位于下层，后创建的图形位于上层。可以右击图形并在弹出的快捷菜单中选择"叠放次序"命令设置切换图片的层次。

要将多个图形组合成一个图形，可按住【Shift】键，并逐个选定需要组合的图形，然后右击并在弹出的快捷菜单中选择"组合"命令。

在 Word 2007 中，如果采用了"绘图画布"功能，并将多个图形放在同一个画布中，在移动画布时，这些图形之间的相互位置不会受到任何影响，相当于将它们"组合"在了一起。

在图文混排时，应将"绘图画布"看做一个图形对象，设置画布与文字的环绕方式与设置其他图形的环绕方式相同。

4）文本框

文本框作为一个"容器"，可以容纳文字、图形、表格等多种对象。通过在文档中移动文本框，可以将文字、图形、表格等放置到需要的位置。

（1）插入文本框

在"插入"选项卡下的"文本"选项组中单击"文本框"按钮 A，在弹出的下拉列表中选择"绘制文本框"或"绘制竖排文本框"选项，然后在文档中需要插入文本框的地方单击，插入一个默认大小的文本框；或者按住鼠标左键并拖动，在文档中绘制出一个合适大小的文本框。

（2）编辑文本框

单击文本框，出现插入点后，就可以像编辑文档一样，在其中输入文字、建立表格和插入各种图形对象，其操作方法基本相同。

利用剪贴板可以将文档中的文字、图片等移动或复制到文本框中，也可以先选定需要转入文本框的文字或图片（嵌入型），通过 Word 创建一个文本框，并将选定内容放入文本框。

（3）设置文本框

可以设置文本框的大小、颜色、线条，以及文字环绕方式等。设置时先选定文本框，通过将鼠标移至文本框的边框处，当指针变成十字形状时，单击即可选定。

选中文本框后，右击并在弹出的快捷菜单中选择"设置文本框格式"命令，在弹出的"设置文本框格式"对话框中可以设置文本框的颜色与线条、大小、版式（环绕方式）等。

也可以直接通过"文本框工具-格式"选项卡中的按钮对文本框进行各种修饰，如改变填充颜色，设置阴影和三维效果等。利用鼠标可以方便地改变文本框的大小，或将文本框拖动到文档的其他位置。

4.4.2　电子表格软件 Excel 2007

Excel 2007 是目前最常用的电子表格系统，它的主要功能是能够方便地制作出各种电子表格，在表格中可以使用公式对数据进行复杂的运算，能把数据用各种统计图表的形式直观明了地表现出来，还可以进行数据分析和统计工作。由于具有十分友好的人机交互界面和强大的计算功能，它已成为国内外广大用户管理公司和个人财务、统计数据及绘制各种专业化表格的得力助手。

1．Excel 2007 基础知识

1）Excel 2007 的启动与退出

（1）Excel 2007 的启动

单击"开始"按钮，选择"所有程序"菜单中的 Microsoft Office 子菜单中的 Microsoft Office Excel 2007 命令，即可打开 Excel 2007。

（2）Excel 2007 的界面组成

打开 Excel 2007 后，屏幕将出现 Excel 2007 的工作界面，如图 4-20 所示。

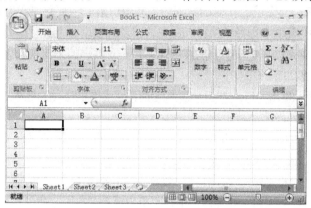

图 4-20　Excel 2007 的工作界面

Excel 2007 的工作界面除了标题栏、功能区、状态栏外，还包括工作簿窗口、名称框、编辑栏等。

工作簿窗口位于 Excel 2007 窗口的中央区域，是 Excel 的文件窗口，主要是表格区。表格区是一张由横线、竖线组成的表格——工作表。每个工作簿包含多个工作表，这样就可以在单个工作簿文件中管理各种类型的相关信息。

工作表是一个由行和列组成的表格。表格区的左边是工作表的行号，用数字 1、2、3…表示；表格区的上边是工作表的列号，用字母 A、B、C…表示。每个行列交叉处的小格称为"单元格"，并用列号和行号作为单元格的地址，如左上角第一个单元格的地址为 A1。一个工作表最多可包含 1 048 576 行 16 384 列，即 1 048 576×16 384 个单元格，窗口中所能看到的只是其中极小的一部分，可以通过水平和垂直滚动条实现表格区的上下左右移动。

名称框和编辑栏位于工作簿窗口的上方。名称框用来定义单元格或单元格区域的名称，还可以根据名称查找单元格或者单元格区域。如果没有定义名称，则在名称框中显示活动单元格（当前选中的单元格）的地址。编辑栏用于编辑和显示活动单元格中的数据或者公式。

（3）Excel 2007 的退出

单击标题栏最右侧的"关闭"按钮 [X]。

2）工作簿、工作表和单元格的基本操作

工作簿是计算和存储数据的文件，每一个工作簿可以包含多张工作表，工作表则由单元格组成。下面分别介绍工作簿、工作表和单元格的基本操作。

（1）工作簿

使用 Excel 的目的就是为了对工作簿进行处理，对工作簿的操作主要包括新建、打开、保存

和关闭工作簿文件。

① 新建工作簿。新建一个工作簿的操作步骤如下：

- 单击 Office 按钮，在弹出的下拉菜单中选择"新建"命令，弹出"新建工作簿"对话框。
- 在该对话框中选择"空白文档和最近使用的文档"选项组中的"空工作簿"选项，单击"创建"按钮。

如果需要创建基于模板的工作簿，可在对话框的"模板"选项组中选择"已安装的模板"选项，再在"已安装的模版"选项组中选择所需模板。

② 保存工作簿：当完成工作簿的数据输入和编辑后，需要将其保存在磁盘上。单击 Office 按钮，在弹出的下拉菜单中选择"保存"命令，或者直接单击工具栏中的"保存"按钮 🔲 即可。

Excel 2007 与 Word 2007 一样，能够定期保存正在编辑的工作簿文件，同时对于强制终止的工作簿文件具有修复功能。

③ 打开工作簿：单击 Office 按钮，在弹出的下拉菜单中选择"打开"命令，可以打开保存在软盘、硬盘或连接的网络驱动器上的工作簿。

另外，在 Excel 2007 中，单击 Office 按钮会出现"最近使用的文档"选项组，其中列出了最近使用过的工作簿，使用它可以快速打开已有的工作簿。

④ 关闭工作簿：要关闭一个工作簿，可单击工作簿窗口的关闭按钮 ✕，或按【Ctrl+F4】组合键，也可以单击 Office 按钮，在弹出的下拉菜单中选择"关闭"命令。如果工作簿文件被修改而又未保存，当执行"关闭"命令时，系统将提示是否保存修改内容，可根据需要做出相应的选择。

（2）工作表

一个工作簿可包含多个工作表，在每个工作表中都能对数据进行编辑、统计和分析等操作。工作簿窗口下面有若干个工作表标签，标明每一个工作表的名称。创建一个新工作簿时，Excel 默认包括 3 个工作表，名称为 Sheet1、Sheet2、Sheet3。

① 选定工作表：工作簿中正在操作的工作表称为活动工作表，在工作表标签上其名称以白底蓝字显示。可以在工作簿中选定一个或者多个工作表。具体操作方式如下：

- 单个工作表：单击工作表标签。
- 多个连续的工作表：按住【Shift】键，依次单击第一个和最后一个工作表标签。
- 多个不连续的工作表：按住【Ctrl】键，依次单击需要选择的工作表标签。
- 工作簿中的所有工作表：右击工作表标签，在弹出的快捷菜单中选择"选定全部工作表"命令。

② 插入新工作表：单击"插入工作表"按钮 🔲，可在所有工作表的后面插入一个新工作表。或者右击工作表标签，在弹出的快捷菜单中选择"插入"命令，可在当前工作表的前面插入一个新工作表。

③ 删除工作表：选择要删除的工作表（一个或多个），在"开始"选项卡下的"单元格"选项组中单击"删除"按钮，再在弹出的下拉列表中选择"删除工作表"选项，或者右击工作表标签，在弹出的快捷菜单中选择"删除"命令。

④ 重命名工作表：Excel 默认工作表的名称为 Sheet1、Sheet2、Sheet3 等，显然这种方式不便于管理工作表。因此，有必要为工作表重新命名，使其可以反映工作表的内容，同时又便于记忆。

右击需要重命名的工作表标签，在弹出的快捷菜单中选择"重命名"命令。

⑤ 移动、复制工作表：如果要在当前工作簿中移动工作表，可以沿工作表标签行拖动选定的工作表标签。如果要在当前工作簿中复制工作表，只须在按住【Ctrl】键的同时拖动工作表标签。

移动或复制工作表，既可以在同一个工作簿中，也可以在不同的工作簿之间进行。移动工作表的操作步骤如下：

- 打开不同的工作簿。
- 选定要移动的工作表，右击并在快捷菜单中选择"移动或复制工作表"命令，弹出"移动或复制工作表"对话框。
- 在"工作簿"下拉列表框中选择工作表要移至的目标工作簿，再在"下列选定工作表之前"列表框中选择工作表要移至的位置。
- 最后，单击"确定"按钮。

⑥ 拆分窗格：在编辑工作表时，当工作表的行数和列数较多，以致当前窗口中无法完全显示时，可以对工作表进行拆分，通过"横向"或"纵向"的分隔线将当前工作表窗格拆分为若干个独立的窗格，这样就可以通过水平或垂直滚动条来查看工作表的不同部分。拆分工作表有两种方法：

- 使用拆分框。在水平滚动条的右端和垂直滚动条的上端分别有两个拆分框，垂直拆分框┃和水平拆分框━，用鼠标拖动它们可以实现窗格的垂直拆分和水平拆分。
- 使用功能区命令。选定某个单元格作为分隔点，在"视图"选项卡下的"窗口"选项组中单击"拆分"按钮，Excel 将以所选单元格的左上角为交点，将工作表拆分为 4 个独立的窗格，如图 4-21 所示。

⑦ 冻结窗格：冻结工作表窗格可在滚动工作表时始终保持行、列标志。操作步骤如下：

- 选中某一个单元格作为当前活动单元格。
- 在"视图"选项卡下的"窗口"选项组中单击"冻结窗格"按钮，在弹出的下拉列表中选择"冻结拆分窗格"选项，Excel 将以活动

图 4-21　拆分工作表示例

单元格的左上角为交点，将工作表拆分为 4 个窗格。最上面和最左面窗格中的所有单元格将被冻结。此外，还可以冻结首行或者冻结首列。

（3）单元格

① 单元格与单元格区域的选择。在对单元格操作时必须先选定单元格，选定单元格或者单元格区域的方法如下：

- 单个单元格：单击相应的单元格，或用方向键移动到相应的单元格。
- 单元格区域：单击该区域的第一个单元格，用鼠标拖动直至选定最后一个单元格。
- 不相邻的单元格或单元格区域：先选定第一个单元格或单元格区域，按住【Ctrl】键再选定其他的单元格或单元格区域。
- 较大的单元格区域：单击该区域的第一个单元格，按住【Shift】键再单击最后一个单元格。
- 整行或整列：单击行号或列标。
- 相邻的行或列：沿行号或列标拖动鼠标，或者先选定第一行或第一列，按住【Shift】键再单击最后一行或列。
- 不相邻的行或列：先选定第一行或第一列，然后按住【Ctrl】键选定其他的行或列。

- 工作表中所有单元格：单击工作表左上角行号和列标的交汇点或按【Ctrl+A】组合键。

② 单元格的命名。在默认情况下，单元格的地址是它的名字，如A1、F6等。为了使单元格更容易记忆，可根据需要给单元格或单元格区域命名，操作步骤如下：

- 选定要命名的单元格或单元格区域。
- 单击"名称框"，在框中输入要定义的新名称，按【Enter】键。

可以用命名的方法将工作表中的每一个单独的行或列的标题指定为单元格区域的名称，操作步骤如下：

- 选定需要命名的区域，其中包含要命名文本的单元格，如图4-22所示。
- 在"公式"选项卡下的"定义的名称"选项组中单击"根据所选内容创建"按钮，弹出"以选定区域创建名称"对话框，如图4-23所示。
- 根据要命名的文本在选定区域的位置，在"以下列选定区域的值创建名称："选项组中选择某一复选框。
- 单击"确定"按钮。

图4-22中把区域首行的列标题"学号"和"姓名"分别作为A列和B列的名称。当单击"名称框"右侧的下拉按钮时，将显示出该工作表中已经定义的所有名称。

图4-22　为单元格命名示例

图4-23　"以选定区域创建名称"对话框

2．工作表的编辑

Excel 2007强大的编辑功能可对工作表及其数据进行各种操作和处理，还可以进行各种格式设置，以达到美观、实用和重点突出的目的。

1）输入数据

可以在单元格中直接输入数据，也可以在编辑栏中输入。

① 在单元格中输入。选定单元格，输入数据后按【Enter】键，同时当前单元格自动下移，也可以在完成输入后用鼠标或键盘上的方向键离开当前单元格。

② 在编辑栏中输入。选定单元格后将插入点定位在编辑栏中，输入数据后，单击编辑栏上的"输入"按钮✔，输入有效；单击"取消"按钮✘，输入无效。

Excel 2007提供了十几种数据类型，这里主要介绍数字型、文本型、日期时间型和逻辑型数据地输入。

（1）数字型数据

Excel 2007中的数字可以是0、1、…，也可以包括+、-、( )、/、\$、%、E、e等字符。不同数字符号有不同的输入方法，需要遵循不同的输入规则。

① 输入负数时，必须在数字前加一个负号"-"，或用"( )"把数字括起来。例如，输入"-25"

和"(25)"都在单元格中得到-25。

②　输入分数时，应先输入"0"和一个空格，如输入 11/23，应输入"0 11/23"，否则系统将默认其为日期型数据，单元格则显示"11 月 23 日"。

数字型数据除了简单的正、负数外，还包含多种格式，如百分比、科学计数及货币格式等。通过在"开始"选项卡下的"单元格"选项组中单击"格式"按钮，再在弹出的下拉列表中选择"设置单元格格式"选项，在弹出的"设置单元格格式"对话框中选择"数字"选项卡，可从中选择需要的数字格式。

在默认情况下，输入的数字在单元格中右对齐。如果要改变对齐方式，可在"设置单元格格式"对话框中选择"对齐"选项卡，从中选择需要的对齐方式。

（2）文本型数据

文本包含汉字、英文字母、数字、空格及其他符号。对于一些特殊形式的数据，若需要作为文本来处理，Excel 规定须首先输入一个单引号"'"，再输入这些特殊文本，包括以下几种情况：

①　由数字组成的文本，如'11120010。

②　带等号的文本，如'=12+34。

③　日期时间型文本，如'11/23。

④　两个表示逻辑值的文本 True 和 False。

（3）日期与时间型数据

Excel 2007 能够识别大部分以常用表示法输入的日期和时间格式。输入日期，应使用 YY/MM/DD 格式，即先输入年份，再输入月份，最后输入日期，例如 2012/6/25。

输入时间时，小时、分与秒之间用冒号分开。Excel 一般把插入的时间默认为上午时间，如 5:10:10，会在编辑栏中显示 5:10:10 AM；若输入的是下午时间，再在时间后面加一空格，然后输入 PM，如 5:10:10 PM，还可以采用 24 小时制表示时间，即把下午的小时时间加 12，如 17:10:10。

若要在一个单元格中同时输入日期和时间，只需要将日期和时间用空格分开，如 2012/6/25 5:10:10 PM。

Excel 2007 提供了多种表示日期和时间的格式，在"开始"选项卡下的"单元格"选项组中单击"格式"按钮，再在弹出的下拉列表中选择"设置单元格格式"选项，在"设置单元格格式"对话框中的"数字"选项卡中通过"分类"选项组中"日期"或"时间"选项，即可设置所需格式。

（4）逻辑型数据

逻辑型数据只有两个值，TRUE（真）和 FALSE（假）。在单元格中无论输入大写或小写或混合大小写的上述两个单词，最后显示结果均为大写。默认状态下，输入的逻辑型数据在单元格中居中对齐。

2）填充数据

Excel 2007 提供的自动填充功能可以用来输入重复数据，或者自动填充某一类型的数据序列，包括数值序列、数字和文本的组合序列，以及日期和时间序列等。

（1）填充方法

有两种方法可以实现数据的自动填充：使用填充柄和使用菜单命令。

①　使用填充柄：在起始单元格中输入数据，鼠标指向单元格方框右下角的填充柄，当指针变为"+"形状时，按住鼠标左键并拖动到目标位置后释放鼠标，数据被填充到拖过的区域。如

果在拖动鼠标的同时按住【Ctrl】键，不同的数据类型会产生不同的效果。

② 使用菜单命令：在起始单元格中输入数据，选定要填充的区域，然后在"开始"选项卡下的"编辑"选项组中单击"填充"按钮 ，在弹出的下拉列表中根据情况选择填充方向或者按序列填充。

（2）数据的填充

① 数字型数据的填充：在起始单元格中输入数据，用鼠标拖动填充柄，可以将数据复制到该区域。

如果在拖动填充柄的同时按住【Ctrl】键，系统默认产生一个步长为 1 的等差序列。例如，在起始单元格中输入 10，则在后面的单元格自动填充 11，12，13，…。

② 文本型数据的填充。文本型数据的填充分两种情况：

- 不具有增、减序可能的数据，如"教师"、"学生"等。直接用鼠标拖动填充柄，可以实现数据的复制。
- 由文本和数字组合而成的具有增、减序可能的数据，如"学生 1"，"星期一"，"2011 年"等。在鼠标拖动填充柄的同时按住【Ctrl】键，可以实现数据的复制；直接拖动鼠标的填充柄，则实现数据序列的填充。

③ 日期时间型数据的填充。对于日期和时间型数据，用鼠标拖动填充柄，可以实现数据序列的填充；在鼠标拖动填充柄的同时按住【Ctrl】键，则实现数据的复制。在默认情况下，日期序列前后两项之间的差值为 1 天，时间序列为 1 小时。

在 Excel 2007 中，无论哪种类型的数据，在拖动填充柄填充数据后，填充数据的右下方会出现一个"自动填充选项"智能标记 ，单击该标记，可从弹出的下拉列表中选择所需的填充方式。

（3）等差或等比序列的填充

等差或等比序列的填充，可以利用功能区命令来实现，操作步骤如下：

① 在起始单元格中输入序列的第一个数据，选择包括该单元格在内的要填充的单元格区域。

② 在"开始"选项卡下的"编辑"选项组中单击"填充"按钮，再在弹出的下拉列表中选择"系列"选项，弹出"序列"对话框，如图 4-24 所示。

③ 根据需要，在"序列产生在"选项组选中"行"或"列"单选按钮，在"类型"选项组选中"等差序列"或"等比序列"单选按钮，在"步长值"文本框中输入序列的差值或比值。

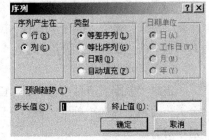

图 4-24 "序列"对话框

④ 单击"确定"按钮。

（4）自定义填充序列

如果经常要使用一个序列，而这个序列又不是系统自带的可扩展序列，可以把该序列自定义为自动填充序列。通过工作表中现有的数据序列或者用临时输入的方式均可以创建自定义序列。自定义填充序列的操作步骤如下：

① 如果已经输入了将要作为填充序列的数据清单，则选中该单元格区域。

② 单击 Office 按钮，在弹出的下拉菜单中单击"Excel 选项"按钮，弹出"Excel 选项"对话框。选择"常用"选项卡，单击"编辑自定义列表"按钮 编辑自定义列表(O)... ，弹出"自定义序列"对话框，如图 4-25 所示。

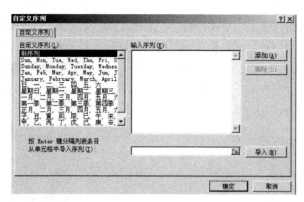

图 4-25 "自定义序列"对话框

③ 如果使用选定的数据序列，则单击"导入"按钮；如果输入新的序列，在"输入序列"列表框中输入新的序列，每输完一项按一次【Enter】键，整个序列输入完毕后，单击"添加"按钮。

④ 单击"确定"按钮。

3）复制或移动数据

（1）使用剪贴板

类似 Word 中的操作，使用剪贴板可以复制或者移动单元格中的数据，步骤如下：

① 选定要进行复制或移动的单元格或单元格区域。

② 右击并在弹出的快捷菜单中选择"复制"命令，将数据复制到剪贴板上，或者选择"剪切"命令，将数据移动到剪贴板上。

③ 选定要粘贴到的单元格，或单元格区域左上角的单元格。

④ 执行"粘贴"命令，将剪贴板中的内容粘贴到所需的位置。

在复制或者剪切过程中，选定的单元格被一个黑色虚框包围，可以按【Esc】键取消选定框。

（2）使用鼠标拖动

在同一个工作表中，可以使用鼠标拖动的方法，将选定单元格区域中的数据从一个位置移动到另一个位置，操作步骤如下：

① 选定要移动的单元格或单元格区域。

② 将鼠标移动到选定区域的边缘，当指针变成十字形状时，按住鼠标左键并拖动到目标位置释放鼠标。

要在同一个工作表中复制数据，只须在拖动鼠标的同时按住【Ctrl】键，此时鼠标指针变成状，表示当前进行的是复制操作。

（3）使用插入方式

要将单元格中的数据复制或者移动到其他单元格，而又不想覆盖原来单元格中的数据，可以使用插入方式。在执行完"复制"或者"剪切"命令，选择了目标单元格或单元格区域后，只须右击并在弹出的快捷菜单中选择"插入复制的单元格"命令，然后在弹出的"插入粘贴"对话框中进行相应的选择，以确定活动单元格的移动方向，如图 4-26 所示，即可将单元格中的数据以插入的方式复制或移动到目标位置。

（4）使用选择性粘贴

Excel 提供的选择性粘贴功能可以对单元格的特定内容进行有选择的复制。在执行完"复制"

命令，选择了目标区域的左上角单元格后，右击并在弹出的快捷菜单中选择"选择性粘贴"命令，即可在弹出的"选择性粘贴"对话框中选择所需的选项，如图4-27所示。

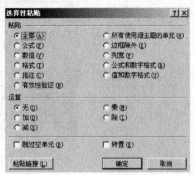

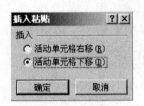

图4-26 "插入粘贴"对话框　　　　　　　　图4-27 "选择性粘贴"对话框

使用选择性粘贴可以复制数值、格式、公式，还可以实现加、减、乘、除等运算。

4）设置单元格数据的有效性

数据有效性是指向单元格中输入数据的权限范围。如果输入的数据在有效的权限范围之内，数据会显示在单元格中，否则系统会发出错误警告。通过 Excel 提供的"数据有效性"功能，可以提高用户输入数据的准确率。

（1）设置有效性条件

有效性条件用来控制输入数据的类型及有效范围，具体操作步骤如下：

① 选定需要设置有效性条件的单元格或单元格区域。

② 在"数据"选项卡下的"数据工具"选项组中单击"数据有效性"按钮，弹出"数据有效性"对话框，选择"设置"选项卡。

③ 在"允许"下拉列表框中选择允许输入的数据类型，如整数、小数、日期、时间、序列和文本长度等。

④ 在"数据"下拉列表框中选择所需的操作符，如介于、未介于、等于、不等于、大于、小于等。如果是序列类型的数据应指定序列的来源。

⑤ 单击"确定"按钮。

例如，在创建"学生成绩表"时，要求各门课程的成绩为0～100之间的整数，可进行数据有效性设置。

（2）设置输入提示信息

输入提示信息用来解释单元格，使用户在输入时明确要求输入数据的类型和范围。在"数据"选项卡下的"数据工具"选项组中单击"数据有效性"按钮，在弹出的对话框中选择"输入信息"选项卡，选择"选定单元格时显示输入信息"复选框，在"标题"和"输入信息"两个文本框中输入需要显示的信息。

例如，在"学生成绩表"中设置课程成绩的输入提示信息为：请输入0～100的整数。当鼠标指向设定条件的单元格时，就会出现所设置的提示信息。

（3）设置出错警告

当输入的数据不符合有效性条件的设置时，可以自动发出错误警告，并控制用户的响应方式。

在"数据有效性"对话框中选择"出错警告"选项卡，选择"输入无效数据时显示出错警告"复选框。在"标题"文本框中输入提示标题，在"错误信息"文本框中输入出错时的警告内容。在"样式"下拉列表框中指定所需的相应方式，有 3 个选项：

① 选择"停止"选项，输入无效值时显示用户设定的错误信息。有"重试"和"取消" 2 个按钮，可重新输入数据或取消本次输入。

② 选择"警告"选项，输入无效值时提示警告信息"是否继续"。有"是"、"否"和"取消" 3 个按钮。选择"是"，接受输入的无效值；选择"否"，重新输入数据；选择"取消"，取消本次输入。

③ 选择"信息"选项，将在输入无效值时显示提示信息。有"确定"和"取消" 2 个按钮，分别表示接受输入的无效值和取消本次输入。

当输入了有效范围以外的数据时，将弹出"输入错误"对话框。

（4）无效数据审核

在工作表中对选定单元格区域进行了"数据有效性"设置后，可以利用"审核"功能对数据进行审核，并且对单元格区域中所有的无效数据进行标记。具体操作步骤如下：

① 在"数据"选项卡下的"数据工具"选项组中单击"数据有效性"按钮，弹出图 4-28 所示的下拉列表。

② 在下拉列表中选择"圈释无效数据"按钮 ，将在含有无效数据的单元格上显示一个红色圆圈作为标记，当更正无效数据后，圆圈随即消失。

5）格式与样式

对工作表进行格式化设置可以使工作表更加美观。

（1）设置单元格格式

在进行格式化设置之前，先选择要格式化的单元格区域。对单元格区域进行格式化有两个方法：使用"设置单元格格式"对话框和使用"开始"选项卡中的工具按钮。

① "设置单元格格式"对话框：在"开始"选项卡下的"单元格"选项组中单击"格式"按钮，在弹出的下拉列表中选择"设置单元格格式"选项，弹出"设置单元格格式"对话框。对话框中包括"数字"、"对齐"、"字体"、"边框"、"图案"和"保护" 6 个选项卡。在该对话框中，可以设置各种类型数字的格式、文本的对齐方式、单元格字体的格式、单元格的边框和底纹图案，以及数据的保护方式等。

② "开始"选项卡：对于简单的数据格式的设置，可以通过"开始"选项卡中的按钮来实现，如图 4-29 所示。

图 4-28 "数据有效性"下拉列表　　　　图 4-29 "开始"选项卡中的工具按钮

表 4-9 列出了 Excel"开始"选项卡中部分按钮的功能。

表 4-9 Excel "开始"选项卡中部分按钮的功能

按钮	名　　称	说　　明
	合并及居中	将两个或多个单元格合并为一个单元格，且其中的数据居中对齐，用来实现单元格数据的跨行或跨列居中
	货币样式、百分比样式、千位分隔样式	为所选单元格中的数据设置国际货币样式、百分比样式或千位分隔样式
	增加小数位数、减少小数位数	增加或减少所选单元格中数据的小数位数
	边框	为所选单元格或单元格区域添加边框
	填充颜色	为所选单元格或单元格区域添加背景色

（2）调整行高和列宽

在建立工作表时，Excel 已经预置了行高和列宽，认为不合适可以随时调整。调整行高和列宽可使用鼠标拖动或通过功能区命令。

① 鼠标拖动。将鼠标移至需要调整行高（或列宽）的行号（或列标）的分隔线上，当鼠标指针变为 + 时按住鼠标左键并将分隔线拖动到目标位置，释放鼠标。拖动鼠标时会出现一条黑色的虚线，同时显示行高（或列宽）的数值，该法方便、直观。

② 功能区命令。选定调整的行或列，在"开始"选项卡下的"单元格"选项组单击"格式"按钮，在弹出的下拉列表中选择"行高"或"列宽"选项，弹出"行高"或"列宽"对话框，输入行高或列宽的具体数值，该方法较为精确。

（3）使用样式

样式是指成组保存的格式设置的集合，可将各种格式的组合定义为样式。使用一种样式，就是使用这种样式所定义的所有格式。Excel 中有很多预先设置好的样式，新建的工作表使用 Excel 的默认样式，当 Excel 提供的样式不能满足要求时，可以自定义样式。

① 创建样式，操作步骤如下：

- 在"开始"选项卡下的"样式"选项组中单击"新建单元格样式"按钮，在弹出的下拉列表中选择"新建表样式"选项，弹出"样式"对话框，如图 4-30 所示。
- 在"样式名"文本框中输入自定义样式的名称。
- 单击"格式"按钮，弹出"设置单元格格式"对话框，设置样式所需的格式。
- 单击"确定"按钮，返回"样式"对话框。
- 单击"确定"按钮，保存创建的样式。

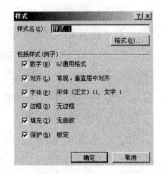

图 4-30 "样式"对话框

② 应用样式：选定要应用样式的单元格或单元格区域，在"开始"选项卡下的"样式"选项组中单击"套用表格样式"按钮，在弹出的下拉列表中选择所需样式的名称，即可完成样式的应用。

③ 删除样式：当不需要某种样式时，在"套用表格样式"的下拉列表中右击该样式并选择"删除"命令。

（4）设置条件格式

在编辑工作表的过程中，有时需要对满足某种条件的数据以指定的格式突出显示，Excel 提供了设置条件格式的功能。在"开始"选项卡下的"样式"选项组中单击"条件格式"按钮，在弹出的下拉列表中进行相应的格式设置。

例如，在"学生成绩表"中，对 90 分以上的，字体用红色加下画线，如图 4-31 所示。

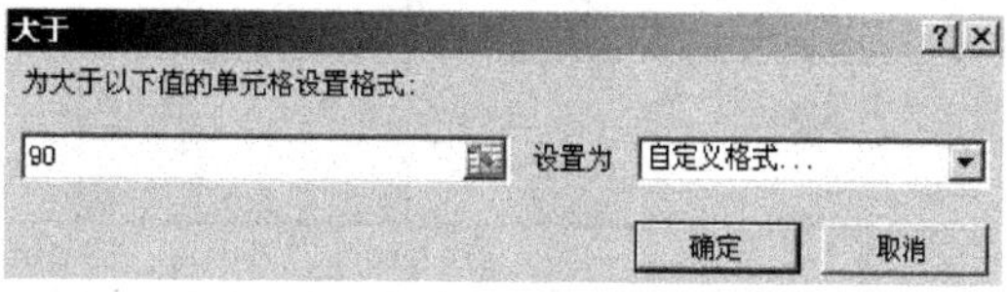

3．公式与函数

Excel 通过使用公式和函数，可以对不同类型的数据进行各种复杂运算，为分析和处理工作表中的数据提供了极大的便利。

图 4-31　设置条件

1）公式的创建与编辑

Excel 公式总是以等号（＝）开头，由运算符、常量、函数及单元格引用等元素组成。使用公式可以进行加、减、乘、除等简单运算，也可以完成统计、汇总等复杂计算。

（1）运算符及其优先级

运算符用来对公式中的各元素进行运算操作。Excel 提供了 4 种类型的运算符：算术运算符、文本运算符、引用运算符与比较运算符。

① 算术运算符：用来完成加、减、乘、除等基本的数学运算，如表 4-10 所示。

表 4-10　Excel 的算术运算符及说明

算术运算符	含　义	公式举例
＋（加号）	加（单独出现在数值前面表示正号，可以省略）	=26+100
－（减号）	减（单独出现在数值前面表示负号）	=89-65
＊（星号）	乘	=15*87
／（斜杠）	除	=99/8
％（百分号）	百分数（放在数值后面）	=85%
^（脱字符）	幂（指数）	=2^4

② 文本运算符：使用"&"（和号）可以连接两个或两个以上的文本成为一个新的文本，如 ="中原"&"工学院"&"计算机系"，在单元格中产生结果是"中原工学院计算机系"。

③ 引用运算符：用来将不同的单元格区域合并计算，如表 4-11 所示。

表 4-11　Excel 的引用运算符及其说明

引用运算符	含　义	公式举例
：（冒号）	区域运算符，产生对包括在两个引用之间的所有单元格的引用	A6:E9
，（逗号）	联合运算符，将多个引用合并为一个引用	=SUM(B2:B6, E3:E9)
＿（空格）	交叉运算符，同时隶属于两个引用的单元格区域的引用	=SUM(E6:H15 G8:J18)

④ 比较运算符：用来比较两个数值的大小关系，常用的比较运算符有=、>、>=、<、<=、<>（不等号）。当用运算符比较两个值的大小时，公式返回一个逻辑值，TRUE（真，大小关系成立）或者 FALSE（假，大小关系不成立）。

⑤ 运算符的优先级。Excel 中的一个公式可以包含多个运算符，每一种运算都有其执行的先后顺序，这就是运算符的优先级。如果一个公式中同时用到了多个运算符，Excel 将按表 4-12 所示的顺序进行运算（优先级 1 最高）。

表 4-12　Exc el 运算符的优先级

运　算　符	优　先　级	运　算　符	优　先　级
:（冒号），（逗号）、_（空格）	1	^（脱字符）	4
		* 和 /	5
-（负号）	2	+ 和 -	6
%	3	&	7

　　如果公式中包含了相同优先级的运算符，例如，公式中同时存在乘法和除法运算符，Excel 将按从左到右的顺序进行计算。可以使用圆括号来改变运算的优先顺序。

　　（2）公式的创建和编辑

　　可以在编辑栏或直接在单元格中输入公式，其输入方法和数据的输入方法基本相同。所不同的是输入公式必须以等号"="开头，表示进入公式输入状态。

　　输入公式完成后，在单元格中显示公式的计算结果，而在编辑栏中显示公式本身，以便对公式进行编辑和修改。

　　（3）公式的复制填充

　　公式也可以像数据一样在工作表中进行复制。当多个单元格中具有类似的计算时，只须在一个单元格中输入公式，其他单元格可以采用公式的复制填充。

　　选中包含公式的单元格，鼠标移动到此单元格的右下角，指针变成填充柄的形状后，按住鼠标左键并进行拖动，拖过的单元格区域即可实现公式的复制填充。

　　例如，在"学生成绩表"中，要计算每个学生各科成绩的总分，首先在 I3 单元格中输入公式"=E3+F3+G3+H3"，按【Enter】键后，得到第一个学生各科成绩的总分，然后对公式进行复制填充得到其他学生各科总成绩，如图 4-32 所示。

　　2）公式的引用

　　Excel 2007 中将单元格行、列坐标位置称为单元格引用。对单元格或单元格区域的引用，通常是为了在公式中指明所使用数据的位置。

　　通常以列标和行号来表示某个单元格的引用，具体的引用示例如表 4-13 所示。

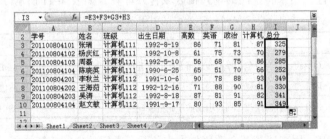

图 4-32　公式的复制填充

表 4-13　单元格和区域的引用示例

引　用　范　围	表　示　方　式
在列 A 和行 5 中的单元格	A5
属于列 A 和行 5 到行 10 中的单元格区域	A5:A10
属于行 10 和列 A 到列 F 中的单元格区域	A10:F10

续表

引　用　范　围	表　示　方　式
行 10 中的所有单元格	10:10
从行 5 到行 10 中的所有单元格	5:10
列 F 中的所有单元格	F:F
从列 A 到列 F 中的所有单元格	A:F
从列 A 到列 F 和行 5 到行 10 之间的单元格区域	A5:F10

Excel 2007 提供了 3 种引用类型：相对引用、绝对引用和混合引用。

（1）相对引用

相对引用的格式是直接引用单元格或单元格区域，如 A1、B10:B20 等。在将相应的计算公式复制或填充到其他单元格时，由于公式所在的单元格位置变化了，其中的引用也随之改变，并指向与当前公式位置相对应的其他单元格。在图 4-33 中，单元格 B1 中的公式"=A1*2"复制到单元格 B2 后，改变为"=A2*2"，反映了两个单元格在行位置上的变化。

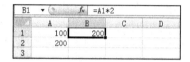 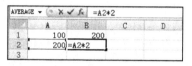

图 4-33　相对引用示例

（2）绝对引用

在列标和行号前分别加上符号"$"，就是绝对引用，如$A$1、$B$10:$B$20 等。绝对引用表示某一单元格在工作表中的绝对位置。如果公式中采用的是绝对引用，在复制公式时，无论公式被复制到任何位置，其中的单元格引用不会发生变化，如图 4-34 所示。

 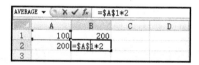

图 4-34　绝对引用示例

（3）混合引用

混合引用是相对地址与绝对地址的混合使用，即行采用相对引用而列采用绝对引用，如$A1；或者行采用绝对引用而列采用相对引用，如 A$1。混合引用示例如图 4-35 所示，单元格 B1 中的公式"=$A2*2"复制到单元格 B2 后变为"=$A3*2"，其中行采用相对引用，而列采用绝对引用。

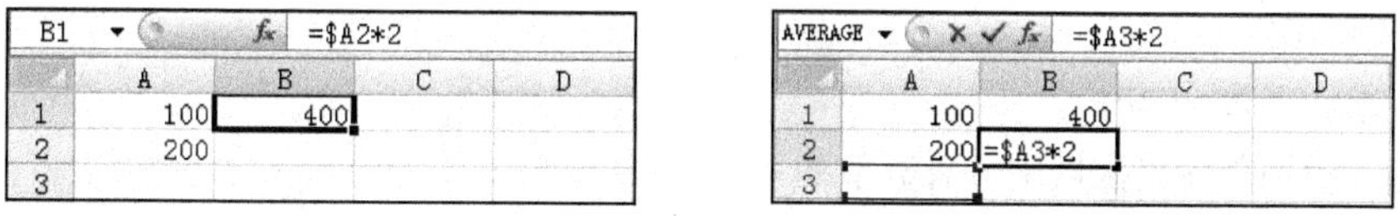

图 4-35　混合引用示例

3）函数的使用

在对大量数据进行分析处理时，常常要进行繁杂的运算。在公式中合理地使用函数，可以简化公式，节省输入时间。Excel 2007 提供了大量的内置函数，包括日期与时间、统计、逻辑、信息、查找和引用、数学和三角、文本及财务、工程等多种类型的函数。

（1）函数的格式

每一个函数都以函数名开始，后面紧跟着一对括号，括号内是一个或者多个参数。如果该函数需要多个参数，则参数之间以逗号分隔。如果该函数不需要任何参数，函数名后的圆括号也不能省略，如返回当前日期的函数 TODAY()。

（2）函数的引用

对于一些熟悉的函数，可以直接在单元格或者编辑栏中输入。

对于 Excel 提供的大量函数，尤其是一些不经常使用的函数，很难准确地记住它们的名称和参数，可以使用函数向导来插入函数。

例如，在"学生成绩表"中，求每个学生各科成绩的平均分，操作步骤如下：

① 选择插入函数的单元格 J3，使其成为活动单元格。

② 在"开始"选项卡下的"编辑"选项组中单击"自动求和"右侧的下三角按钮，在弹出的下拉列表中选择"其他函数"选项，弹出"插入函数"对话框，如图 4-36 所示。

③ 在"选择类别"下拉列表框中选择所需的函数类型，在"选择函数"列表框中选择所需的函数，如选择 Average，相应的函数功能会出现在下面的提示中。

④ 单击"确定"按钮，弹出"函数参数"对话框。在 Number1 文本框中输入单元格或单元格区域的引用；或者单击文本框右边的折叠按钮 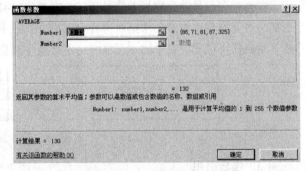，用鼠标在工作表中选中区域，相应的单元格区域引用出现在文本框中，如图 4-37 所示。

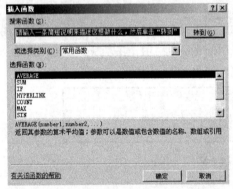

图 4-36 "插入函数"对话框

图 4-37 "函数参数"对话框

⑤ 单击"确定"按钮，活动单元格内得到第一个学生各科成绩的平均分。若要求其他学生的平均成绩，可采用公式的复制填充。

4）常用函数

（1）求和函数 SUM()

功能：返回单元格区域中所有数值的和。

语法：SUM(number1,number2,…)

参数说明：number1，number2，…为 1～30 个待求和的参数，可以是数值、包含数值的名称或者引用。

（2）求平均值函数 AVERAGE()

功能：返回单元格区域中所有数值的平均数。

语法：AVERAGE(number1,number2,…)

参数说明：number1，number2，…为 1～30 个求平均数的参数，可以是数值，包含数值的名称或者引用。

（3）求最大值 MAX()或最小值函数 MIN()

功能：返回一组数值中的最大或最小值，忽略其中的逻辑值及文本字符。

语法：MAX(number1,number2,…) 或 MIN(number1,number2,…)

参数说明：number1，number2，…为准备从中求取最大值或最小值的 1～30 个参数，可以是数值，包含数值的名称或者引用。

（4）计数函数 COUNT()

功能：计算参数表中的数字参数和包含数字的单元格的个数。

语法：COUNT(value1,value2,…)

参数说明：value1，value2，…为 1～30 个可以包含或引用各种不同类型数据的参数，但只对数字型数据进行计数。

（5）逻辑函数 IF()

功能：执行真假值判断，根据对指定条件进行逻辑评价而返回不同的结果。

语法：IF(logical_test, value_if_true, value_if_false)

参数说明：

logical_test：进行逻辑判断的值或表达式，通常为一个关系表达式。

value_if_true：当 logical_test 为 TRUE 时的函数返回值。

value_if_false：当 logical_test 为 FALSE 时的函数返回值。

（6）条件计数函数 COUNTIF()

功能：计算某个区域中满足给定条件的单元格数目。

语法：COUNTIF(range, criteria)

参数说明：

range：需要计算满足给定条件的单元格数目的区域。

criteria：以数字、表达式或文本形式定义的条件。

（7）返回日期对应的年份 YEAR()

功能：返回日期序列数对应的年份数（1990—9999）。

语法：YEAR(serial_number)

参数说明：serial_number 为需要查找年份的日期值。

（8）返回当前日期 TODAY()

功能：返回计算机系统中的日期。

语法：TODAY()

4．数据图表的设计

为了更直观地表示数据的大小，比较和分析不同数据，以及判断某一数据的变化趋势，Excel 2007 引入了图表功能。图表是工作表数据的图形表示，与工作表中的数据密切相关，并随之同步改变。

1）建立图表

新创建的图表应该以工作表中的数据为基础，有两种形式：

① 嵌入式图表：图表与数据在一张工作表中，便于工作表中的数据与图表进行比较。

② 独立图表：在数据工作表之外建立一张新的图表，作为工作簿中的特殊工作表。

以"学生成绩表"为例，若对前4名学生的4门课成绩创建图表，操作步骤如下：

① 在表格中选择用于创建图表的数据区域，如图4-38所示。

	A	B	C	D	E	F	G	H	I	J	K
1				学生成绩表							
2	学号	姓名	班级	出生日期	高数	英语	政治	计算机	总分	平均分	备注
3	201100804101	张晴	计算机111	1992-8-19	86	71	81	87	325	81.25	
4	201100804102	杨庆红	计算机111	1992-10-8	61	75	73	70	279	69.75	
5	201100804103	周磊	计算机111	1992-5-10	56	68	75	86	285	71.25	
6	201100804104	陈晓英	计算机111	1990-6-25	65	51	70	66	252	63	
7	201100804201	李秋兰	计算机112	1991-10-6	90	78	88	93	349	87.25	优秀
8	201100804202	王海茹	计算机112	1992-12-16	71	88	90	81	330	82.5	
9	201100804203	吴涛	计算机112	1992-8-18	87	81	91	82	341	85.25	优秀
10	201100804104	赵文敏	计算机112	1991-9-17	80	93	85	91	349	87.25	优秀

图4-38　选取单元格区域

② 在"插入"选项卡下的"图表"选项组中单击"柱形图"按钮 ，在弹出的下拉列表中选择一种合适的图表类型，如选择"三维柱形图"中的第一个子图表，如图4-39所示。

③ 这时，在当前工作表中出现了一个嵌入式图表，如图4-40所示。

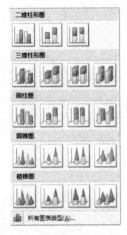

图4-39　"柱形图"图表类型

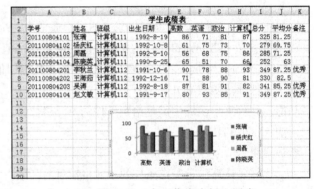

图4-40　在工作表中插入图表

2）编辑图表

建立图表后，为了使其更加美观，可以对图表进行编辑修改。图表编辑是指对图表中各个对象的编辑，如更改图表类型、更新数据、设置图表格式等。

当选中图表时，Excel的功能区将会增加"图表工具"的"设计"、"布局"和"格式"3个选项卡。对图表对象进行编辑，通常可以采用以下方法：

① 选择"图表工具"功能区中相应的命令。

② 选择相应的图表对象后，右击并在弹出的快捷菜单中选择相应的命令。

（1）图表中的对象

一个图表包括多个图表对象，如标题、数值轴、分类轴、网格线和图例等。

当鼠标停留在图表中某个对象上时，鼠标指针的下方会出现一个提示框，显示该图表对象的名称，单击即可选中该对象。

被选中的图表对象周围有8个标记，可以通过拖动其位置来调整大小。

（2）改变图表类型和图表选项

若创建图表过程中选择的图表类型不合适，可以更改其类型，以便更加准确地对数据进行分析比较。只须选中要更改类型的图表，在"图表工具–设计"选项卡下的"类型"选项组中单击"更改图表类型"按钮，弹出"更改图表类型"对话框，即可重新选择合适的图表类型。

不仅可以更改图表类型，也可以更改图表中的各个对象，如重新设置标题、坐标轴和图例等。选择要修改的图表，在"图表工具–布局"选项卡下选择"标签"选项组中的相应命令，即可对不同的图表对象进行适当地选择和修改。

（3）更新数据

如果修改了工作表中的数据，图表中对应的数据也会自动更新。

在创建了一个图表后，在保持工作表中的数据不变的情况下还可以添加或删除图表中的系列。选中图表，在"图表工具–设计"选项卡下的"数据"选项组中单击"选择数据"按钮，在弹出的"选择数据源"对话框中的"图例项"列表框中进行设置。如果需要删除已有的系列，可在"图例项"列表框中选择相应的系列名称，单击"删除"按钮；如果需要添加新的系列，则先单击"添加"按钮，弹出"编辑数据系统"对话框，在"系列名称"文本框中输入新系列的名称，然后单击"系列值"文本框右侧的按钮，在工作表中选择新添加的数据系列，在"系列值"文本框中会出现相应的引用。

（4）设置图表格式

设置图表的格式就是设置图表中各个对象的格式。当选中图表中的不同对象时，可以使用"图标工具–格式"选项卡中的命令进行相应的格式设置，也可以在选中对象后，右击并在弹出的快捷菜单中选择相应的命令进行格式设置。

5. 数据的管理与分析

Excel 2007 提供了许多强大的功能来管理与分析数据，如查询、排序、筛选和分类汇总等。这不仅可以方便地完成日常生活中的许多数据处理工作，也可以为企事业单位的管理决策提供有力的依据。

1）数据清单的建立

数据清单是指包含相关数据的一系列工作表数据行，从形式上看是一个二维表。在实际使用中，可以把数据清单看成一个数据库，它套用了数据库的一些基本概念。数据清单中的每一行对应数据库中的一条记录，数据清单中的列被看做数据库中的字段，列标题即字段名称。例如，在"学生成绩表"中，每一个学生的信息占据一行，为一条记录。每一列为一个字段，而列标题"学号"、"姓名"等就是该字段的字段名。

（1）建立数据清单的准则

在工作表中建立数据清单时应注意以下事项：

① 数据清单的大小和位置规定如下：

- 一个数据清单最好能够单独占据一个工作表，因为清单管理的某些功能（如筛选等）只能在同一个工作表的一个数据清单中使用。
- 避免在数据清单中放置空行和空列。
- 在数据清单与其他数据之间至少要留出一个空白行和空白列，这样便于在操作过程中选定数据清单。

② 数据清单的格式和内容规定如下：

- 在数据清单的第一行中创建列标志，即字段名。字段名应与清单中的其他数据相区别，可采用不同的格式，如字体、字号、对齐方式、颜色和边框等。
- 不要使用空白行将列标志和第一行数据分开，可使用单元格边框在列标行下插入一条直线。
- 在设计数据清单时，应使同一列中的数据项类似。
- 为了不影响排序和查找等操作，在单元格的开头和末尾不要插入多余的空格，在单元格内可以采用缩进文本的方法来代替空格。

（2）数据清单的建立和编辑

建立数据清单，先要确定数据清单的结构，即输入各个字段名称，然后按照记录输入数据。对于清单中数据的添加、删除和修改等操作，可以直接在工作表中完成，也可以采用 Excel 提供的记录单。

使用记录单时，选中数据清单中的任意单元格，单击 office 按钮，在弹出的下拉列表中单击"Excel 选项"按钮，选择"自定义"选项卡，再在"从下列位置选择命令"下拉列表框中选择"所有命令"，在下面的列表框中选择"记录单"选项，将其添加后，快速访问工具栏里将出现该按钮，单击此按钮，或者按【Alt+D+O】组合键，即可调出记录单对话框，通过对话框中的"上一条"和"下一条"按钮，可以按记录浏览工作表中的数据。修改记录单中的数据时，数据清单中相应的数据将自动更新。

单击"记录单"对话框中的"新建"按钮，可以建立一条空白记录，在各个字段中输入数据后，相应的记录会出现在数据清单中；单击"删除"按钮，可以在数据清单中删除当前显示的记录。

当数据清单中含有成百上千条记录时，可以采用记录单提供的快速查询功能加快查询。在"记录单"对话框中，单击"条件"按钮，此按钮改为"表单"字样，在记录单的字段框中输入查找条件，然后单击"上一条"或"下一条"按钮，将定位到符合条件的第一条记录，继续单击"上一条"或"下一条"按钮，可以查找符合条件的其他记录。找到记录后，可以进行各种编辑操作。

2）数据的排序

对数据进行排序可以提高工作效率。在数据清单中，可以根据一列或多列内容按升序或降序对记录重新排序，且不改变记录的内容。

（1）单条件排序

单条件排序是指根据某一列（字段）为关键字进行的排序，只须选择要排序列中的任意单元格，单击"数据"选项卡中的升序 ↓ 或降序 ↓ 按钮，即可实现按递增或递减方式对该列中的数据进行排序。

（2）多条件排序

在按照单个字段进行排序时，往往会出现该字段中有多个数据相同的情况，此时可选择多条件排序。多条件排序是指根据多列（字段）为关键字进行的排序。例如，在"学生成绩表"中，先根据平均分递增排列，平均分相同的再按照计算机成绩递减排列，操作步骤如下：

① 单击数据清单中的任意单元格，或者选择需排序的单元格区域。

② 在"数据"选项卡下的"排序和筛选"选项组中单击"排序"按钮，弹出"排序"对话框。在"主要关键字"下拉列表框中选择"平均分"选项，并选择"升序"排列；单击"添加条件"按钮，在"次要关键字"下拉列表框中选择"计算机"选项，并选择"降序"排序。

③ 单击"确定"按钮，完成排序。

3）数据的筛选

在实际应用中，常常需要在大量的数据中挑选出符合某些条件的数据，数据筛选是最常用的一种方法。通过筛选，在数据清单中显示出满足条件的数据，而将其他数据暂时隐藏起来。在 Excel 2007 中，提供了"自动筛选"和"高级筛选"两种筛选数据的方法。

（1）自动筛选

自动筛选功能简单、操作快捷，对于一些比较简单的条件，可以采用自动筛选功能。

单击数据清单中的任意单元格，在"数据"选项卡下的"排序和筛选"选项组中单击"筛选"按钮，此时数据清单第一行的每个字段名右侧出现一个下拉按钮。单击该按钮，在弹出的下拉列表中进行相应的条件选择，可实现对数据的筛选。

例如，在"学生成绩表"中，单击"班级"下拉按钮，选择"计算机 112"选项，可以筛选出该班级的所有学生，如图 4-41 所示。

图 4-41　自动筛选

若想筛选出该班成绩优秀的学生情况，可以进行二次筛选，单击"备注"下三角按钮，在弹出的下拉列表中选择"优秀"选项。

要在原数据清单中筛选出平均分在 60～70 之间的所有记录，可在"平均分"下拉列表框中选择"按颜色排序"菜单下的"自定义排序"命令，弹出"排序"对话框，进行相应的条件设置。

要取消自动筛选，只须再次单击"筛选"按钮。

（2）高级筛选

对于一些较为复杂的筛选操作，有时利用自动筛选无法完成，此时可以采用 Excel 2007 提供的高级筛选功能。

若要进行高级筛选，首先必须设置条件区域，在该区域中条件的书写规则如下：

① 在条件区域的第一行必须是待筛选数据所在列的列标志（字段名）。

② 当两个条件是"与"的关系，即同时成立时，必须将条件写在相应字段名下方的同一行中。

③ 当两个条件是"或"的关系，即只须满足其中任意一个条件时，必须在相应字段名下方的不同行中输入条件。

如从"学生成绩表"中筛选出"计算机 112"班政治成绩≥90 分或总成绩优秀的学生。

若要取消高级筛选，只须单击"数据"选项卡下"排序和筛选"选项组中的"清除"按钮。

4）数据的分类汇总

分类汇总可以对复杂数据清单中的数据进行分析。通过分类汇总命令，可以对数据实现分类、求和、均值等汇总计算，并且将汇总结果分级显示。

（1）创建分类汇总

分类汇总是对数据清单中的某个字段进行分类，将字段值相同的记录集中在一起。因此在进行分类汇总之前，首先应在数据清单中以该字段为关键字进行排序。

以"学生成绩表"为例，对每个班级学生的各科成绩进行汇总计算，操作步骤如下：

① 将数据清单按照"班级"进行排序。

② 在"数据"选项卡下的"分级显示"选项组中单击"分类汇总"按钮，弹出"分类汇总"对话框，如图 4-42 所示。

③ 在"分类字段"下拉列表框中选择"班级"选项，在"汇总方式"下拉列表框中选择"平均值"选项，在"选定汇总项"列表框中选择"高数"、"英语"、"政治"、"计算机"复选框。

④ 单击"确定"按钮，显示分类汇总结果，如图 4-43 所示。

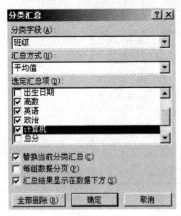

图 4-42　"分类汇总"对话框

图 4-43　分类汇总结果

（2）分级显示

从图 4-43 中可以看出，在显示分类汇总结果的同时，在分类汇总表的左侧自动出现一些分级显示按钮 ➕ 和 ➖，在左上方是分级显示的级别符号 1 2 3，利用这些按钮和符号可以控制数据的分级显示，如图 4-44 所示。

图 4-44　分类汇总分级显示

（3）清除分类汇总

如果要取消分类汇总，恢复到数据清单的初始状态，只须单击"分类汇总"按钮，在弹出的"分类汇总"对话框中单击"全部删除"按钮。

6．其他功能

1）保护工作簿与工作表

Excel 2007 提供了多级安全保护机制，分别对工作簿、工作表和单元格中的数据进行保护，以控制用户访问权限，限制更改 Excel 中的各元素及数据。

（1）设置权限

为了保护工作簿不被未经授权的用户查看或编辑，可以采用为工作簿设置密码的方法来实现。按如下步骤可以设置 Excel 2007 的文档加密：打开需要加密的 Excel 2007 文档，单击 Office 按钮并在弹出的下拉菜单中选择"另存为"命令，弹出"另存为"对话框，单击"工具"按钮，在弹出的下拉列表中选择"常规选项"选项，在弹出的对话框中就可以对该 Excel 文档进行密码设置。

密码设置分为"打开权限密码"、"修改权限密码"及"建议只读"。建议先选择"生成备份文件"复选框，以保证文件数据安全。如果不禁止其他人打开该 Excel 文档，可以不设置"打开权限密码"，直接在"修改权限密码"处设置密码即可，如果要将该文档设置为只读，则需要选择"建议只读"复选框。

（2）工作簿保护

对工作簿进行保护，可以防止他人对其中的工作表进行插入、删除、移动、更名、隐藏及取消隐藏等操作，还可以防止他人改变工作簿窗口的大小、位置及布局等。

打开将要保护的工作簿，在"审阅"选项卡下的"更改"选项组中单击"保护工作簿"按钮，再在弹出的下拉列表中选择"保护结构和窗口"选项，在弹出的"保护结构和窗口"对话框中进行相应的设置。

选择"结构"复选框，可以保护工作簿的结构，避免工作表的删除、复制、移动、重命名、隐藏和取消隐藏，也不允许插入新的工作表；选择"窗口"复选框，可以保护工作簿窗口为当前形式，窗口不能随意地移动、改变大小、拆分、隐藏或关闭等。当保护工作簿后，窗口控制按钮变为隐藏状态，很多菜单命令变为灰色（不可执行状态）。

若要撤销工作簿的保护，只须单击"保护结构和窗口"按钮。如果设置了密码，将会出现"撤销工作簿保护"对话框，在文本框中输入正确的密码，单击"确定"按钮，才能解除保护。

（3）工作表保护

为了防止未经授权的用户修改工作表中的单元格内容、图表和图形等对象，需要对工作表进行保护。选中要保护的工作表，在"审阅"选项卡下的"更改"选项组中单击"保护工作表"按钮，在弹出的"保护工作表"对话框中可以进行相应的设置。

在"审阅"选项卡下的"更改"选项组中单击"撤销工作表保护"按钮，可以撤销工作表的保护状态。如果弹出"撤销工作表保护"对话框，只须在文本框中输入正确的密码，单击"确定"按钮即可。

2）共享工作簿

若让多个用户同时使用同一个工作簿，可将该工作簿设成共享工作簿。操作步骤如下：

① 在"审阅"选项卡下的"更改"选项组中单击"共享工作簿"按钮，弹出"共享工作簿"对话框，选择"编辑"选项卡。

② 选择"允许多用户同时编辑，同时允许工作簿合并"复选框。

③ 若该工作簿未保存过，单击"确定"按钮后会弹出"另存为"对话框，设置该工作簿的保存位置。

3）数据的导入导出

数据的导入导出功能可以将本地或远程的数据导入到 Excel 数据清单中，也可以将 Excel 数据清单中的数据进行发布。

（1）导入数据

Excel 2007 可以从外部获取多种格式的文件，如文本文件（.txt）、Access 数据库文件（.mdb）、SQL Server 数据库文件（.mdf）等，还可以导入来自 Web 页的文件。

① 导入数据库数据。在 Excel 中导入数据库数据的具体操作步骤如下：

- 选择"数据"选项卡，单击"获取外部数据"选项组中的"自 Access"按钮，弹出"选取数据源"对话框，选择一个扩展名为.mdb 的库文件。
- 单击"打开"按钮，弹出"导入数据"对话框，在"数据的放置位置"选项组下可以选中"现有工作表"或"新建工作表"单选按钮，再单击"确定"按钮。

② 导入来自 Web 的数据：选择"数据"选项卡，单击"获取外部数据"选项组中的"自网站"按钮，即可导入来自 Web 的数据。

（2）导出数据

Excel 数据清单中的数据可以导出成各种格式的文件，如文本文件（.txt）、XML 数据（.xml）及网页文件（.htm）等。只须单击 Office 按钮，并在弹出的下拉菜单中选择"另存为"命令，在弹出的"另存为"对话框中的"保存类型"下拉列表中选择相应的导出格式即可。

4）页面设置和打印

与 Word 相似，在打印之前，需要对工作表进行一些必要的设置。选择"页面布局"选项卡，打开与页面设置有关的功能。

（1）设置页面

在"页面布局"选项卡下的"页面设置"选项组中单击"页边距"按钮，在弹出的下拉列表中选择"自定义边距"选项，弹出"页面设置"对话框，选择"页面"选项卡，其中包括打印方向、缩放比例、纸张大小、打印质量等选项，根据要求进行相应的选择。

（2）设置页边距

在"页面设置"对话框的"页边距"选项卡中可以设置纸张的上、下、左、右边距，还可以设定页眉页脚与页边的距离。在"居中方式"选项组中，选择"水平"复选框可以使工作表中的数据在左右页边距之间水平居中；选择"垂直"复选框可以使工作表中的数据在上下页边距之间垂直居中。

（3）设置工作表

在"页面设置"对话框中选择"工作表"选项卡，可以设置打印区域、打印标题等。

（4）打印预览

单击 Office 按钮，在弹出的下拉菜单中选择"打印"子菜单中的"打印预览"命令。

（5）打印

页面设置完成之后，单击 Office 按钮，在弹出的下拉菜单中选择"打印"命令，弹出"打印内容"对话框，可以设置打印机、打印范围、打印内容及打印份数等选项。

4.4.3　文稿演示软件 PowerPoint 2007

PowerPoint 2007 是微软公司推出的演示文稿制作软件，利用它可制作屏幕演示、投影幻灯片、学术论文展示，还可以为演示文稿添加多媒体效果并在 Internet 上发布。

1．PowerPoint 2007 基本操作

1）启动和退出

① 启动：单击"开始"按钮，选择"所有程序"菜单中的 Microsoft Office 子菜单中的 Microsoft Office PowerPoint 2007 命令。

② 退出：单击 Office 按钮，在弹出的下拉菜单中单击"退出 PowerPoint"按钮；也可单击 PowerPoint 标题栏右上角的关闭按钮。

2）创建演示文稿

演示文稿是指 PowerPoint 2007 生成的文件，它默认的文件扩展名是.pptx。演示文稿有不同的表现形式，如幻灯片、大纲、讲义、备注页等。其中，幻灯片是最常用的演示文稿形式。创建新的演示文稿最常用的方法有以下几种：

① 使用"已安装的模板"创建演示文稿。已安装的模板提供了多种不同主题及结构的演示文稿示范，如相册、宣传手册、小测验短片、宽屏演示文稿等。可以直接使用这些演示文稿类型进行修改编辑，创建所需的演示文稿。

② 使用"已安装的主题"创建演示文稿。已安装的主题可以为演示文稿提供完整、专业的外观，如暗香扑面、跋涉、沉稳、穿越等。

③ 建立空白演示文稿。使用不含任何建议和设计模板的空白幻灯片制作演示文稿。

④ 根据现有演示文稿创建演示文稿。可充分利用已有演示文稿的样式和背景设置，在原来的基础上进行修改编辑。

单击 Office 按钮，在弹出的下拉菜单中选择"新建"命令，系统将自动打开"新建演示文稿"对话框，如图 4-45 所示。

（1）使用"已安装的模板"创建演示文稿

利用"已安装的模板"创建演示文稿的具体操作步骤如下：

① 选择图 4-45 中"模板"选项组中的"已安装的模板"选项，在该对话框的"已安装的模板"选项组中会显示多种模板类型，选择其中一种，最右面的区域会显示模板预览，如图 4-46 所示。

图 4-45 "新建演示文稿"对话框

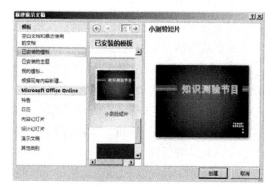

图 4-46 已安装的模板

② 单击"创建"按钮，即可完成使用"小测验短片"模板的新演示文稿，该文稿有 8 张幻灯片，如图 4-47 所示。

使用"已安装的模板"制作了演示文稿后，还可修改其中的内容，或者添加新的幻灯片。

（2）使用"已安装的主题"创建演示文稿

使用"已安装的主题"可以自动、快速地建立具有专业水平的演示文稿，步骤如下：

① 选择"新建演示文稿"对话框中"模板"选项组中的"已安装的主题"选项，在该对话框的"已安装的主题"选项组中会显示多种主题类型，选择其中一种，最右面的区域会显示主题预览，如图 4-48 所示。

图 4-47　根据"已安装的模板"创建演示文稿　　　　图 4-48　已安装的主题

② 单击"创建"按钮，该主题就被应用到新建的演示文稿中。新建演示文稿只有一张幻灯片，如图 4-49 所示。

在上面的幻灯片视图中显示的是该模板的第一张幻灯片。可以通过单击"开始"选项卡下的"幻灯片"选项组中的"新建幻灯片"按钮，创建多张具有同样背景样式的幻灯片。

（3）创建空白演示文稿

若希望创建自己风格和特色的幻灯片，可以从空白的演示文稿开始设计。它不包含任何背景图案。

创建空白演示文稿的步骤如下：

① 在"新建演示文稿"对话框的"模板"选项组中，选择"空白演示文稿"选项。

② 单击"创建"按钮。

（4）根据现有演示文稿创建演示文稿

根据现有演示文稿创建演示文稿的具体操作步骤如下：

① 在"新建演示文稿"对话框的"模板"选项组中，选择"根据现有内容新建"选项，弹出"根据现有演示文稿新建"对话框。

② 在对话框中选择已有的合适演示文稿。

③ 单击"新建"按钮，即可创建一个新的演示文稿。

（5）创建相册演示文稿

可以使用 PowerPoint 2007 的相册功能创建一个作为相册的演示文稿，操作步骤如下：

① 在"插入"选项卡下的"插图"选项组中单击"相册"按钮，弹出"相册"对话框，如图 4-50 所示。

② 根据图片来源，单击"插入图片来自"下的"文件/磁盘"按钮，在弹出的"插入新图片"对话框中选择图片插入到相册。

③ 重复步骤②，插入其他图片。

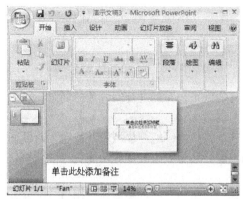

图 4-49　根据"设计模板"创建演示文稿

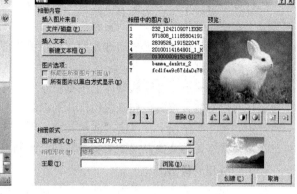

图 4-50　"相册"对话框

④ 插入图片的名称显示在"相册中的图片"列表框中，单击可以预览；单击"上移"按钮 ⬆ 或"下移"按钮 ⬇，可以改变图片的先后顺序；单击"新建文本框"按钮，可以在相册中插入文本框，对照片做文本说明。在"相册版式"选项组中，可以进行若干版式设置。

⑤ 完成后设置后，单击"创建"按钮。

3）演示文稿的浏览

为了建立、编辑、放映幻灯片的需要，PowerPoint 2007 提供了观看文档的 4 种视图模式：普通视图、幻灯片浏览视图、幻灯片放映视图和备注页视图。

视图切换方式有以下两种：

① 选择"视图"选项卡，在功能区中进行。

② 单击演示文稿窗口左下角的视图按钮 ▣▦▤。

（1）普通视图

普通视图是默认视图，主要用于幻灯片的编辑。它包含 3 个工作区：大纲/幻灯片浏览窗格、幻灯片窗格和备注窗格，如图 4-51 所示。

图 4-51　普通视图

"大纲"选项卡显示幻灯片文本的大纲。利用大纲工具栏上的按钮，可以快速重组演示文稿，包括重新排列幻灯片次序，以及幻灯片标题和层次小标题的从属关系等。

"幻灯片"选项卡中显示的是各个幻灯片的缩略图，在每张图的前面有该幻灯片的序列号。单击缩略图，即可在右侧的幻灯片窗格中进行编辑修改。还可以通过拖动缩略图，改变幻灯片的位置，调整幻灯片的播放次序。

幻灯片窗格是用户的主要工作区，可在窗格中为幻灯片添加文本，还可以插入图片、表格、图表、文本框、音频、视频、动画和超链接等。

备注窗格用于添加与每个幻灯片的内容相关的备注。

（2）幻灯片浏览视图

在该视图方式下，可以从整体上浏览所有幻灯片的效果，并可进行幻灯片的复制、移动、删除等操作，但不能直接编辑和修改幻灯片的内容。

选择"视图"选项卡，单击"演示文稿视图"选项组中的"幻灯片浏览"按钮，即可进入幻灯片浏览模式，使用快捷方式能够实现剪切、复制、删除和隐藏幻灯片等功能。

（3）幻灯片放映视图

选择"视图"选项卡，单击"演示文稿视图"选项组中的"幻灯片放映"按钮，可以查看演示文稿的实际放映效果。

在放映幻灯片时，是全屏幕按顺序放映的。可以单击，一张张放映幻灯片，也可自动放映（预先设置好放映方式）。放映完毕后，视图恢复到原来状态。

（4）备注页视图

选择"视图"选项卡，单击"演示文稿视图"选项组中的"备注页"按钮，切换到备注页视图。备注页分为两个部分，上半部分是幻灯片的缩小图像，下半部分是文本预留区。

4）打开和保存演示文稿文件

（1）PowerPoint 2007 的文件类型

① 演示文稿文件（*.pptx）：是演示文稿窗口的默认文件保存类型。

② Web 格式文件（*.htm）：是为能在网络上播放演示文稿而设置的，与网页的保存格式相同。它可以脱离 PowerPoint 环境，在 Internet 浏览器上直接观看演示文稿。

③ 演示文稿模板文件（*.potx）：PowerPoint 2007 提供了多种精心设计的演示文稿模板，供用户选用。此外，也可以把自己制作的比较独特的演示文稿保存为设计模板，以便将来制作相同风格的演示文稿时使用。

④ 大纲文件（*.rtf）：将幻灯片大纲中的主体文字内容转换为 RTF 格式（Rich Text Format），并保存为大纲类型文件，以便在其他的文字编辑软件中（如 Word）打开并编辑。

⑤ Windows 图元文档（*.wmf）：将幻灯片保存为图片文件 WMF（Windows Meta File）格式，可供其他能处理图形的应用程序（如画笔）打开并编辑。

⑥ 演示文稿放映文件（*.ppsx）：将演示文稿保存成演示文稿放映格式，在打开时，直接放映演示文稿。

⑦ 其他类型文件：PowerPoint 2007 还可以使用其他格式的图形文件，如可交换图形格式（*.gif）、文件可交换格式（*.jpg）及可移植网络图形格式（*.png）等，以增加 PowerPoint 2007 对图形格式的兼容性。

（2）打开演示文稿文件

演示文稿的打开方式有多种：

① 单击 Office 按钮，在弹出的下拉菜单中选择"打开"命令。

② 双击已经存在的演示文稿文件。

（3）保存演示文稿文件

编辑完演示文稿后，单击 Office 按钮，在弹出的下拉菜单中选择"保存"命令，或单击快速访问工具栏上的"保存"按钮，在弹出的"另存为"对话框中保存文件。

2．幻灯片的编辑和管理

1）幻灯片的编辑

幻灯片的编辑是指在幻灯片中添加和编辑各项内容，包括文本、图片、表格等多种对象，以及多媒体元素。

PowerPoint 2007 提供了 11 种自动版式供用户选择。这些版式不含有具体的内容，只包含一些矩形框，这些方框称为占位符，不同版式的占位符是不相同的。所有的占位符都有提示文字，可以根据占位符中的文字在占位符中输入标题、文本、图片等内容。

在"开始"选项卡下的"幻灯片"选项组中单击"版式"按钮，弹出"Office 主题"版式界面，选中其中的版式即可将该版式应用于所选中的幻灯片上。

（1）添加文本

在幻灯片文本占位符上单击，可以直接输入文本。否则，需要先插入一个文本框。

幻灯片主题文本中的段落是有层次的。每个段落可以有 8 个层次，每个层次有不同的项目符号和不同大小的字体，这样可以增强层次感。幻灯片主题文本的段落层次可以使用"降低列表级别"按钮或"提高列表级别"按钮来实现层次的调节。

（2）添加图片

在幻灯片中可以插入多种类型的图片，如剪贴画、图片文件、艺术字和自选图形，还可以直接从扫描仪中读取扫描的文件等。

利用幻灯片版式建立带有剪贴画的幻灯片，步骤如下：

① 选中或新建一张待插入剪贴画的幻灯片。

② 在"开始"选项卡下的"幻灯片"选项组中单击"版式"按钮，在弹出的下拉列表中选择含有剪贴画占位符的版式，如图 4-52 所示。

③ 单击剪贴画图标，弹出"剪贴画"任务窗格，如图 4-53 所示。单击"搜索"按钮，在列表框中双击所需的剪贴画，将其插入到剪贴画预留区中。

图 4-52　含有剪贴画的版式　　　　　　　　图 4-53　"剪贴画"任务窗格

插入外部图片文件、自选图形、艺术字的方法步骤与插入剪贴画相似，这里不再赘述。

（3）插入组织结构图

可以在幻灯片中插入组织结构图，用来描述一种结构关系或层次关系。

选择"插入"选项卡，单击"插图"选项组中的"插入 SmartArt 图形"按钮 ，弹出"选择 SmartArt 图形"对话框。除组织结构图外，还可创建其他类型的图示，如循环图、射线图、棱锥图、维恩图和目标图等。使用这些图示能使创建出的演示文稿更加生动。

（4）表格和图表的插入

在幻灯片中插入表格或图表的方法与插入图片的方法类似，可以选择含有表格或图表占位符的幻灯片版式，或选择"插入"选项卡，单击"表格"选项组中的"表格"按钮 或"插图"选项组中的"图表"按钮 ，快速建立一个表格或图表。

在幻灯片中编辑表格和图表的方法与在 Word 或 Excel 中相似，可参考有关章节。

（5）插入媒体剪辑

幻灯片中除了可以包含文本和图形外，还可以使用音频和视频内容。使用这些多媒体元素可以使幻灯片的内容更加丰富。在 PowerPoint 2007 的剪辑管理器中，包括大量可以在幻灯片中播放的音乐、声音和影片等，利用剪辑管理器可以在演示文稿中加入所需的多媒体对象，也可以直接插入声音文件和影像文件。

① 利用幻灯片版式插入媒体剪辑。利用含有媒体剪辑占位符的幻灯片版式插入媒体剪辑的步骤如下：

- 选中幻灯片或插入一张新的幻灯片。
- 在"开始"选项卡下的"幻灯片"选项组中单击"版式"按钮，在弹出的下拉列表中选择带有插入媒体剪辑占位符的版式。
- 单击"插入媒体剪辑"图标，弹出"插入影片"对话框。
- 在"插入影片"对话框中选择要插入到幻灯片中的影片，单击"确定"按钮，弹出"插入影片"对话框。
- 在"插入影片"对话框中，单击"自动"按钮，在幻灯片放映时自动播放媒体剪辑；单击"在单击时"按钮，则在单击鼠标时播放。
- 完成后会在幻灯片上增加一个影片图标 。在放映幻灯片时，会自动播放媒体剪辑，或者单击影片图标播放。

② 利用选项卡插入媒体剪辑。利用选项卡插入剪辑库或其他文件中的影片和声音的步骤如下：

- 选择要插入媒体剪辑的幻灯片。
- 在"插入"选项卡下的"媒体剪辑"选项组中单击"影片"或"声音"按钮，在弹出的下拉列表中可以选择"剪辑管理器中的影片"、"文件中的影片"、"剪辑管理器中的声音"或"文件中的声音"等选项。
- 在弹出的"插入影片"或"插入声音"对话框中选择要插入的影片或声音文件。
- 单击"确定"按钮，完成多媒体对象的添加。

2）幻灯片的管理

幻灯片进行管理包括幻灯片的插入、删除、复制或移动等。对幻灯片进行管理操作前，一般先要单击幻灯片的图标或缩略图选中幻灯片。如果要选中多张幻灯片，则在选中一张幻灯片后，按住【Shift】或【Ctrl】键，再单击选择其他幻灯片。

（1）幻灯片的插入

向已有演示文稿中添加新的幻灯片有如下 3 种方法：

① 在"开始"选项卡下的"幻灯片"选项组中单击"新建幻灯片"按钮，可将与当前版式相同的空白幻灯片插入到选定位置。

② 选中该演示文稿中某张或多张幻灯片，在"开始"选项卡下的"幻灯片"选项组中单击"新建幻灯片"下三角按钮，在弹出的下拉列表中选择"复制所选幻灯片"选项，也可实现新幻灯片的插入。

③ 如果需要插入其他演示文稿中的部分或全部幻灯片，则在"开始"选项卡下的"幻灯片"选项组中单击"新建幻灯片"下三角按钮，在弹出的下拉列表中选择"重用幻灯片"选项，出现"重用幻灯片"任务窗格，单击"浏览"按钮选择并打开所需的演示文稿，该演示文稿以缩略图的形式显示在"幻灯片数"列表框中。可以根据需要选中一张或多张幻灯片，即可插入所选的幻灯片。

（2）幻灯片的删除

删除不需要的幻灯片，只须选中要删除的幻灯片，在"开始"选项卡下的"幻灯片"选项组中单击"删除幻灯片"按钮或按【Delete】键。

（3）幻灯片的移动和复制

在选中待移动或复制的幻灯片后，实现幻灯片的移动和复制有命令和拖动两种方式：

① 先执行"复制"或"剪切"命令，到目标位置后，再进行"粘贴"操作。

② 按住鼠标左键拖动幻灯片的图标或缩略图，到目标位置后释放鼠标，可实现移动。若在拖动的同时按住【Ctrl】键，则可实现复制。

3．幻灯片的设计

幻灯片设计就是使创建的演示文稿具有一致的外观。控制幻灯片外观的方法有 3 种：应用主题、母版、配色方案。

1）修改主题

主题决定了幻灯片的主要外观。在应用主题时，系统会自动对当前或全部幻灯片应用主题文件中包含的各种版式、文字式样、背景等外观。

应用主题的步骤如下：

① 选择"设计"选项卡，单击"主题"选项组中的"其他"按钮，在弹出的下拉列表中列出了所有主题的列表，该列表分为 2 个区域：

● 此演示文稿：列出了当前演示文稿中使用的主题。

● 内置：列出了系统内置的主题。

② 单击要应用的主题，即可将该主题应用到当前演示文稿的所有幻灯片上。若想将主题仅应用到选定的幻灯片上，则右击该主题并在弹出的快捷菜单中选择"应用于选定幻灯片"命令。

2）配色方案

配色方案由背景、文本和线条、阴影、标题文本、填充、强调、强调文字和超链接、强调文字和尾随链接 8 个部分的颜色设置组成。每个幻灯片主题都包含一种配色方案，并可在幻灯片的编辑过程中更改。

（1）应用配色方案

系统提供了几种已经设置好的配色方案，使用配色方案的步骤如下：

① 选择"设计"选项卡，单击"主题"选项组中的"颜色"下三角按钮，在弹出的下拉列表中列出了所有的配色方案。

② 当鼠标移动到某种配色方案时，当前幻灯片会显示出应用该配色方案后的效果。

③ 右击并在弹出的快捷菜单中选择"应用于所有幻灯片"命令，该配色方案被应用到所有幻灯片中；选择"应用于所选幻灯片"命令，则该配色方案被应用到选中的幻灯片中。

（2）自定义配色方案

如果对系统配色方案不满意，也可以自定义各部分的颜色设置。操作步骤如下：

① 选择"设计"选项卡，单击"主题"选项组中的"颜色"下三角按钮，在弹出的下拉列表中选择"新建主题颜色"选项，弹出图4-54所示的"新建主题颜色"对话框。

② 在"新建主题颜色"对话框中，单击某一部分的颜色按钮进行修改，在"名称"文本框中输入新建主题颜色的名称，单击"保存"按钮。这时，再次单击"颜色"下三角按钮，会出现刚才新建的主题颜色名称，如图4-55所示。

图4-54　"新建主题颜色"对话框

图4-55　自定义颜色主题

③ 右击自定义的主题颜色，在弹出的快捷菜单中选择"应用于所有幻灯片"命令，该配色方案被应用到所有幻灯片中；选择"应用于所选幻灯片"命令，该配色方案被应用到选定的幻灯片中；选择"删除"命令，删除该配色方案；选择"编辑"命令，可以修改该主题颜色。

3）母版

母版用于设置文稿中每张幻灯片的预设格式，这些格式包括每张幻灯片标题及正文文字的位置和大小、项目编号的式样、背景图案等。母版分为4种：幻灯片母版、标题母版、讲义母版和备注母版。

（1）幻灯片母版

最常用的母板是幻灯片母版，因为它控制除标题幻灯片之外所有幻灯片的默认外观，也包括讲义和备注中的幻灯片外观。

选择"视图"选项卡，单击"演示文稿视图"选项组中的"幻灯片母版"按钮，切换到"幻灯片母版"选项卡下。它有5个占位符，用来确定幻灯片母板的版式。可对这些占位符进行编辑和修改。

（2）讲义母版

讲义母版用于格式化讲义，选择"视图"选项卡，单击"演示文稿视图"选项组中的"讲义母版"按钮，显示讲义母版视图，并切换到"讲义母版"选项卡下。单击"页面设置"选项组中的"每页幻灯片数量"下三角按钮可以设置在每页包含不同数目的幻灯片。在讲义母版视图中可以编辑 4 个占位符：页眉区、日期区、页脚区和数字区。

（3）备注母版

备注母版用于格式化演讲者备注页面，选择"视图"选项卡，单击"演示文稿视图"选项组中的"备注母版"按钮，显示备注母版视图，并切换到"备注母版"选项卡下。在备注母版中可以添加图形对象和文字，调整幻灯片区域的大小。对备注母版的修改将会影响由其衍生的所有备注页。

4）幻灯片背景

幻灯片的背景一般采用设计模板中已有的背景，如果想修改背景，有如下两种方法：

① 选择"设计"选项卡，单击"背景"选项组中的"背景样式"下三角按钮，在弹出的下拉列表中选择"设置背景格式"选项。

② 右击幻灯片的空白处，在弹出的快捷菜单中选择"设置背景格式"命令。

这两种方法都会弹出"设置背景格式"对话框，在该对话框中可以设置背景填充效果，除了提供的颜色、渐变色、纹理、图案外，还可以从文件中选择其他图片来改变当前背景。

4．幻灯片的放映

制作演示文稿的目的是为了放映。演示文稿制作完成后，需要选择合适的放映方式，添加一些特殊的动画和播放效果，并控制好放映时间，才能收到满意的放映效果。

1）设置放映效果

（1）添加动画效果

可以为幻灯片中的标题、副标题、文本或图片等对象设置动画效果，使得幻灯片的放映生动活泼。

① 动画方案：是 PowerPoint 2007 预先设置好的动画效果。预定义动画既可以使整个演示文稿具有一致的风格，又可以快速地创建动画效果，方法如下：

- 选择"动画"选项卡，单击"切换到此幻灯片"选项组中的"其他"按钮。
- 在弹出的下拉列表中选择一个动画方案，将其应用到当前幻灯片或所选幻灯片上。如果单击"全部应用"按钮，则将动画方案用于整个演示文稿。

可预先设置动画效果的对象包括幻灯片标题区、主体区、文本对象、图形对象、多媒体对象等。但每种动画方案都是对一张幻灯片或所有幻灯片中的全部对象进行一样的动画设置。若要针对各个元素分别设置，则需要使用自定义动画方式。

② 自定义动画：利用自定义动画可以为幻灯片中的所有元素添加动画效果，还可以设置各元素动画效果的先后顺序及为每个对象设置多个播放效果。设置自定义动画的方法如下：

- 选择"动画"选项卡，单击"动画"选项组中的"自定义动画"按钮，打开"自定义动画"任务窗格。
- 在幻灯片中选中一个对象，在"自定义动画"任务窗格中单击"添加效果"按钮，在弹出的下拉列表中可以设置对象的"进入"、"强调"、"退出"、"动作路径"等效果。
- 添加完动画效果后，可以为每个动画效果设置"开始"、"方向"、"速度"等选项。"开始"

下拉列表框有 3 个项选："单击"代表鼠标单击才开始该动画效果；"之后"则在上一项动画结束后自动开始该动画；"之前"在下一项动画开始之前自动展示该动画。

- 任务窗格中的自定义动画对象列表的前面分别标有 1、2、3 等数字，表示该张幻灯片上各对象动画执行的时间顺序。

选中某一对象，任务窗格上方的"添加效果"按钮变为"更改"按钮，单击该按钮可以更改动画效果。

拖动列表中的项目到新位置可以更改动画序列的次序。

单击自定义动画对象列表右侧的下三角按钮，在弹出的下拉列表中选择"效果选项"选项，弹出一个用来设置动画效果的对话框，可以设置"效果"、"计时"、"正文文本动画"等。

要删除某种效果，可单击自定义动画对象列表右侧的下三角按钮，在弹出的下拉列表中选择"删除"选项。

（2）录制旁白

旁白就是在放映幻灯片时，用声音讲解该幻灯片的主题内容，以便观众理解演示文稿的内容。要在演示文稿中插入旁白，需要先录制旁白。录制旁白时，可以浏览演示文稿并将旁白录制到每张幻灯片上。录制旁白的步骤如下：

① 选择要开始录制旁白的幻灯片图标或者缩略图。

② 选择"幻灯片放映"选项卡，单击"设置"选项组中的"录制旁白"按钮，弹出"录制旁白"对话框。

③ 单击"设置话筒级别"按钮，在弹出的"话筒检查"对话框中进行话筒设置。

④ 如果要插入的旁白是嵌入旁白，直接单击"确定"按钮；如果是链接旁白，则需要选择"链接旁白"复选框，然后单击"确定"按钮。

⑤ 如果前面选择的是从第一张幻灯片开始录制旁白，则直接执行下一步操作。如果选择的不是从第一张幻灯片开始录制旁白，则会弹出一个对话框，可在对话框中单击"第一张幻灯片"或"当前幻灯片"按钮，以确定从哪一张幻灯片开始录制旁白。

⑥ 系统自动切换到幻灯片放映视图。通过传声器（俗称话筒）语音输入旁白文本后，单击鼠标换到下一页，录制下一张幻灯片的旁白文本，直到录制完成。在录制旁白的过程中，要暂停或继续录制旁白，只须右击并在弹出的快捷菜单中选择"暂停旁白"或"继续旁白"命令。

旁白是自动保存的。录制完旁白后会出现信息提示框，询问是否保存放映排练时间。

⑦ 放映演示文稿，并试听旁白。

（3）插入超链接

在演示文稿中使用超链接，可以跳转到幻灯片中的不同位置或其他文件，如演示文稿中的某张幻灯片、其他演示文稿、Word 文档、Excel 工作簿或 Internet 上的某个地址等。在 PowerPoint 2007 中可以为图形、文本或动作按钮建立超链接。在放映过程中单击设置过超链接的对象，将会跳转到指定的位置，或打开链接文件。

① 使用"动作"命令建立超链接，方法如下：

- 在幻灯片中选中要建立超链接的对象。
- 选择"插入"选项卡，单击"链接"选项组中的"动作"按钮，弹出"动作设置"对话框。
- 选择"单击鼠标"选项卡，表示单击鼠标时跳转到超链接对象。选择"鼠标移过"选项卡，

则在鼠标移过对象时跳转到超链接对象。选中"超链接到"单选按钮并在其下方的下拉列
表框中选择要链接到的位置，如图 4-56 所示。

- 单击"确定"按钮，完成超链接的建立。

若要删除超链接，可在"动作设置"对话框中选中"无动作"单选按钮。

② 使用"超链接"命令建立超链接，方法如下：

- 选择"插入"选项，单击"链接"选项组中的"超链接"按钮，弹出图 4-57 所示的"插
入超链接"对话框。

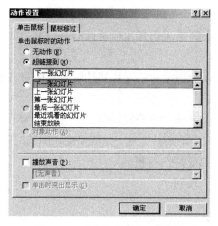

图 4-56 "动作设置"对话框

图 4-57 "插入超链接"对话框

- 在"链接到"列表框中选择要插入的超链接类型。若是链接到已有的文件或网页，选择"原
有文件或网页"图标；若要链接到当前演示文稿的某个幻灯片，选择"本文档中的位置"
图标；若要链接一个新演示文稿，选择"新建文档"图标；若要链接到电子邮件，选择"电
子邮件地址"图标。
- 在"要显示的文字"文本框中显示的是所选中的用于显示链接的文字，可以更改。
- 在"地址"下拉列表框中显示的是所链接文档的路径和文件名，在其下拉列表框中，还可
以选择要链接的网页地址（所有计算机访问过并保存下来的地址）。
- 单击"屏幕提示"按钮，弹出"设置超链接屏幕提示"对话框，可以输入提示信息。放映
幻灯片时，当鼠标指向该超链接时会出现这些提示信息。
- 完成各种设置后，单击"确定"按钮。

若要删除超链接，先将鼠标定位在有超链接的文字上，再单击"超链接"按钮，在弹出的"编
辑超链接"对话框中，单击"删除链接"按钮。

（4）插入动作按钮

在幻灯片中可以加入一些特殊按钮来控制演示文稿的放映。放映过程中通过使用这些按钮可
以跳转到演示文稿的其他幻灯片上，或跳转到其他演示文稿，还可以播放声音和影片等。设置动
作按钮的方法如下：

① 选中添加动作按钮的幻灯片。

② 选择"插入"选项卡，单击"插图"选项组中的"形状"下三角按钮，在弹出的下拉列
表中单击动作按钮，如"文档"、"信息"、"声音"、"影片"等。

③ 在幻灯片的合适位置拖动鼠标，画出一个按钮后，自动弹出"动作设置"对话框。

④ 选中"超链接到"单选按钮，在下面的下拉列表框中选择要链接的对象。

⑤ 单击"确定"按钮，完成插入。

2）放映前的准备工作

（1）幻灯片切换

幻灯片的切换效果有很多种，可在幻灯片放映中为幻灯片进入或离开屏幕设置视觉效果，并可设定切换效果的时间，还可以在切换时播放声音。设置的方法如下：

① 选择"动画"选项卡，单击"切换到此幻灯片"选项组中的"其他"按钮。

② 在弹出的下拉列表中选择一个动画方案，将其应用到当前幻灯片或所选幻灯片上。如果单击"全部应用"按钮，则将动画方案用于整个演示文稿。

③ 在"切换声音"和"切换速度"下拉列表框中可以分别设置幻灯片切换时播放的声音和切换速度。

④ 在"换片方式"选项组中设置幻灯片的切换方式。选择"单击鼠标时"复选框，为手动换片方式；选择"在此之后自动设置动画效果："复选框，为自动换片方式，并需要输入间隔时间。

要将设置的切换效果应用于所有幻灯片上，单击"全部应用"按钮。

要取消所选幻灯片的切换效果，可单击"无切换效果"按钮。

（2）隐藏幻灯片

在放映幻灯片时，为了节省时间，可把一些非重点的幻灯片隐藏起来，被隐藏的幻灯片仅仅在放映时不可见。

选中幻灯片，在"幻灯片放映"选项卡下的"设置"选项组中单击"隐藏幻灯片"按钮，则此幻灯片的标号外加了一个方框，重复以上操作可以取消隐藏。

（3）排练计时

对幻灯片进行排练计时，可以精确设置其放映的时间，操作步骤如下：

① 切换到演示文稿的首张幻灯片。

② 选择 幻灯片放映"选项卡，单击"设置"选项组中的"排练计时"按钮，进入演示文稿的放映视图，在放映窗口的左上角弹出"预演"对话框，如图 4-58 所示，并从第一张幻灯片开始计时。

③ 完成某一张幻灯片的计时后，如果对播放时间不满意，可以单击"重复"按钮 ↺ 重新计时，也可以直接在时间框中输入所需的时间。

图 4-58 "预演"对话框

④ 单击幻灯片或单击"预演"对话框中的"下一项"按钮 ➡，继续设置下一张幻灯片的停留时间。设置完最后一张幻灯片的放映时间后，屏幕上会出现一个提示框，它显示了幻灯片放映所需的总时间，并询问是否使用该录制时间来放映幻灯片。单击"是"按钮，完成排练计时；单击"否"按钮，取消所设置的时间。

（4）自定义放映

放映演示文稿可以根据需要创建一个或多个自定义放映方案。选中演示文稿中的多张幻灯片并设定各幻灯片的放映顺序，即构成一个自定义方案。设置步骤如下：

① 选择"幻灯片放映"选项卡，单击"开始放映幻灯片"选项组中的"自定义幻灯片放映"下三角按钮，在弹出的下拉列表中选择"自定义放映"选项，弹出"自定义放映"对话框。如果

以前没有建立过自定义放映，则对话框中是空白的。

②　单击"新建"按钮，弹出"定义自定义放映"对话框。

③　在"幻灯片放映名称"文本框中输入新建的放映名称。

④　在"在演示文稿中的幻灯片"列表框中选择要添加到自定义放映中的幻灯片，再单击"添加"按钮。按此方法可将多张幻灯片添加到自定义放映列表框中。

⑤　单击"确定"按钮，返回"自定义放映"对话框。

需要建立其他自定义放映，可再次打开"自定义放映"对话框，单击"新建"按钮。要删除某个自定义放映，可在"自定义放映"列表框中选中该选项，单击"删除"按钮。

3）设置放映方式

PowerPoint 2007 提供了放映幻灯片的几种不同的方法，以满足不同需要。选择"幻灯片放映"选项卡，单击"设置"选项组中的"设置幻灯片放映方式"按钮，弹出"设置放映方式"对话框。在对话框中，可以设置放映类型、放映范围、换片方式等。

4）放映幻灯片

启动幻灯片放映的方法有多种。要从第一张幻灯片开始放映，可单击"开始放映幻灯片"选项组中的"从头开始"按钮，或直接按【F5】键。要从当前幻灯片开始播放，可单击演示文稿窗口右下角的"幻灯片放映"按钮 。

默认情况下，幻灯片执行的是"演讲者放映"方式，在该方式下，演讲者可以对幻灯片进行自由控制。

（1）定位

使用定位功能可以在放映时快速切换到想要显示的幻灯片上，而且可以显示隐藏的幻灯片。在幻灯片放映时右击，在弹出的快捷菜单中选择"定位至幻灯片"子菜单中的一个幻灯片，将会播放该幻灯片，即便是隐藏的幻灯片也能播放。

（2）使用画笔

在放映时，有时需要在重要的地方突出标记，这时可使用"画笔"功能。在放映的幻灯片上右击，在弹出的快捷菜单中选择"指针选项"命令，可以选择其中的"圆珠笔"、"毡尖笔"等，还可以选择不同的画笔颜色。

（3）屏幕选项

在放映的幻灯片右击，在弹出的快捷菜单中选择"屏幕"子菜单中的命令。如图 4-59 所示，有如下几种可供选择：

①　黑屏/白屏：在放映过程中，如有观众与操作者进行交流，可将屏幕设置为黑屏/白屏，会使听众的焦点集中到操作者身上，操作者还可以在黑屏/白屏上进行简单的画写。

②　切换程序：通过切换程序可以退出幻灯片放映模式，选择其他程序。

图 4-59　"屏幕"子菜单

5．幻灯片的打印

演示文稿制作完成后，可以将其打印出来。可以打印的内容有多种，如打印幻灯片、文稿大纲、备注页和讲义等。

1）页面设置

在打印之前，最好对幻灯片进行页面设置，步骤如下：

① 选择"设计"选项卡，单击"页面设置"选项组中的"页面设置"按钮，弹出"页面设置"对话框。

② 在"幻灯片大小"下拉列表框中选择一种纸张格式，在"宽度"、"高度"和"幻灯片编号起始值"微调按钮中设置打印范围的宽度、高度和打印幻灯片的起始编号等。

③ 在"方向"选项组中设置幻灯片、备注、讲义和大纲的打印方向。

④ 单击"确定"按钮，完成设置。

2）打印幻灯片

打开要打印的演示文稿，单击 Office 按钮，在弹出的下拉菜单中选择"打印"命令，弹出"打印"对话框。在对话框中可以设置打印范围、打印内容、质量要求、顺序和打印份数等，然后单击"确定"按钮，即可按指定要求进行打印了。

如果要打印大纲或讲义，可在"打印"对话框中选择"打印内容"下拉列表框中的选项，如讲义、大纲视图等。在打印讲义时，还可以设置"讲义"选项中的值，如每页可打印的讲义数量及顺序等。在很多情况下，设置在一页中打印多张幻灯片可以节省纸张。

4.4.4　数据库管理软件 Access 2007

Access 是专门用来管理数据库的应用软件。所谓数据库，是指经过组织的、关于特定主题或对象的信息集合。Access 是一种功能强、易使用的关系型数据库管理软件。它可运行于各种 Microsoft Windows 系统环境，由于它继承了 Windows 的特性，不仅易使用，而且界面友好。它不要求数据库管理者具有专业的程序设计水平，任何非专业的用户都可以用它来创建数据库管理系统。Access 2007 的基本功能包括创建和使用数据表，建立和使用查询、窗体，以及数据表与其他数据文件之间的转换等。

Access 使用标准的 SQL（Structured Query Language，结构化查询语言）作为它的数据库语言，从而提供了强大的数据处理能力和通用性，使其成为一个功能强且易使用的桌面关系型数据库管理系统和应用程序生成器。

取消传统菜单操作方式并以功能区代替是 Access 2007 的明显改进之一，用户可以在功能区中进行大多数的数据库管理相关操作。Access 2007 默认情况下有 4 个功能区："开始"功能区、"创建"功能区、"外部数据"功能区和"数据库工具"功能区。

每个功能区根据命令的作用又分为多个组。"开始"功能区中包括视图、剪贴板、字体、格式文本、记录、排序和筛选、查找、中文简繁转换 8 个分组，用户可以在该功能区中对 Access 2007 进行如复制粘贴数据、修改字体和字号、排序数据等操作；"创建"功能区中包括表、窗体、报表、其他和特殊符号 5 个分组，该功能区中包含的命令主要用于创建 Access 2007 的各种元素；"外部数据"功能区包括导入、导出、收集数据、SharePoint 列表 4 个分组，在该功能区中主要对 Access 2007 以外的数据进行相关处理；"数据库工具"功能区包括宏、显示/隐藏、分析、移动数据、数据库工具 5 个分组，在该功能区中主要针对 Access 2007 数据库进行比较高级的操作。

除了上述 4 种功能区之外，还有一些隐藏的功能区默认没有显示。只有在进行特定操作时，相关的功能区才会显示出来。例如，在执行创建表操作时，会自动打开"数据表"功能区。

4.4.5　网页制作软件 FrontPage 2007

Microsoft FrontPage，简称 FP，是微软公司推出的一款网页设计、制作、发布、管理的软件。

FrontPage 由于良好的易用性，被认为是优秀的网页初学者的工具。但其功能无法满足更高要求，所以在高端用户中，大多数使用 Macromedia Dreamweaver 作为代替品。它的主要竞争者也是 Macromedia Dreamweaver。

2006 年，微软公司宣布 Microsoft FrontPage 将会被 Microsoft SharePoint Designer 和 Microsoft Expression Web Designer 两款新产品替代。

目前 Microsoft Office 2007 的专业版中，不具备 FrontPage。但是，在企业版本中，有 FrontPage 安装程式。FrontPage 2007（SharePoint Designer 2007）提供的工具可使业务流程实现自动化，在 Microsoft SharePoint 平台上构建有效的应用程序，以及定制 SharePoint 网站，从而满足用户的需要，这全部在 IT 管理的环境中实现。

如果对 Microsoft Office 2007 感兴趣，可访问 Microsoft 公司的网站 http://www. microsoft.com，下载试用版软件及相关资料。

4.5　常用工具软件

本节介绍 8 种常用的工具软件，它们是日常学习、办公、娱乐、上网冲浪、获取信息时经常接触到的实用软件，掌握之后可以大大地提高工作效率，并能充分享受计算机带来的乐趣。

4.5.1　下载软件

文件下载是用户上网的常用功能之一。由于使用浏览器直接下载文件的速度较慢，并且网络传输质量不稳定，所以通常使用专门的下载软件如迅雷、网际快车、VeryCD 电驴、网络蚂蚁 Netants 等来下载文件。其中，迅雷（Thunder）是深圳市迅雷网络技术有限公司的软件，因其下载的高速度和安全性，已经成为全球使用人数最多的下载软件。下面就对迅雷的主要版本进行介绍。

迅雷 7：迅雷最新版本，使用的多资源超线程技术是基于网格原理，能够将网络上存在的服务器和计算机资源进行有效地整合，构成独特的迅雷网络，通过迅雷网络将各种数据文件以最快的速度进行传递。这种超线程技术还具有互联网下载负载均衡功能，在不降低用户体验的前提下，迅雷网络可以对服务器资源进行均衡，有效降低了服务器负载。

迅雷精简版：装载全新轻量下载引擎，与浏览器结合，真正实现下载速度、系统性能、流畅上网的合理平衡。

Mini 迅雷：采用迅雷核心的 P2SP 下载引擎，同时它又针对 MP3 及小文件下载资源做了特别优化。

网页迅雷：是国内首款使用页面化下载模式的下载工具。它采用多资源超线程技术，具有操作方便、高速下载等特点，

迅雷看看：是迅雷官方主页 http://www.xunlei.com/，提供迅雷旗下所有软件的资源、服务、活动和在线观影等。

若对迅雷软件感兴趣，可访问迅雷产品中心 http://dl.xunlei.com/。

4.5.2　图像浏览软件

图像浏览软件是帮助用户获取、浏览和管理图片的实用工具。ACD Systems 公司的 ACDSee 软件是一款经典且流行的看图软件，它支持 50 多种常用多媒体文件格式的浏览，还可以在 BMP、

GIF、JPG、PCX、PCD、TIF 等 10 多种图像文件格式之间相互转换。

ACDSee 广泛应用于图片的获取、管理、浏览、优化和与他人分享。使用 ACDSee，用户可以从数码相机和扫描仪高效获取图片，并进行便捷地查找、组织和预览。作为重量级的看图软件，它能快速、高质量地显示图片，再配以内置的音频播放器，还可以播放出精彩的幻灯片。ACDSee 还能处理如 MPEG 之类常用的视频文件。此外，ACDSee 也是得力的图片编辑工具，可轻松处理数码影像，拥有像去除红眼、剪切图像、锐化、浮雕特效、曝光调整、旋转、镜像等功能，还能进行批量处理。

如果对该软件感兴趣，可访问 ACD Systems 公司的主页 http://www.acdsystems.com，下载 ACDSee 的试用软件及相关资料。

4.5.3　截图软件

截图软件是用来帮助用户截取计算机屏幕上图像的实用工具软件。当然，也可以通过按【Print Screen】键将全屏图像截取下来下并保存在剪贴板中，按【Alt+Print Screen】组合键可以抓取当前活动窗口，然后再粘贴到画图板或其他地方，但是这样较为烦琐。利用截图软件可以方便快速地抓拍屏幕上生动有趣的图像，还可对其进行编辑和保存。Greg Kochaniak 公司开发的 Hyper Snap-DX 是运行在 Windows 操作系统下的一个功能强大、使用方便的截图工具软件。它提供截取整个屏幕、截取活动窗口、截取任意制定的一个或多个区域等多种截图方式，通过单击或按快捷键可轻松截图。

Hyper Snap-DX 除了具有截图功能外，还支持在 DirectX 应用程序中截取图片。

Hyper Snap-DX Pro 的界面中的 Capture 菜单提供了截图时的常用工具；Image 菜单提供了对截下的图片进行简单处理的工具；Option 菜单允许用户自定义一些截图所用的快捷键。另外，Hyper Snap-DX Pro 可以把截到的图保存为 JPEG、GIF、BMP 等 20 多种文件格式。

Hyper Snap-DX 在用户设定时间间隔后能自动连续截获活动图像（如游戏、视频的画面等），并将截取到的图片自动按序号递增的文件名保存。

若对该软件感兴趣，可访问 http://www.hyperionics.com，下载试用版软件及相关资料。

4.5.4　媒体播放软件

媒体播放软件是用来帮助用户播放音频、视频文件的实用工具软件。RealOne Player 是 RealNetwork 公司推出的基于 Internet 的流媒体播放工具，它是网上收听收看实时 Audio、Video 和 Flash 的最佳工具。

RealOne Player 不是纯粹的播放器，全新的网页浏览、曲库管理和大量内置的线上广播电视频道把一个生动丰富而精彩的互联网世界展现在用户面前，实现用户和互联网络的亲密接触。信息中心让用户与互联网实现互动，它除了可以播放其特有的 RM 格式外，还可以播放如 MP3、AVI、DVD、DAT、MPG 和 MPEG 等许多视频媒体格式。另外，RealOne Player 可以用来进行图片效果预览，如果用户指定的是多个图像文件，RealOne Player 还可以自动以幻灯形式对多个图像文件进行连续播放。

若对该软件感兴趣，可访问 RealNetwork 公司的网站 http://www.realnetworks.com，了解更多信息，下载试用版软件。

4.5.5　PDF　文件阅读软件

PDF（Portable Document Format，便携文档格式）是电子发行文档的标准。可移植是指文档格式不依赖特定的硬件、操作系统或创建文档的应用程序。它可以在不同的计算机平台上直接进行查阅，无须任何修改或转换，因而成为 Internet、Intranet、CD-ROM 上发行和传播电子书刊、产品广告和技术资料的电子文档普遍采用的格式。

Adobe Acrobat Reader 是 Adobe 公司开发的一个查看、阅读和打印 PDF 文件的工具。借助 Acrobat Reader，用户可以在 Microsoft Windows、Mac OS 和 UNIX 等不同平台上方便地查阅采用 PDF 格式出版的所有文档。

若对该软件感兴趣，可访问 Adobe 公司的网站 http://www.adobe.com，下载试用版软件及相关资料。

4.5.6　词典工具

金山词霸是金山公司开发的一款多功能的电子词典类工具软件。它诞生于 1997 年，曾被评为"联邦软件销售排行榜 1997 年度十佳国产软件"，在"红色正版风暴"中，曾创造 3 个月内销售 100 万套的销售奇迹，前 100 套被中国国家图书馆永久收藏，现在成为目前中国装机率最高的工具软件之一。

在词典方面金山词霸收录了 200 多本词典辞书、80 多个专业词库、29 种常备资料及全球四大词典之一的《美国传统词典》，还融合了英语培训节目洋话连篇的视频词库等。它可以快速、准确、详细地进行英汉日互译，是用户取词翻译的好助手。

金山词霸的主要功能如下：

① 可进入金山词霸的主界面进行词典查询。

② 即指即译：对屏幕任何地方的单词或词组实现快速准确高品质的即指即译。

③ 支持互联网搜索引擎：提供近 3 万个网址和十几万关键字选择查询。

④ 网上查询：对于在词霸中没有查到的单词，可直接连接到金山词霸进行网上查询。

⑤ 单词记忆功能：生词本功能将用户所查过的单词自动记录下来，以便复习。

⑥ 在线升级功能：会自动下载金山公司发布的最新功能并安装。

若对该软件感兴趣，可访问金山公司的网站 http://www.kingsoft.net，下载试用版软件及相关资料。

4.5.7　文件压缩软件

文件压缩是指用某种新的、更紧凑的格式来存储文件内容，其目的是减小文件大小，以节省文件的存储空间或传输时间。这就要求在使用文件前必须恢复文件（称为释放或解压缩），所以一个压缩软件必须具有压缩和解压缩功能。

WinRAR 是目前流行的压缩工具，界面友好、使用方便，在压缩率和速度方面都有很好的表现。WinRAR 几乎是现在装机的必备软件，大量用户使用它进行文件的压缩和解压缩。

WinRAR 的主要特点如下：

① 压缩率高：WinRAR 的 RAR 格式的压缩率一般要比 WinZIP（另一种常用压缩软件）的 ZIP 格式的压缩率高出 10%～30%，并且是它还提供了可选的、针对多媒体数据的压缩算法，

且属无损压缩。

② 能完善地支持 ZIP 格式，并且可以解压多种格式的压缩包，如 ARJ、CAB、LZH、ACE、TAR、GZ、UUE、BZ2、JAR、ISO 等。

③ 压缩包可以锁住，避免被更改：双击进入压缩包后，选择"命令"菜单下的"锁定压缩包"命令就可防止人为地添加、删除等操作，保持压缩包的原始状态。

④ 强大的压缩文件修复功能：在网上下载的 ZIP、RAR 类的文件往往因头部受损而不能打开，但用 WinRAR 调入后，只须单击界面中的"修复"按钮即可修复，成功率很高。

⑤ 能建立多种方式的全中文界面的全功能（带密码）多卷自解包。

⑥ 辅助功能设计细致：可以在压缩窗口的"备份"选项卡中设置压缩前删除目标盘文件；可在压缩前单击"估计"按钮对压缩先评估一下；可以为压缩包加注释；可以设置压缩包的防受损功能等。

⑦ 多卷压缩功能：压缩文件大小可以达到 8 589 934 TB。

⑧ 提供固实格式的压缩算法，很大程度上增加了类似文件或小文件的压缩率。

若对该软件感兴趣，可访问 http://www.winrar.com.cn，下载试用版软件及相关资料。

4.5.8 杀毒软件

只要计算机与外界交互，就有被病毒感染的风险，使用杀毒软件可以对此进行防御。杀病毒软件很多，如金山毒霸、瑞星杀毒软件、江民杀毒软件、诺顿、卡巴斯基、360 杀毒和 360 安全卫士等。这里仅介绍由北京奇虎科技有限公司推出的免费安全软件 360 杀毒和 360 安全卫士。

360 杀毒是一款云安全杀毒软件，曾获 2010 年度最佳安全杀毒软件。360 杀毒具有查杀率高、资源占用少、升级迅速等优点。360 杀毒采用全新的 SmartScan 智能扫描技术，使其扫描速度奇快，误杀率远远低于其他杀毒软件。同时，360 杀毒可以与其他杀毒软件共存，是一个理想杀毒备选方案。360 杀毒软件功能特点如下：

① 突破性 Pro3D 全面防御体系：12 层防护，完美结合计算机真实系统防御与虚拟化沙箱技术，让病毒无法进入计算机。

② 刀片式智能五引擎架构：五大领先查杀引擎可如刀片般嵌入查杀体系，凌厉查杀无死角。

③ 网购保镖，护航网络交易安全：全程守护用户的网购及网银交易，拦截任何可疑程序及网址，网购安心不受骗。

④ 1秒极速云鉴定最新病毒：近 4 亿用户的最强云安全网络，无须上传文件，1秒闪电云鉴定最新病毒。

⑤ 精准修复各类系统问题："电脑门诊"为用户精准修复各类计算机问题，如桌面恶意图标、浏览器主页被篡改等。

⑥ 极致轻巧，流畅体验：对系统性能影响微乎其微，更有智巧模式，让流畅体验更上一层楼。

360 安全卫士拥有查杀木马、清理插件、修复漏洞、电脑体检、保护隐私等多种功能，并独创了木马防火墙、360 密盘等功能，依靠抢先侦测和云端鉴别，可全面、智能地拦截各类木马，保护用户的账号、隐私等重要信息。360 安全卫士功能描述如下：

① 电脑体检：对计算机进行详细的检查。

② 查杀木马：使用 360 云引擎、360 启发式引擎、小红伞本地引擎、QVM 四引擎杀毒。

③ 清理插件：给系统瘦身，提高计算机速度。

④ 修复漏洞：为系统修复高危漏洞和功能性更新。

⑤ 系统修复：修复常见的上网设置，系统设置。

⑥ 电脑清理：清理垃圾和清理痕迹。

⑦ 优化加速：加快开机速度。

⑧ 功能大全：提供几十种各式各样的功能。

⑨ 软件管家：安全下载软件，小工具。

若对免费的 360 软件感兴趣，可访问 360 网站 http://www.360.cn/，下载软件及相关资料。

小　结

本章介绍了计算机软件系统的整体概念，并介绍了两种典型的系统软件（操作系统和程序设计语言翻译系统）、5 个常用应用软件和 8 种常用工具软件。操作系统是最重要的系统软件这一，通过介绍操作系统的概念和资源管理的功能，以及常用的 4 种操作系统 MS-DOS、Windows、UNIX 和 Linux，使读者对操作系统有了整体的认识。程序设计语言翻译是理解软件开发和执行的重要环节，通过对 3 种程序设计语言翻译系统（汇编、编译、解释）地介绍，使读者了解了程序设计语言翻译系统的概念及其翻译过程。所介绍的 8 种工具软件和 5 种应用软件是日常工作和学习中常用的，要求掌握 Word 2007、Excel 2007、PowerPoint 2007 的使用方法。初步学会使用这些软件，会对读者日后的学习有很多帮助。

习　题

一、简答题

1. 计算机软件分为哪几类？试列举每类软件中所知道的软件名称。

2. 什么是操作系统，它的主要作用是什么？

3. 程序设计语言翻译器包括哪几种类型？分别叙述各类翻译器的简单工作过程。

4. 如何启动、退出 Word 2007？

5. 如何打开某文件夹中的 Word 文档？如何保存文档？

6. 在 Word 2007 中，通过哪些途径可以输入一些特殊符号，如"【"、"→"等？

7. 对选定的文本，执行"剪切"和"删除"、"剪切"和"复制"操作的区别是什么？

8. Word 2007 提供了哪几种视图方式？如何切换到不同的视图方式？

9. 如何实现强制分页？

10. 如何对一页中的多个段落实现不同的分栏？

11. 如何设置页眉页脚？如何创建奇偶页或首页不同的页眉页脚？

12. 建立表格有哪几种方法？如何拆分与合并表格中的单元格？表格中的单元格有几种对齐方式？如何设置表格的边框和底纹？

13. 如何改变图形对象的大小与位置？有哪几种图形环绕方式？

14. 在 Word 中如何生成目录？

15. 如何进行页面设置？

16. 简述工作簿、工作表和单元格的概念及它们之间的关系。

17. 简述在工作表中输入数据的几种方法。

18. 在工作表中如何进行单元格的移动和复制？

19. 简述 Excel 中的常用函数及在公式中插入的方法。

20. Excel 中的图表包括哪几种形式？如何创建图表？

21. Excel 图表中有哪些对象？如何进行格式设置？

22. 如何进行多条件排序？

23. 高级筛选中在设置条件时必须遵循什么规则？

24. 保护工作簿和工作表都有哪些方法？

25. 如何将 Access 数据库中的数据导入到 Excel 的数据清单中？

26. PowerPoint 2007 可以保存的文件类型有哪些？

27. PowerPoint 2007 有哪几种视图？各适用于何种情况？

28. 创建演示文稿的方法有几种？

29. 如何设置幻灯片的背景和配色方案？

30. 简述幻灯片母板的作用。母板和模版有何区别？

31. 在幻灯片中插入超级链接的方法有哪两种？代表超链接的对象是否只能是文本？

32. 怎样为幻灯片录制旁白和设置放映时间？

33. 如何设置幻灯片的切换效果？

34. 演示文稿的放映方式有几种？各有什么特点？

二、操作题

1. 新建 Word 文档，将文件保存为"Word 练习 1.docx"。

（1）输入以下文本（文本为宋体五号，首行缩进 2 个字符）。

　　网络是指在通信协议的控制下，通过通信系统互连起来、在地理上分散布置、相互之间独立的计算机的集合。其中，通信协议是网络中的计算机在通信时必须共同遵守的规则；相互独立是指网络中的各计算机之间不存在明显的主从关系。网络的最大特点是资源共享，包括软件资源、硬件资源和信息资源的共享。共享可以提高资源的利用率，提高部门和个人的工作效率。

　　网络由资源子网和通信子网组成。

　　资源子网由各类计算机、终端及计算机外围设备组成，负责信息的加工处理，并向网络提供资源。资源子网中的用户计算机称为主机（Host）。

　　通信子网包括传输介质和通信设备。传输介质有双绞线、电缆、光缆等，通信设备则包括传输线路、交换设备、通信处理机及微波站、卫星地面站等。通信子网提供网络的通信功能，将一台主机发来的信息传送到另一台主机，以实现网络资源的共享。

（2）输入结束，保存并关闭文档。

（3）打开文档，设置纸张大小为 16 开，左右边距为 2 cm，上下边距为 2.2 cm。

（4）在文档的第一行插入标题"计算机网络"。将标题设置为黑体三号、加粗，居中对齐，段前、段后的间距为 0.5 行。

（5）将第一、第二段开头的"网络"二字替换为"计算机网络"，并改为蓝色、加粗。

（6）为文档中的"资源子网"和"通信子网"添加不同类型的下画线。

（7）在文档的右下角插入一幅任意的剪贴画，四周型环绕，高度为 5 行文字，设置图片大小时不可改变其纵横比。

（8）为文档添加页眉页脚。页眉为"计算机网络"，居中对齐；页脚为页码，右对齐。

2．制作个人情况简表。表格格式如图 4-60 所示，其中，标题文字为宋体五号、加粗，居中对齐，段前、段后的间距为 0.3 行；表格内文字为宋体小五号；单元格内的文字要求中部居中；外边框适当加粗。然后将自己的资料填入表格，并调整使其美观。

个人情况简表

姓　　名		性　别		出生日期			
专业班级				宿舍电话			照
家庭住址				家庭电话			片
通信地址				邮政编码			
个人简历							

图 4-60 第 2 题图

3．对某公司的职工工资进行处理。

（1）新建一个空白工作表 Sheet1，将表 4-14 所示的内容输入工作表 Sheet1 中。

表 4-14 职工工资表

编　号	姓　名	性　别	部　门	工作日期	工龄	基本工资	工龄工资	奖　金	水电费	实发工资
0101	刘　敏	女	市场	2006-11-12		2200			80	
0102	张　茵	女	市场	2008-5-13		1900			80	
0103	赵奇峰	男	市场	2010-8-8		2100			55	
0104	孙　浩	男	市场	2010-1-25		2200			0	
0201	赵　谨	女	销售	2010-3-16		1800			16	
0202	李明亮	男	销售	2011-8-17		1700			35	
0203	陈　晨	男	销售	2010-6-14		2000			100	
0301	王　阳	女	开发	2009-10-8		2100			68	
0302	郑光明	男	开发	2008-9-24		1700			15	
0303	王海明	男	开发	2008-4-30		1850			81	
0304	杜　斌	男	开发	2007-6-15		1800			32	
0305	韩　笑	女	开发	2010-9-1		1750			44	
0401	杨晓冬	男	测试	2006-5-5		1950			24	
0402	李大鹏	男	测试	2004-1-14		2000			69	
0403	夏　天	女	测试	2008-12-10		1950			54	

（2）对表格进行格式化设置。

① 将工作表 Sheet1 重命名为"职工工资表"，同时为表格加上总标题"职工工资表"，设置其格式为宋体、四号、加粗、跨列居中。

② 设置表格标题栏（编号、姓名、性别等）格式为黑体、小四号、居中。

③ 表格中其余数据的格式为宋体、五号。

④ 为表格加上双线外边框和单线内边框，线型为实线。

⑤ 将表格的标题行和编号列设置为白色字体和绿色背景，表格其他部分的背景设置为淡黄色。

（3）根据工作日期计算工龄和工龄工资，工龄的计算公式为"工龄=当前日期的年份-工作日期的年份"，工龄工资的计算公式为"工龄工资=工龄×8"。

（4）用公式计算每个职工的实发工资，计算公式为"实发工资=基本工资+工龄工资+奖金-水电费"，结果保留一位小数。

（5）用公式计算最高实发工资和最低实发工资，结果放在实发工资下方两个连续的空白单元格内，并在左侧单元格中输入"最高"和"最低"字样。

（6）用公式计算基本工资的平均值，结果放在"基本工资"列下方的空白单元格中。

（7）统计工龄超过 10 年的职工人数，结果放在"工龄"列下方的空白单元格中。

（8）根据工龄将表中的数据升序排列，工龄相同的再按照实发工资降序排列。

（9）筛选出工龄超过 10 年的女职工记录。

（10）按照部门进行分类，汇总出不同部门基本工资和实发工资的平均值。

4．利用 PowerPoint 2007 制作一套介绍自己家乡的演示文稿。要求：文稿中包含文字、图片、声音及与家乡所在省市网站的连接。

5．练习本章所提到的工具软件的基本使用方法。

6．浏览以下与本章内容相关的网站：

http://www.microsoft.com

http://www.linux.org

http://www.acdsystems.com

http://www.hyperionics.com

http://www.realnetworks.com

http://www.adobe.com

http://www.kingsoft.net

http://www.winrar.com.cn

http://www.symantec.com

http://www.wps.com.cn

第5章 计算机的应用

计算机出现的初期，主要用于科研、军事等专门的领域，电子技术的不断发展使计算机价格大幅下降，而功能不断提高，特别是随着微型计算机的出现，使计算机的应用日益广泛。近年来网络技术的迅速发展和应用，更使得计算机已广泛普及到众多家庭，计算机的应用已渗透到人们工作、生活的各个方面，成为工作、学习和娱乐的重要工具和生活的重要组成部分。很难想象，如果没有计算机，当今的世界会是什么样。

本章主要介绍计算机在各方面的应用，使读者了解计算机的应用情况。

本章知识要点：

- 计算机的应用领域
- 数据库系统及其应用
- 多媒体技术及其应用
- 计算机网络及其应用
- 计算机信息安全技术

5.1 计算机的应用领域

计算机技术的应用目前已是无处不在，从日常玩计算机游戏到工业控制，再到宇宙飞船上天等，都应用了计算机。我国政府从 1993 年开始先后启动了旨在促进国家信息化建设的一系列的"金"字工程和其他信息化建设工程，主要有"金桥"工程（"国家经济信息通信网工程"）、"金卡"工程（"电子货币工程"）、"金关"工程（"海关连网工程"）、"政府上网工程"、"家庭上网工程"等。计算机技术已广泛应用于各行各业，渗透到人们的生活、工作和学习中。

计算机在教育中的典型应用主要有计算机辅助教育、远程教育、计算机教学管理等。1994 年启动的"金智"工程是我国教育、科技信息化建设工程，其主体部分是"中国教育和科研计算机网示范工程"（CERNET）。CERNET 是我国第一个由国家投资建设的、全国性教育和学术计算机互连网络，是全国最大的公益性互连网络之一。

计算机在商业中的应用主要有电子商务、电子收银、"金贸"工程等。

计算机在制造业中的应用主要有计算机辅助设计（Computer Aided Design，CAD）、计算机辅助制造（Computer Aided Manufacturing，CAM）、计算机辅助工艺设计（Computer Aided Process Planning，CAPP）等。

计算机在金融和证券中的应用主要有网上银行、证券交易系统、外汇交易系统、电子货币等，1993 年启动的"金卡"工程已取得了很大成效。

计算机在办公自动化中的应用主要是办公自动化（Office Automation，OA），即利用计算机及其他设备来辅助进行办公。

计算机在政府工作中的应用主要是电子政务，是指政府部门利用计算机网络技术来完成相关政务活动，我国在 1999 年就启动了"政府上网工程"，逐步构建我国的"电子政府"。

计算机在生物、医学中的应用主要有生物和医学研究、高科技医疗、医学专家系统、计算机辅助药物研究、远程会诊、网上疾病查询、医疗管理等。

世界上第一台数字计算机 ENIAC 就是美国国防部为了计算导弹弹道而研制的，此后，计算机在军事领域里得到广泛应用。计算机在国防和军事中的应用主要有计算机辅助武器装备设计、武器自动化、弹道计算、计算机模拟军事训练、计算机模拟军事演习、军事机器人、军事分析、决策支持、军事管理等。

计算机在交通运输业中的应用主要包括订票与售票系统、交通监控、交通导航、全球定位系统（Global Position System, GPS）、高速公路收费、地理信息系统（Geographic Information System，GIS）、物流跟踪管理等。

5.2　数据库系统及其应用

数据是人类活动的重要资源，目前在计算机的各类应用中，用于数据处理的约占 80%。数据处理是指对数据进行收集、管理、加工、传播等操作。其中，数据管理是对数据进行组织、存储、检索和维护等操作，因此数据管理是数据处理的核心，数据库系统是研究如何妥善地组织、存储和科学地管理数据的计算机系统。

数据库技术是计算机科学技术中发展最快、应用最广泛的领域之一。学校的学生信息管理、企业中的企业信息管理及国家的各种信息管理等，无一不用到数据库。在当前的信息时代，一个国家的数据库的建设规模、数据库信息量的大小和使用频度已成为衡量这个国家信息化程度的重要标志，国家的基础信息数据库是其重要的信息资源。数据库技术已是计算机信息系统和应用程序的核心技术和重要基础。

本节主要介绍数据系统的基本概念、SQL 语言、常用的数据库系统，以及几种新型的数据库系统。

5.2.1　数据库系统的基本概念

1．数据库的基本概念

数据库（DataBase，DB）一词在 20 世纪 50 年代就已经提出，经过多年的发展已成为计算机科学的一个重要分支。这里先说明数据库相关的几个基本概念，便于对后面内容的理解。

1）数据库（DataBase，DB）

数据库是存储在计算机内的、有组织的、统一管理的相关数据的集合。

数据库是存储数据的仓库，其中的数据是以一定的结构组织存储的，具有较小的冗余度、较高的数据独立性和易扩展性，可为多个用户共享。

2）数据库管理系统（DataBase Management System，DBMS）

数据库管理系统是对数据库进行管理的软件。

数据库管理系统是位于数据库用户和操作系统之间的一层数据管理软件，为用户提供了访问数据库的各种方法，使用户可以透明地访问数据库，不需要知道数据库的物理组织和存储方式。

数据库管理系统主要有以下 4 类功能：

① 数据定义功能：DBMS 提供数据定义语言（Data Definition Language，DDL），用户通过 DDL 可以方便地对数据库中的数据对象进行定义。

② 数据操纵功能：DBMS 还提供数据操纵语言（Data Manipulation Language，DML），用户可以使用 DML 实现对数据库的基本操作，如数据查询、插入、修改和删除等。

③ 数据库的运行管理：数据库在建立、使用和维护时由 DBMS 统一管理、统一控制，以保证数据的安全性、完整性、多个用户对数据的并发使用和故障后的数据库恢复等，保证数据库能正确、有效地运行。

④ 数据库的建立和维护：包括数据库初始数据的输入、转换功能，数据库的转储、恢复功能，数据库的重组、性能监测和分析等功能。这些功能是由 DBMS 提供的一些实用程序完成的。

3）数据库系统（DataBase System，DBS）

数据库系统是指包含数据库和数据库管理系统的计算机系统。数据库系统通常由数据库、数据库管理系统、应用系统、数据库管理员及用户构成，如图 5-1 所示。

数据库的建立、使用和维护等需要专门的人员来管理，这些管理人员被称为数据库管理员（DataBase Administrator，DBA）。

2.数据管理技术的发展

数据库技术是由数据管理技术不断发展而产生的，数据管理技术的发展经历了人工管理、文件系统、数据库系统 3 个阶段：

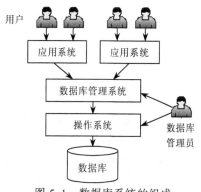

图 5-1　数据库系统的组成

① 人工管理阶段：20 世纪 50 年代以前，计算机主要用于科学计算，外存只有穿孔纸带、卡片、磁带等，没有可以直接存取的磁盘等设备。软件也没有操作系统，没有数据管理软件，数据靠人工管理，数据处理是批处理方式。该阶段的主要特点是数据不长期保存在计算机中，应用程序管理数据，数据不独立于应用程序，应用程序间不共享数据。

② 文件系统阶段：20 世纪 50 年代后期到 20 世纪 60 年代中期，有了磁盘、磁鼓等直接存取的存储设备，操作系统中有了专门进行数据管理的功能（称为文件系统），使计算机在信息应用方面得到迅速发展。该阶段的主要特点是数据可以长期保存在外存上重复使用，数据独立于程序，由文件系统来管理数据。

③ 数据库系统阶段：20 世纪 60 年代后期，计算机应用日益广泛，数据规模越来越大，出现了大容量磁盘，联机实时处理要求更多，并开始提出和考虑分布处理。文件系统已不能满足数据管理的要求，于是数据库技术便应运而生。数据库技术克服了文件系统的不足，可以对数据进行更有效、方便的管理。该阶段的主要特点是数据结构化，数据的独立性高、共享性高、冗余度低、易扩充，由 DBMS 统一管理和控制，便于使用。

3.数据库系统结构

从数据库最终用户的角度来看，数据库系统的结构可分为集中式结构（又可分为单用户结构和主从式结构）、分布式结构、客户机/服务器结构和并行结构，这是从数据库系统外部看到的体系结构。

从数据库管理系统角度来看，数据库系统通常采用三级模式结构：外模式、内模式和概念模式（见图 5-2），这是从数据库系统内部看到的体系结构。

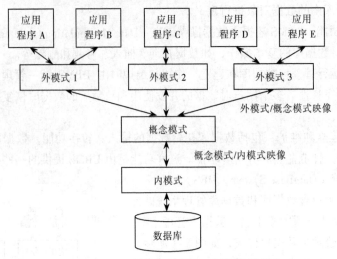

图 5-2　数据库系统的三级模式结构

① 外模式：外模式是数据库用户能看到和使用的那部分数据的逻辑结构和特征的描述，是用户的数据视图，也是应用程序与数据库系统之间的接口。

用户可以通过数据定义语言和数据操纵语言来定义数据库的结构和对数据库进行操作，只需要按所定义的外模式进行操作，不需要了解概念模式和内模式的内部细节。

由于外模式通常是模式的子集，即一个用户通常只用到数据库中的部分数据，所以外模式通常又称子模式或用户模式。对应于不同的用户和应用，一个数据库可以有多个不同的外模式。

② 内模式：内模式又称存储模式，是数据库内部数据物理存储结构的描述，定义了记录的存储结构、索引组织方式及数据是否压缩存储和加密等数据控制细节。

③ 概念模式：概念模式简称为模式，是数据库中整体数据的逻辑结构和特征的描述，包括概念记录类型、记录之间的联系、数据的完整性和安全性约束等数据控制方面的规定等。概念模式是所有用户的公共数据视图。

有时也将外模式、概念模式和内模式对应的不同层次的数据库分别称为用户级数据库、概念级数据库和物理级数据库。

在图 5-2 中可以看到在三级模式之间还存在外模式/概念模式映像和概念模式/内模式映像两层映像。对一个数据库系统来说，实际上存在的只是物理级数据库，它是数据访问的基础。概念级数据库不过是物理级数据库的一种抽象描述，用户级数据库是用户和数据库的接口。用户根据外模式进行数据操作，通过外模式到概念模式的映射与概念级数据库联系起来，又通过概念级到存储的映射与物理级联系起来，使用户不必关心数据在计算机中的具体表示方式和存储方式。

外模式/概念模式映像存在于外模式和概念模式之间，它定义了外模式和概念模式之间的对应关系。当数据库的概念模式改变时（如增加新的关系、新的属性、改变属性的数据类型等），外模式保持不变。应用程序是依据外模式编写的，所以外模式/概念模式映像使得应用程序不必随着概念模式的改变而修改。这样就保证了数据与应用程序的逻辑独立性，简称数据的逻辑独立性。

　　概念模式/内模式映像存在于概念模式和内模式之间，它定义了数据库全局的逻辑结构与存储结构之间的对应关系，例如说明逻辑记录和字段在内部是如何表示的。当数据库的内模式需要改变时（如改变存储结构），只需要修改概念模式/内模式映像，使概念模式保持不变，从而使应用程序也不必修改。这样就保证了数据与应用程序的物理独立性，简称数据的物理独立性。

　　DBMS 的中心工作之一，就是完成三级模式之间的两层映像，把用户对数据库的操作具体实现到对物理设备的操作，实现数据与应用程序之间的独立性。

4．数据模型与数据库管理系统类型

　　数据模型（Data Model）是现实世界数据特征的抽象，即现实世界数据在计算机中的模拟。现有的数据库系统都是基于某种数据模型的。

　　主要有下列 4 种数据模型：

　　① 层次模型：层次模型采用树状结构来表示数据库中的记录及其联系。层次模型是数据库系统中最早出现的数据模型，曾得到广泛应用。

　　② 网状模型：网状模型使用有向图（网络）来表示数据库中的记录及其联系，可以克服层次模型中表现非树状结构很不直接的缺点。

　　③ 关系模型：关系模型是采用二维表格的形式来表示数据库中的数据及其联系。它是目前最常用的一种数据模型，由 IBM 公司 San Jose 研究室的 E.F.Codd 于 1970 年首次提出。关系模型基于严格的关系数学理论，简单易用。

　　④ 面向对象模型：面向对象模型是数据库技术与面向对象程序设计技术结合的产物。它是用面向对象的观点来描述现实世界实体（对象）的逻辑组织与对象间的限制和联系。

　　按照数据库管理系统所采用的数据模型，通常将数据库管理系统划分为层次数据库管理系统、网状数据库管理系统、关系数据库管理系统等类型。

　　关系数据库管理系统（Relational DataBase Management System，RDBMS）是目前应用最广的，自 20 世纪 80 年代以来，几乎所有的数据库管理系统都支持关系模型，数据库领域的研究工作也都以关系方法为基础，所以通常将其他类型的数据库管理系统统称为非关系数据库管理系统。目前，常用的数据库管理系统基本上都是关系数据库管理系统。

5．数据库技术的研究领域

　　作为发展最快、应用最广泛的学科之一，数据库技术的研究范围非常广泛，大致可以概括为以下几个研究领域：

　　① 数据库管理软件的研制：DBMS 是数据库系统的基础，DBMS 的研制包括 DBMS 本身及以 DBMS 为核心的相关的软件系统，其目标是提高系统的可用性、可靠性、可伸缩性、性能和效率。

　　② 数据库设计：数据库设计的主要任务是在 DBMS 的支持下，按照应用的要求，为某一部门或组织设计一个结构合理、易用、高效的数据库及应用系统。它包括数据库设计方法、设计工具和设计理论的研究，数据模型和数据建模的研究，数据库设计规范和标准的研究等。

　　③ 数据库理论：由于目前关系数据库管理系统几乎是一统天下，所以数据库理论的研究主要集中于关系的规范化理论和关系数据理论等。随着人工智能在数据库技术中的应用、并行计算技术的发展等，新的研究方向还包括数据库逻辑演绎和知识推理、数据库中的知识发展和并行算法等。

5.2.2 关系数据库管理系统

采用关系数据模型的数据库管理系统称为关系数据库管理系统。由于关系数据模型数据结构简单、清晰、易用，所以关系模型得到了广泛应用，关系数据库管理系统是目前应用最广的数据库管理系统之一。目前的数据库管理系统几乎都支持关系数据模型。本节结合 Access 数据库管理系统来介绍关系数据库管理系统的基本概念。

1. 关系模型基本概念

在关系模型中，一个二维表即表示一个关系，关系模型是采用二维表格的形式来表示数据库中的数据及其联系。

① 关系：一个关系就是一张二维表，即一个二维表就表示一个关系，每个关系有一个关系名。图 5-3 为图书关系。Access 中一个关系存储为一个表，如图书信息表。

图书编号	书名	学科	主编	出版社
201214101	计算机导论	计算机	李××	××大学出版社
201214102	C 程序设计	计算机	张×	××出版社
201214103	操作系统	计算机	欧××	××出版社
201214201	高等数学	数学	孙××	××教育出版社
201214202	线性代数	数学	韩×	××教育出版社

图 5-3 图书关系（一个二维表即一个关系）

对关系的描述称为关系模式，一个关系模式对应一个关系的结构。其描述格式如下：

关系名（属性名 1，属性名 2，…，属性名 n）

在 Access 中表现为表结构，例如：

图书信息表（图书编号，书名，学科，主编，出版社）

② 元组：在一个二维表（一个具体关系）中，每一行是一个元组。元组对应表中的一条记录，如图书信息表关系中包含多条记录（元组）。

③ 属性：二维表中的垂直方向的列称为属性，每一列有一个属性名。在 Access 中表示为字段。每个字段的数据类型、大小等在创建表结构时设定。例如，图书信息表中的"图书编号"、"书名"、"学科"、"主编"、"出版社"等字段及其相应的数据类型组成图书信息表的结构。

④ 域：域是指属性的取值范围，即不同元组对同一个属性的取值所限定的范围。例如，"书名"的取值范围是文字字符。

⑤ 关键字：关键字段的值能够唯一地标识一个元组的属性或属性的组合。在 Access 中表示为字段或字段的组合，如图书信息表中的"图书编号"可以作为唯一标识一条图书记录的关键字，关键字段简称为主键。有时需要多个字段组合才能唯一标识一条记录，这些多字段组合构成的关键字称为复合关键字。

⑥ 外部关键字：如果一个表中的一个字段不是本表的主关键字，而是另外一个表的主关键字，这个字段（属性）就称为外部关键字（简称外键）。

在关系数据模型中，表之间通过关键字和外部关键字建立引用（参照）关系。

2. 表间关系

在数据库中，每个表是一个独立的对象，但各表之间并不是完全孤立的，表与表之间通常存在着相互联系。表之间有 3 种关系：一对一、一对多和多对多。

① 一对一关系：如果 A 表中的一条记录只能匹配 B 表中的一条记录，且 B 表中的一条记录只能匹配 A 表中的一条记录，则这两表之间存在一对一的关系。

② 一对多关系：如果 A 表中一条记录可以匹配 B 表中的多条记录，但 B 表中的一条记录只能匹配 A 表中的一条记录，则这两表之间存在一对多的关系。

③ 多对多关系：如果 A 表中的多条记录可以匹配 B 表中的多条记录，且 B 表中多条记录也可以匹配 A 表中的多条记录，则这两表之间存在多对多的关系。

在实际应用中，表间关系通常是一对多的关系，通常将一端表称为主表，将多端表称为相关表。在 Access 中提供了多种方式来建立表间关系。

3. 参照完整性

参照完整性是关系数据模型中规范表间关系的关系规则，能确保相关表之间关系的有效性，并确保相关表中相关数据的一致性和完整性。

当实施参照完整性时，必须遵守以下规则：

① 当主表中没有相关记录时，不能将记录添加到相关表中，否则会创建孤立记录。

② 当相关表中存在与主表中匹配的记录时，不能删除主表中对应的记录。但在具体数据库系统的实际操作中，可以删除主表中的记录及相关表中的所有相关记录。

③ 当相关表中有相关的记录时，不能更改主表中主键的值，否则会创建孤立记录。但在具体数据库系统的实际操作中，可以通过"级联更新相关记录"等类似设置来更新主表中的记录和相关表中所有相关记录。

在实际的关系数据库系统中，实施参照完整性后，对表中主键字段进行操作时，系统会自动检查主键字段，查看该字段是否被添加、修改或删除。如果对主键的修改违反了参照完整性规则，那么系统会自动强制执行参照完整性，保证相关表之间的数据完整性。

5.2.3　结构化查询语言 SQL

存储在数据库中的数据最终是要使用的，对数据库的主要操作就是数据查询。由于数据库规模通常都很大，特别是在信息爆炸的信息时代，要在庞大的数据库中快速准确地找到需要的数据，需要有效的数据查询技术和工具。SQL 语言是目前关系数据库系统广泛采用的数据查询语言。

结构化查询语言（Structured Query Language，SQL）是由 Sequel（Structured English Query Language）改进而来，所以通常将 SQL 读作 Sequel。

SQL 是由 Boyce 和 Chamberlin 于 1974 年提出的，并在 IBM 研制的 System R 关系数据库管理系统上实现。1986 年，ANSI（American National Standards Institute，美国国家标准学会）的数据委员会 X3H2 批准了 SQL 作为美国关系数据库语言的标准；1987 年，ISO（International Organization for Standardization，国际标准化组织）也通过了该标准，使其成为国际标准。经改进，1989 年，ISO 颁布了 SQL-89 标准（即 SQL2）；1992 年，又公布了 SQL-92 标准。而 SQL 也从简单的数据查询语言逐渐成为功能强大、更加规范、应用广泛的数据库语言。

1. SQL 的特点

SQL 语言之所以能够在业界得到广泛使用，是因为其功能完善、语法统一、易学。SQL 主要有以下特点：

① 功能的一体化：SQL 集数据定义语言（Data Definition Language，DDL）、数据操纵语言（Data

Manipulation Language，DML）、数据控制语言（Data Control Language，DCL）于一体，能够完成关系模式定义、建立数据库、插入数据、查询、更新、维护、数据库重构、数据库安全性控制等一系列操作。

② 统一的语法结构：SQL 有两种使用方式，一种是自含式（联机使用方式），即 SQL 可以独立地以联机方式交互使用；另一种是嵌入式，即将 SQL 嵌入到某种高级程序设计语言中使用。这两种方式分别适用于普通用户和程序员，虽然使用方式不同，但 SQL 的语法结构是统一的，便于普通用户与程序员交流。

③ 高度非过程化：SQL 是一种非过程化数据操作语言，即用户只需要指出"干什么"，而不要说明"怎么干"。例如，用户只需要给出数据查询条件，系统就可以自动查询出符合条件的数据，而用户不需要告诉系统存取路径及如何进行查询等。

④ 语言简洁：SQL 语句简洁，语法简单，非常自然化，易学易用。

2．SQL 的功能

SQL 主要有以下功能：

① 数据定义：定义数据库的逻辑结构，包括定义基本表、视图和索引等，相关的操作还包括对基本表、视图、索引的修改与删除。

基本表是数据库中独立存在的表，通常简称为表。在 SQL 中一个关系就对应一个基本表，一个或多个基本表对应一个存储文件，一个基本表可以有多个索引，索引也保存在存储文件中。一个数据库中可以有多个基本表。视图则是由一个或多个基本表导出的表。

数据定义功能是通过数据定义语言（DDL）实现的。

② 数据操纵：主要包括数据查询和数据更新操作。数据查询是数据库应用中最常用最重要的操作；数据更新则包括对数据库中记录的增加、修改和删除操作。

数据操作功能是通过数据操纵语言（DML）实现的。

③ 数据控制：主要是对数据的访问权限进行控制，包括对数据库的访问权限设置、事务管理、安全性和完整性控制等。

数据控制功能是通过数据控制语言（DCL）实现的。

④ 嵌入功能：即 SQL 可以嵌入到其他高级程序设计语言（宿主语言）中使用。

前面讲过 SQL 分为自含式和嵌入式两种使用方式，SQL 的主要功能是数据操作，自含式使用使数据处理功能差，而高级程序设计语言的数据处理功能强，但其数据操作功能弱，为了结合二者的优点，常将 SQL 嵌入到高级程序设计语言中使用，实现混合编程。

为了实现嵌入使用，SQL 提供了与宿主语言之间的接口。

下面以简单的例子来简要说明 SQL 的几个主要操作。

这里用图 5-3 中的图书关系，将该关系的基本表命名为 Books，如图 5-4 所示。

下面语句将定义图 5-4 中的图书基本表 Books：

```
CREATE TABLE Books (图书编号 CHAR(9)  NOT NULL,书名 CHAR(20)  NOT NULL,
学科 CHAR(10),主编 CHAR(8),出版社 CHAR(20),
PRIMARY KEY (图书编号))
```

图书编号	书名	学科	主编	出版社
201214101	计算机导论	计算机	李××	××大学出版社
201214102	C 程序设计	计算机	张×	××出版社
201214103	操作系统	计算机	欧××	××出版社
201214201	高等数学	数学	孙××	××教育出版社
201214202	线性代数	数学	韩×	××教育出版社

图 5-4　图书关系 Books

该语句定义了基本表 Books 的 5 个属性（一个属性对应二维表中的一列）：CREATE TABLE 为定义基本表语句的关键字；CHAR(9)表示相应的属性数据类型为字符型，括号中的 9 指该属性长度为 9 个字符；NOT NULL 定义了相应的属性在应用时其值不能为空值；PRIMARY KEY 则定义属性"图书编号"为主键。

这就是 SQL 最基本的数据定义功能。

要注意的是上述语句只是定义了基本表 Books 的结构，即 Books 有哪些属性、这些属性的数据类型及长度、表的主键等，而 Books 中还没有数据（记录），只是一个空的基本表，利用 INSERT 语句可以添加数据，例如：

```
INSERT INTO Books (图书编号,书名,学科,主编,出版社)
VALUES('201214101','计算机导论','计算机','李xx','xxx大学出版社')
```

上述语句把 Books 关系中的第一条记录添加到了 Books 基本表中，以同样的方式可以将其他记录添加到 Books 基本表中。添加时属性要与 VALUES 后面括号内的值一一对应，数据类型也要匹配。

下面的 DELETE 语句则将"数学"学科的图书的记录全部删除：

```
DELETE FROM Books WHERE 学科='数学'
```

WHERE 后面的条件可以是组合条件。

上面的 INSERT、DELETE 及数据修改（UPDATE，未举例）都是 SQL 基本的数据操纵操作。

为了提高对基本表的存取速度，可以为基本表创建索引，一个基本表可以创建多个索引。下面语句按"图书编号"升序创建索引，并将创建的索引名称命名为 BookNoIndex：

```
CREATE INDEX BookNoIndex ON Books (图书编号 ASC)
```

当然也可以按降序创建索引，也可以几个属性联合创建索引。

数据库创建以后最常用的操作就是数据查询，用 SELECT 语句进行查询，下面的 SELECT 语句将查询出所有的"计算机"学科的图书记录，其中的"*"表示查询 Books 的所有属性。

```
SELECT  *  FROM Books WHERE 学科='计算机'
```

5.2.4　常用数据库管理系统

目前常用的数据库管理系统包括 Microsoft Access、Microsoft SQL Server、Oracle、MySQL、DB2、Sybase 等，这些都属于关系数据库管理系统（RDBMS），下面进行简要介绍。

1. Microsoft Access

Microsoft Access 是 Microsoft Office 办公组件之一，是 Windows 操作系统下的基于桌面的关系数据库管理系统，主要用于中小型数据库应用系统开发。在功能上 Access 不仅是数据库管理系统，而且是一个功能强大的数据库应用开发工具，它提供了表、查询、窗体、报表、页、宏、模块等数据库对象；提供了多种向导、生成器、模板，把数据存储、数据查询、界面设计、报表生成等操作规范化。不需要太多复杂的编程，就能开发出一般的数据库应用系统。Access 采用 SQL 语言作为数据库语言，使用 VBA（Visual Basic for Application）作为高级控制操作和复杂数据操作编程语言。

目前常用的版本有 Access 2003、Access 2007 和 Access 2010。

2．Microsoft SQL Server

Microsoft SQL Server 是 Microsoft 开发的基于 C/S 的企业级关系数据库管理系统，是目前最流行的数据库管理系统之一。从 SQL Server 2005 开始集成了 .Net Framework 框架，其功能强大，组件包括数据库引擎、集成服务、数据分析服务、报表服务等。

目前常用的版本包括 SQL Server 2005 和 SQL Server 2008。SQL Server 2008 根据不同的应用又分为如下版本：企业版、标准版、工作组版、Web 版、开发者版、Express 版、Compact 3.5 版等。

3．Oracle

Oracle 数据库系统是美国 Oracle（甲骨文）公司提供的以分布式数据库为核心的一组数据库产品，是目前最流行的 C/S 或 B/S 体系结构的大型关系数据库管理系统之一，是 Oracle 公司的核心产品。

Oracle 数据库支持 C/S 和 B/S 架构，采用 SQL 语言，支持 Windows、HP-UX、Solaris、Linux 等多种操作系统，并支持多种多媒体数据，如二进制图形、声音、动画及多维数据结构等。

目前常用版本有 Oracle 10g 和 Oracle 11g，Oracle 11g 根据不同的应用又分为企业版、标准版、简化版等。

4．MySQL

MySQL 是一个小型关系数据库管理系统，虽然其功能与大型数据库管理系统相比相对较弱，但由于其开放源码、体积小、速度快、简单易用、成本低等特点，并支持多种操作系统，所以目前 MySQL 被广泛地应用在 Internet 上的中小型网站中，是目前最流行的数据库管理系统之一。

MySQL 最初开发者为瑞典 MySQL AB 公司，在 2008 年被 SUN 公司收购，而 SUN 又在 2009 年被 Oracle 收购。

MySQL 目前常用版本有 MySQL 5.0 和 MySQL 5.5。

5．DB2

DB2 是 IBM 公司开发的大型关系数据库管理系统，DB2 主要应用于大型数据库应用系统，具有较好的可伸缩性，可支持多种硬件和软件平台，可以在主机上以主/从方式独立运行，也可以在 C/S 环境中运行，提供了高层次的数据利用性、完整性、安全性、可恢复性，并支持面向对象的编程、多媒体应用程序等。

目前常用版本为 DB2 9。

6．Visual FoxPro

Visual FoxPro（简称 VFP）是由 Microsoft 开发的桌面数据库管理系统，同时也是一个独立的数据库应用开发工具。由于其开发配置要求低、简单易用，曾得到广泛应用。其常用版本为 Visual FoxPro 9。

由于 Microsoft 重点支持其 SQL Server 和 Access 数据库系统，因此，对 Visual FoxPro 的支持

相对较少。

7．Sybase

Sybase 是由美国 Sybase 公司（2010 年被 SAP 公司收购）开发的关系数据库管理系统，是一种典型的基于 C/S 体系结构的大型数据库系统。

5.2.5　几种新型的数据库系统

近几年，计算机相关技术迅速发展，数据库技术的应用日益广泛，传统的数据库技术与其他相关的技术相结合，出现了许多新型的数据库系统，如分布式数据库、多媒体数据库、主动数据库、并行数据库、工程数据库、数据仓库等。

1．分布式数据库

分布式数据库（Distributed Database，DDB）是指数据库中的数据在物理上分布在计算机网络的不同结点上，但逻辑上属于同一个系统，具有数据的物理分布性和逻辑上的整体性，同时还有局部自治和全局共享性、数据的分布独立性（分布透明性）、数据的冗余和冗余透明性等。

分布式数据库由分布式数据库管理系统进行管理，网络的迅猛发展使分布式数据库应用也越来越广泛。

2．多媒体数据库

多媒体技术的研究也是当前研究的热点之一，多媒体技术与数据库技术的结合产生了多媒体数据库。多媒体数据库就是数据库中的内容包括文本、图形、图像、音频和视频等多媒体信息。多媒体信息的主要特征就是内容多样化、信息量大、难以管理，所以多媒体数据库的研究内容主要包括多媒体数据库的体系结构、多媒体的数据模型、多媒体数据压缩、多媒体数据的存取与组织、基于内容的检索等。

3．主动数据库

主动数据库是相对传统数据库的被动性而言的，传统的数据库只是被动地按照用户给出的请求执行数据库的操作。由于在许多实际应用中，要求数据库能够在特定情况下主动做出响应，因此主动数据库的主要目标就是提供对紧急情况及时反应的能力，并提高数据库管理系统的模块化程度。当然，主动数据库还要具有传统数据库的功能。

4．并行数据库

并行数据库是传统的数据库技术与并行技术结合产生的，是在并行体系结构的支持下，实现对数据库的并行操作。其主要目标是通过并行性来提高效率，以满足当前的超大型数据检索、数据仓库、联机数据分析、数据挖掘等数据量大、复杂度高、对数据库系统处理能力要求高的实际应用需求。

5．数据仓库

数据仓库是支持决策的面向主题的、集成的、稳定的、定期更新的数据集合。从名称上可以看出，数据仓库存储和处理的数据量要比数据库大得多。数据仓库技术就是充分利用已有的数据资源，对海量的数据进行分析，从中挖掘出知识、规律、模式和有价值的信息，为决策提供支持。

5.2.6　数据库系统的应用

数据库系统的应用非常广泛，数据库是各种信息系统和计算机应用系统的基础，如我国的许多行政管理系统的信息化建设就是建立其相应的计算机信息系统，其首要工作就是建立其行业或系统基础数据库。计算机信息系统是利用计算机采集、存储、处理、传输和管理信息，并以人机交互方式提供信息服务的计算机应用系统。从功能看，有电子数据处理、管理信息系统、决策支持系统；从信息资源看，有联机事务处理系统、地理信息系统、数字图像处理系统、多媒体管理系统；从应用领域看，有办公自动化系统、医疗信息系统、民航订票系统、电子商务系统、电子政务系统、军事指挥信息系统等。下面介绍几种典型的数据库应用系统。

1. 管理信息系统

管理信息系统（Management Information System，MIS）是一个能进行信息收集、传递、存储、加工、维护和使用的系统。其主要任务是最大限度地利用现代计算机及网络通信技术加强组织机构或企业的信息管理，通过对一个组织机构或企业的人力、物力、财力、设备、技术等资源的调查了解，建立正确的数据，加工处理并编制成各种信息资料及时提供给管理人员，以便进行正确的决策，提高管理水平和效率。

2. 数据挖掘系统

数据挖掘技术（Data Mining）又称数据库知识发现（Knowledge Discover Database，KDD），是将机器学习应用于大型数据库，从大量数据中提取出隐藏在其中的有用信息，是提取出可信、新颖、有效并能被人理解的模式的高级处理过程，从而更好地对决策或科研工作提供支持。

例如，保险公司想知道购买保险的客户一般具有哪些特征；医学研究人员希望从已有的成千上万份病历中找出患某种疾病的病人的共同特征，从而为治愈这种疾病提供一些帮助。对于这些问题，现有信息管理系统中的数据分析工具无法给出答案。因为传统的数据库系统可以实现对数据高效地录入、查询、统计等功能，但无法发现大量数据中的规律和关系，无法根据现有的数据预测未来的发展趋势，而这正是数据挖掘技术的作用和应用魅力所在。

数据挖掘主要有下列应用：

① 数据总结：对数据进行浓缩，给出紧凑的描述。

② 分类：根据数据的特征建立一个分类函数或分类模型（分类器），并按该模型将数据库的数据分类。已实际应用的有顾客分类、疾病分类等。

③ 聚类：是把一组个体按照相似性归类，即"物以类聚"。目的是使同一类的个体之间的相似性很高，而不同类之间的相似性很低。

④ 关联规则：分析发现项目集之间的关联。是形式如下的一种规则："在购买面包和黄油的顾客中，有 90% 的人同时也买了牛奶"（面包+黄油+牛奶）。关联规则发现的思路还可以用于序列模式发现。用户在购买物品时，除了具有上述关联规律，还有时间或序列上的规律。

3. 决策支持系统

决策支持系统（Decision Support System，DSS）是辅助决策者通过数据、模型和知识，以人机交互方式进行半结构化或非结构化决策的计算机应用系统。它是管理信息系统（MIS）向更高一级发展而产生的先进管理信息系统。它为决策者提供分析问题、建立模型、模拟决策过程和方案的环境，调用各种信息资源和分析工具，为决策者迅速而准确地提供决策需要的数据、信息和背景材料，帮助决策者明确目标，建立和修改模型，提供备选方案，评价和优选各种方案，通过人机对话进行分析、比较和判断，为正确决策提供有力支持，帮助决策者提高决策水平和质量。

决策支持系统主要由会话系统（人机接口）、数据库、模型库、方法库和知识库及其管理系统组成。具体如下：

① 模型库：用于存放各种决策模型。DSS 的模型库及其模型库管理系统是 DSS 的核心，也是 DSS 区别于 MIS 的重要特征。DSS 的模型的建立通常是根据 DSS 解决问题的要求而定的，如投资模型、筹资决策模型、成本分析模型、利润分析模型等。

② 数据库：数据库管理系统负责管理和维护 DSS 中使用的各种数据，在模型运行过程中所使用的数据，按其数据内容分类，分别建立数据仓库文件。运行的结果所产生的各种决策信息，常以报表或图形形式存放在数据库中，并增加时间维度来实现数据库的动态连续性。

③ 方法库：方法库及其管理系统用来存储和管理各种数值方法和非数值方法，包括方法的描述、存储、删除等问题。

④ 知识库：知识库及其管理系统用来以相关领域专家的经验为基础，形成一系列与决策有关的知识信息，最终表示成知识工程，通过知识获取设备形成一定内容的知识库。知识库结合一些事实规则及运用人工智能等有关原理，通过建立推理机制来实现知识的表达与运用。

⑤ 人机接口：交互式人机对话接口是实现用户和系统之间的对话，通过对话以各种形式输入有关信息，包括数据、模型、公式、经验、判断等，通过推理和运算充分发挥决策者的智慧和创造力，充分利用系统提供的定量算法，做出正确的决策。

5.2.7　数据库应用实例

前面介绍了数据库的基本概念和应用领域，本节通过高校学生社团管理系统实例，介绍如何使用 Access 2007 来开发一般的数据库应用系统。

各高校都有许多学生社团，为了方便管理，使用 Access 2007 开发一个简单的高校学生社团管理系统，对某一高校的学生社团进行管理，通过该系统开发，了解 Access 数据库应用系统的基本开发过程。

1．Access 数据库对象

Access 数据库对象包括表、查询、窗体、报表、宏和模块等。在 Access 数据库窗口中，左侧是"对象"栏，右侧是一个列表栏。当在对象栏中选定某对象类型时，右侧列表栏将显示对应左侧对象类型的创建方式和已创建的该类对象。

表即数据表，是 Access 数据库中唯一存储数据的对象，是最基本、最重要的对象。

查询是检索数据的工具，是按设定的条件，以某种方式从一个或多个表中查找有关记录的指定字段。查询本质上是查询语句，不保存实际数据，只是在执行时动态查询数据，是虚表。

窗体是用户和数据库之间进行交互的界面，就像常用的对话框。用户可通过窗体对数据库数据进行操作。

报表是以设定的格式将数据打印输出。

宏是一系列操作的集合，其中每个操作都能实现特定的功能，如打开窗体、生成报表等。

模块的主要作用是建立复杂的 VBA 程序，以完成宏等不能完成的任务。模块中的每一个过程都是一个函数过程或子程序。通过将模块与窗体、报表等 Access 对象相联系，可以建立完整的数据库应用系统。

2．Access 2007 数据类型

根据数据库的相关理论，一个表中的同一列应具有相同的数据特征，称为字段的数据类型。

数据类型不同，其存储方式和使用方式也不同。Access 主要的数据类型包括文本、数字、备注、日期/时间、自动编号、是/否、OLE 对象、查阅向导、超链接和附件等。详见表 5-1。

表 5-1　Access 数据类型

数 据 类 型	存 储 内 容	大　小
文本	字母数字字符	最大为 255 个字符
备注	字母数字字符（长度超过 255 个字符）或具有 RTF 格式的文本	最大为 1 GB 字符，或 2 GB 存储空间
数字	数值（整数或分数值），用于存储要在计算中使用的数字，货币值除外（对货币值数据类型使用"货币"）	1、2、4、8 B 或 16 B（用于同步复制 ID 时）
日期/时间	日期和时间，用于存储日期/时间值	8 B
货币	货币值，用于存储货币值（货币）	8 B
自动编号	添加记录时 Access 自动插入的一个唯一的数值，用于生成可用做主键的唯一值	4 B 或 16 B（用于同步复制 ID 时）
是/否	布尔值/逻辑型，用于包含两个可能的值（例如，"是/否"或"真/假"）之一的"真/假"字段	1 位
OLE 对象	OLE 对象或其他二进制数据	最大为 1 GB
附件	图片、图像、二进制文件、Office 文件	压缩的附件为 2 GB，未压缩的附件约为 700 KB
超链接	超链接	最大为 1 GB 字符，或 2 GB 存储空间
查阅向导	是一种特殊的数据类型，调用"查阅向导"获取数据，用于启动"查阅向导"，使用户可以创建一个使用组合框在其他表、查询或值列表中查阅值的字段	基于表或查询：绑定列的大小 基于值：用于存储值的文本字段的大小

3. 学生社团管理系统功能要求

学校可以有许多社团，每一社团有一个学生负责人，但该负责人必须是该社团成员。一个学生可以参加多个社团。参加社团的学生以学号为标识。主要管理功能如下：

① 社团信息维护，包括社团编号、社团名称、成立日期、负责人、指导教师和活动地点等。

② 班级简况维护，包括班级编号、班级名称。

③ 社团成员信息维护，只对参加各社团的学生信息进行管理，包括学号、姓名、性别、联系电话、QQ、班级编号等。

④ 各社团成员加入和退出管理。

⑤ 按社团查询该社团的所有成员情况。

⑥ 按班级查询该班级参加社团的学生情况。

⑦ 查询参加 2 个以上社团的学生情况。

根据功能要求需要以下 4 个数据表：

① 社团信息表：用来存储各社团的基本信息。

② 班级简况表：用来存储班级的基本信息。

③ 社团成员信息表：用来存储所有参加社团的学生的基本信息。

④ 社团成员组成表：用来存储学生加入和退出社团的信息。

上述数据表的结构详见表 5-2～表 5-5。

表 5-2 社团信息表

字 段 名 称	数 据 类 型	字 段 大 小	主键/外键
社团编号	文本	5	主 键
社团名称	文本	20	
成立日期	日期/时间		
负责人	文本	8	
指导教师	文本	8	
活动地点	文本	20	

表 5-3 班级简况表

字 段 名 称	数 据 类 型	字 段 大 小	主键/外键
班级编号	文本	9	主 键
班级名称	文本	20	

表 5-4 社团成员信息表

字 段 名 称	数 据 类 型	字 段 大 小	主键/外键
学号	文本	9	主 键
姓名	文本	8	
性别	文本	2	
联系电话	文本	11	
QQ	文本	10	
班级编号	文本	9	外键，参照班级简况表中"班级编号"字段

表 5-5 社团成员组成表

字 段 名 称	数 据 类 型	字 段 大 小	主键/外键
社团编号	文本	5	复合主键。社团编号参照社团信息表"社团编号"，学号参照社团成员信息表中"学号"字段
学号	文本	9	
加入时间	日期/时间		
退出时间	日期/时间		

上述表中一些表之间通过外键建立了一定关系，具体关系有："班级简况表"和"社团成员信息表"是一对多关系；"社团成员信息表"和"社团成员组成表"是一对多关系；"社团信息表"和"社团成员组成表"是一对多关系。

4．Access 2007 的工作界面

启动 Access 2007 和启动其他 Windows 应用程序一样。

单击"开始"按钮，选择"所有程序"菜单中的 Microsoft Office 子菜单中的 Microsoft Office Access 2007 命令，打开 Access 2007 数据库窗口，如图 5-5 所示。

Access 2007 界面和以前的版本相比有很大变化，提供了一组功能强大的管理和处理数据的工具，用户可以通过这些工具快速地开始跟踪、报告和共享信息，还可以通过自定义预定义的模板转换现有数据库或创建新的数据库，快速地创建应用程序。

图 5-5 左侧为模板及示例数据库，右侧为最近打开过的数据库，单击这些数据库链接即可将

其打开。图 5-6 为打开"社团管理"数据库和其"社团成员信息表"时的窗口，该窗口的各组成部分如图 5-6 所示。

图 5-5　Access 2007 启动界面

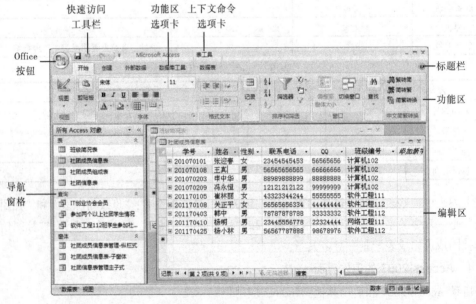

图 5-6　Access 2007 工作界面

Access 2007 中左上角的 Office 按钮中集成了 Microsoft Office System 的所有功能，单击该按钮则弹出图 5-7 所示的菜单。

5．创建社团管理数据库

创建数据库有两种方法：一种是先创建一个空白数据库，然后再创建表、查询、窗体、报表等数据库对象；另一种方法是使用系统提供的"数据库模板"通过一次性操作来选择数据库类型，并创建所需的表、窗体和报表等。

第一种创建数据库的方法更灵活，这里采用第一种方法来创建"社团管理"数据库。

启动 Access 后，在图 5-5 所示的窗口中，单击"新建空白数据库"选项组下的"空白数据库"按钮，窗口右侧则显示"空白数据库"选项区，如图 5-8 所示。可以指定要创建的数据库文件的保存位置和数据库文件名，单击文件名右侧 📂 按钮，在弹出的"文件新建数据库"对话框中指定数据库保存位置。默认的数据库文件名为 Database1.accdb，这里将其改为"社团管理"，单击"创建"按钮创建空白的社团管理数据库，并会直接打开该数据库管理界面，如图 5-9 所示。

图 5-7　单击 Office 按钮弹出的菜单

图 5-8　空白数据库

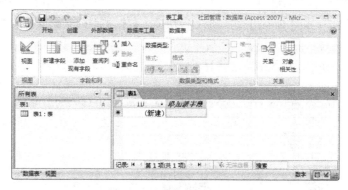

图 5-9　新建的"社团管理"数据库的管理窗口

创建完空白数据库后直接进入数据库管理界面的数据表创建界面，然后就可以创建数据表、查询等对象，并对数据库对象进行管理。

6．创建社团管理数据表

数据表是数据库的基本对象，是存储数据的基础。

Access 2007 提供了多种创建表的方式，包括使用数据表视图、使用表设计视图、使用表模板及使用 SharePoint 列表等方式。使用表设计视图创建表结构时，可详细设置各字段的字段名、数据类型、主键、有效性规则、长度、查阅向导等属性，非常灵活。

社团管理需要创建"社团信息表"、"班级简况表"等，这里通过表设计视图按照表 5-2～表 5-5

设计的表结构来创建社团管理所需的数据表。

创建表实际上是设计表的结构，即定义表的各字段的名称、数据类型、长度、主键等，创建后即可进行数据输入、编辑等数据管理操作。

1）创建表

这里以创建"社团信息表"为例来说明表的创建过程。创建社团信息表的具体步骤如下：

① 打开社团管理数据库，单击"创建"选项卡下"表"选项组中的"表设计"按钮，在设计视图中将新建"表1"，如图 5-10 所示。

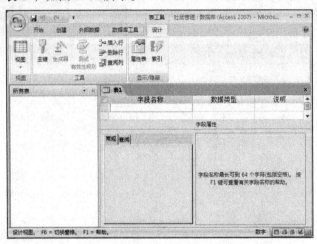

图 5-10　创建表-新建表设计视图

② 根据表 5-2 所示的社团信息表的各字段的数据类型和字段大小等要求进行设置，先输入字段名称"社团编号"，按【Enter】键，光标自动进入数据类型列，默认是"文本"类型，此处不用操作，采用默认的"文本"类型。然后单击"工具"选项区中的"主键"按钮，这时"社团编号"设为主键，在字段行的最左端将显示一个钥匙图标。接着在界面下方字段属性的"常规"选项卡中，设置字段大小为 5，如图 5-11 所示。

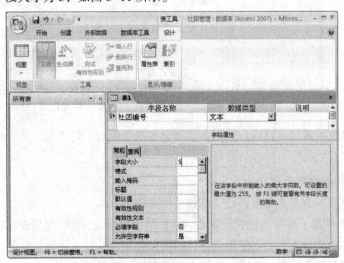

图 5-11　创建表-设置主键和字段大小

③ 单击"社团编号"字段下方的空白字段行，输入"社团名称"并设置其数据类型和数据大小。

按同样方法依次建立其他字段，并设置其对应的数据类型和字段大小，要注意的是"成立日期"字段为"日期/时间"类型，且除"社团编号"字段外，其他字段都不是主键。全部建立完成后如图 5-12 所示。

图 5-12　创建表-"社团信息表"设计视图

④ 单击工具栏上的"保存"按钮，弹出"另存为"对话框，将默认的"表 1"表名称改为"社团信息表"，单击"确定"按钮即可保存。然后单击"设计"选项卡下"视图"选项组中的"视图"按钮，进入"社团信息表"的数据表视图，如图 5-13 所示。此时就可以进行该表的数据输入等操作了。

图 5-13　"社团信息表"的数据表视图

按上述方法根据表 5-3、表 5-4 和表 5-5 表分别创建"班级简况表"、"社团成员信息表"和"社团成员组成表"，并设置其相应字段为主键。注意，在创建社团成员组成表时，须同时选中"社团编号"和"学号"字段再设置主键，将这两个字段同时设为复合主键。

创建后的表可以随时修改其结构，在 Access 主窗口中的表对象中选择要修改结构的表，打开其设计视图进行修改即可。但如果表中已存有数据，修改表结构可能会造成原有数据丢失，所以表结构要经过系统需求调研后严格定义，保存数据后尽量不要再修改。

2）在相关表之间创建查阅字段列表

由于"社团成员信息表"中的"班级编号"字段要参照"班级简况"中的"班级编号"字段（见表5-4和表5-5），即"班级简况"中的"班级编号"主键在"社团成员信息表"中为外键，以建立两表之间的关系。这样"社团成员信息表"中的"班级编号"字段值必须是"班级简况表"中已存在的班级编号，即保证关系的完整性规则。

同样，"社团成员组成表"要通过"社团编号"字段与"社团信息表"建立关系，通过"学号"字段与"社团成员信息表"建立关系，即"社团成员组成表"中的"社团编号"字段值必须是"社团信息表"中已有的社团编号，而其"学号"字段值必须是"社团成员信息表"中已有的学号。

可以通过在相关表之间创建查阅列表字段或通过图形化创建关系图来创建表间关系。下面通过"社团成员信息表"中的"班级编号"字段来介绍如何创建查阅列表字段。具体步骤如下：

① 打开社团管理数据库，在"设计"视图下打开"社团成员信息表"，并选择"班级编号"字段。

② 在数据类型中选择"查阅向导"选项，弹出"查阅向导"的第一个对话框，选中"使用查阅列查阅表或查询中的值"单选按钮，如图5-14所示。

③ 单击"下一步"按钮，弹出"查阅向导"的第二个对话框，在该列表框中选择"表：班级简况表"选项，如图5-15所示。

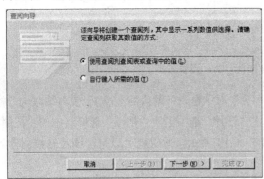

图5-14 查阅向导-选择查阅列获取数值方式

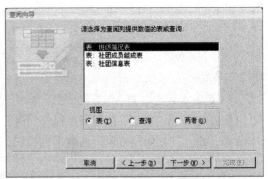

图5-15 查阅向导-选择查阅列数据源

④ 单击"下一步"按钮，弹出"查阅向导"的第三个对话框，在"可用字段"列表框中依次双击"班级编号"和"班级名称"字段，这两个字段将移至"选定字段"列表框中，如图5-16所示。

⑤ 单击"下一步"按钮，弹出"查阅向导"的第四个对话框。在第一个下拉列表框中选择"班级编号"选项，如图5-17所示。

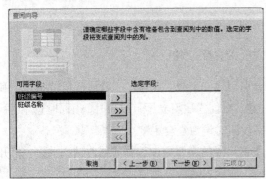

图5-16 查阅向导-选择查阅列

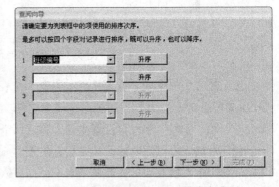

图5-17 查阅向导-设置排序方式

⑥ 单击“下一步”按钮，弹出“查阅向导”的第五个对话框，如图 5-18 所示。

⑦ 单击“下一步”按钮，弹出“查阅向导”的第六个对话框，如图 5-19 所示。

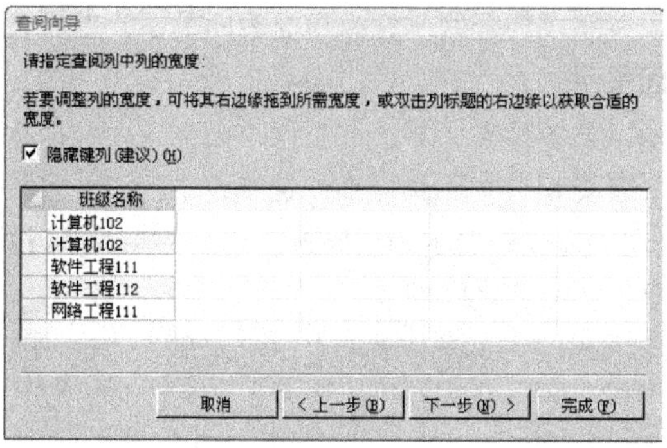

图 5-18　查阅向导-设置查阅列宽度和隐藏键列

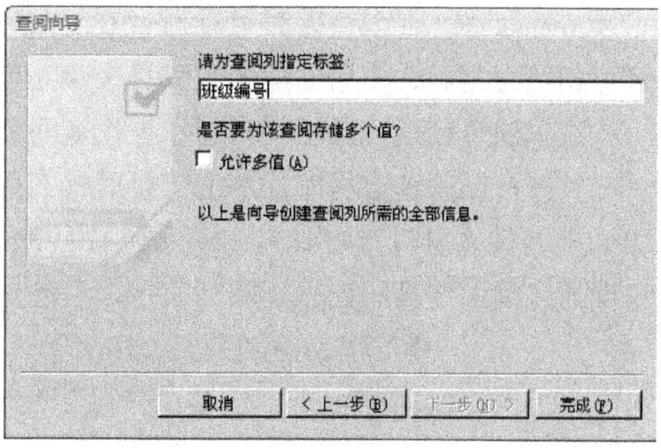

图 5-19　查阅向导-设置查阅列标签

⑧ 单击“完成”按钮，弹出“查阅向导”的最后一个对话框，提示创建关系应先保存表，如图 5-20 所示，单击“是”按钮即可。

要注意的是，“社团成员信息表”的“班级编号”字段虽然已设为“查阅向导”类型，其数据类型仍显示为“文本”类型，但其属性中“查阅”选项卡中的信息已反映了其值的查阅关系，如图 5-21 所示，可以看出其“班级编号”行的来源是一条 SELECT 查询语句的查询结果。

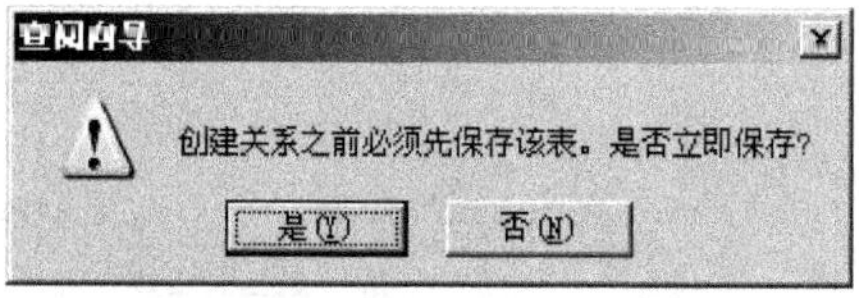

图 5-20　“查阅向导”对话框

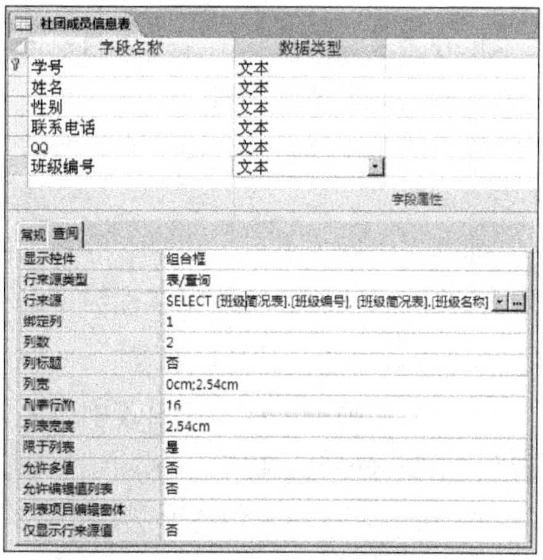

图 5-21　查阅向导字段的行来源

按上述同样方法创建“社团成员组成表”的查阅字段列表，将其“社团编号”字段设为查阅“社团信息表”的“社团编号”和“社团名称”字段，将其“学号”字段设为查阅“社团成员信息表”的“学号”和“姓名”字段，并在查阅向导的第五个对话框中，不选取“隐藏键列（建议）”选项，主要是考虑学生可能存在重名，这样在通过查阅输入学号时将同时显示参照表中的学号和姓名。

7．表间关系

在前面创建的 4 个表之间存在着参照引用关系，具体如下：

① 社团成员信息表中的“班级编号”字段（外键）参照班级简况表中的“班级编号”字段（主键）。

② 社团成员组成表中的"社团编号"字段（外键）参照社团信息表中的"社团编号"字段（主键），其"学号"字段（外键）参照社团成员信息表中的"学号"字段（主键）。

Access 中，在创建表时可以通过查阅向导设置字段的查阅属性来建立表间关系，也可以先创建好相关表之后，使用创建关系工具来建立表间关系。

这里通过创建关系工具来建立上述表间关系。具体步骤如下：

打开社团管理数据库，单击"数据库工具"选项卡下"显示/隐藏"选项组中的"关系"按钮，打开关系窗口，如图 5-22 所示。图中表之间的连线即表示表之间通过连线两端的字段关联，说明通过前面在表间创建查阅列表字段后已建立了相关表之间的关系。

图 5-22　表间关系

如果有新的表要创建关系，单击"设计"选项卡下"关系"选项组中的"显示表"按钮，弹出"显示表"对话框，如图 5-23 所示，将所需的表添加到关系窗口中，然后在关系窗口中按住鼠标并将某表中关联字段拖动到相关表的查阅字段上，释放鼠标，在弹出的对话框中进行相应设置即可。这里不再详述。

在"关系"窗口中右击关系连线后可以重新编辑或删除表间关系。

建立了表间关系后，在以后的相关表的数据输入等数据操作中将实施建立的完整性约束。

图 5-23　"显示表"对话框

8．表数据输入及数据管理

建立表结构后，就可以向表中输入数据。表的数据管理包括数据输入、修改、删除等操作。

在 Access 中，可以利用"数据表"视图直接输入数据，也可以从已有的表或其他数据源导入数据。这里只介绍通过"数据表"视图来输入数据。

以"社团信息表"为例来说明使用数据表视图输入数据的过程。具体步骤如下：

① 打开社团管理数据库，双击左侧窗格中的"社团信息表"选项，打开"社团信息表"的数据表视图，表以二维表格形式显示，在标题行下直接有一行空行（空记录）。

② 在第一条空记录的"社团编号"、"社团名称"、"成立日期"等字段中分别输入第一个社团的相应的字段值，当输入完一个字段后按【Enter】键或【Tab】键移至下一字段，输入下一字段值。

③ 输完一条记录后，按【Enter】键或【Tab】键移至下一条记录，继续输入下一条记录，也可以使用鼠标来移动光标。

通常在输入一条记录的同时，Access 会自动添加一条新的空记录，且该记录的"选择器"上会显示一个星号 ＊ 。

　　注意，输入记录时主键字段不能为空。在输入"日期/时间"类型的字段时，可以按格式直接输入，也可以通过"日期时间选择"对话框来选择输入。单击字段右边的日期选择按钮🗓，将弹出"日期时间选择"对话框，如图 5-24 所示，选择相应日期即可。

　　④ 输入图 5-24 所示的社团记录后，单击工具栏上的"保存"按钮，保存输入的数据。读者也可输入更多的社团信息。

　　"社团编号"字段左侧的加号⊞表示该字段与其他表有参照关系，单击⊞则展开相应社团的成员信息。

　　按上述同样方法输入图 5-25 所示的"班级简况表"所有班级记录。

图 5-24　通过"日期时间选择"对话框选择日期

图 5-25　"班级简况表"记录

　　对于"社团成员信息表"，因为前面已经将其"班级编号"设置为查阅"班级简况表"中"班级编号"字段（查阅列表字段为"班级编号"和"班级名称"字段），所以在输入其"班级编号"字段时，该字段将查阅"班级简况表"中的"班级编号"字段关联并显示"班级名称"（在创建查阅时隐藏了"班级编号"字段），输入时可直接从下拉列表框中选择相应班级，如图 5-26 所示，当然也可以直接输入。

　　这里输入图 5-26 所示的社团成员记录，读者也可以输入更多的社团成员记录。

　　类似"社团成员信息表"中的查阅字段，"社团成员组成表"中的"社团编号"字段的查阅列表字段为"社团信息表"中的"社团编号"和"社团名称"字段，其"学号"字段的查阅列表字段为"社团成员信息表"的"学号"和"姓名"字段。图 5-27 为输入其"学号"字段时查阅选择情况。

图 5-26　"社团成员信息表"中的"班级编号"查阅字段　图 5-27　"社团成员信息表"中的"学号"查阅字段

通过创建查阅列表可有效地提高数据输入效率和准确性，并保证关系完整性。

表数据输入保存后，还可以再在数据视图下将其打开，进行数据添加、修改和删除等数据操作。

9. 创建查询

查询的主要目的是根据指定的条件对表或其他查询进行检索，筛选出符合条件的记录，构成一个新的数据集合，从而方便对数据表进行查看和分析。

Access 中查询包括选择查询、交叉表查询、操作查询、参数查询和 SQL 特定查询。选择查询是最常用的查询，是按给定的要求从数据源中检索数据，它不改变数据表中的数据；交叉表查询是对基表或查询中的数据进行计算和重构，可以简化数据分析；操作查询是在操作中以查询所生成的动态集对表中数据进行更改（包括添加、删除、修改及生成新表）的查询；参数查询是运行时需要用户输入参数的特殊查询；SQL 特定查询是使用 SQL 语句创建的结构化查询。这里只介绍常用的选择查询。

在 Access 中查询有 5 种视图：设计视图、数据表视图、SQL 视图、数据透视表视图和数据透视图视图。

Access 提供了两种创建选择查询的方法：一种方法是使用"查询向导"，另一种是使用查询"设计视图"。查询向导方式操作简单、快速，但功能较差。查询设计视图方式功能丰富、灵活。所以这里介绍如何使用查询设计视图来创建查询。

1）按社团查询其成员情况

以查询"IT 创业协会"成员信息为例来说明如何创建查询某一社团成员的查询。具体步骤如下：

① 打开社团管理数据库，单击"创建"选项卡下"其他"选项组中的"查询设计"按钮，打开查询"设计"视图，同时弹出"显示表"对话框，如图 5-28 所示。

② 在"显示表"对话框中依次将"社团成员组成表"、"社团成员信息表"和"班级简况表"添加到查询设计视图中，在查询设计视图字段列表区将显示所添加的表的字段列表和之前已创建的表之间的关系，如图 5-29 所示。然后关闭"显示表"对话框。

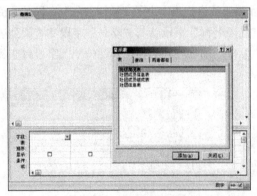

图 5-28　查询设计视图

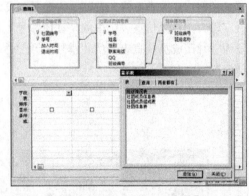

图 5-29　创建"IT 创业协会会员"查询-添加表

③ 在设计视图上半部分的字段列表区中双击要查找的字段，将其添加到查询设计网格中（或将字段拖动到查询设计网格中，也可在查询设计网格的"字段"下拉列表框中选择）。这里查询的字段包括"社团成员组成表"的"社团编号"字段、"社团成员信息表"的"学号"字段、"班级简况表"的"班级名称"字段等，如图 5-30 所示。

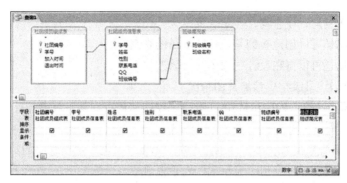

图 5-30 创建 "IT 创业协会会员" 查询–添加查询字段

④ 在查询设计网格中，可以根据需要设置 "排序"、"显示"、"条件" 和 "或" 栏中的内容。这里在 "社团编号" 字段的条件行输入 "ZG704"（即查询 "IT 创业协会" 的会员），因为 "社团编号" 字段只作为条件而不需要显示，所以取消选择该字段的 "显示" 复选框，并将 "班级名称" 字段的排序设为 "升序"（查询结果将以班级名称升序列出），如图 5-31 所示。

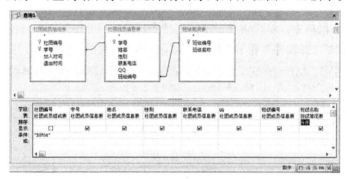

图 5-31 创建 "IT 创业协会会员" 查询–设置查询条件等

查询设计网格中，"显示" 栏中的复选框用来指示在执行查询时是否将对应字段显示出来；"条件" 栏用来设置对应字段的筛选条件，各字段之间的筛选条件是 "并且" 关系；"或" 栏用来设置同一字段 "或" 的筛选条件。

⑤ 至此已完成了 "IT 创业协会会员" 查询的设计工作，单击 "保存" 按钮，在弹出的 "另存为" 对话框中，将查询命名为 "IT 创业协会会员" 并单击 "确定" 按钮。

切换到数据表视图，查询结果如图 5-32 所示。该查询按要求返回了 "IT 创业协会" 符合条件的会员信息，并按班级名称排序。

图 5-32 "IT 创业协会会员" 查询运行结果

在 Access 的对象导航栏中，可以看到刚创建的 "IT 创业协会会员" 查询已作为查询列出。打开查询的数据视图则运行该查询，显示查询结果。

按上述步骤同样可以创建查询其他社团成员的查询。

保存后的查询还可以再在设计视图中进行修改。

2）按班级查询该班级学生参加社团情况

以"软件工程112班"（RB2011102）为例来说明如何查询某班级参加社团的学生情况。具体步骤如下：

① 打开社团管理数据库，单击"创建"选项卡下"其他"选项组中的"查询设计"按钮，打开查询"设计"视图，并弹出"显示表"对话框。

② 在"显示表"对话框中依次将"社团成员信息表"、"社团成员组成表"和"社团信息表"添加到查询设计视图中。

③ 在设计视图的字段列表区中依次双击下列表中的相应字段，将字段添加到设计网格中：

"社团成员信息表"："学号"、"姓名"、"性别"、"联系电话"、"QQ"、"班级编号"字段；

"社团信息表"："社团名称"字段；

"社团成员组成表"："加入时间"和"退出时间"字段。

④ 在查询设计网格中，将"学号"字段的排序行设为"升序"，在"班级编号"字段的条件行输入"RB2011102"（即软件工程112班）并取消选择该字段的"显示"复选框，如图5-33所示。

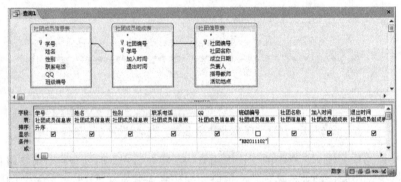

图5-33 创建"软件工程112班学生参加社团情况"查询

⑤ 将查询保存为"软件工程112班学生参加社团情况"，并切换到数据表视图，查询结果如图5-34所示。查询结果为软件工程112班所有参加社团的学生情况。

图5-34 "软件工程112班学生参加社团情况"查询的运行结果

3）查询参加两个以上社团的学生情况

查询可以完成多种功能，包括统计、创建新表等。现创建"查询参加两个以上社团的学生情况"的查询，具体步骤如下：

① 按创建查询的步骤打开查询设计视图，依次将"社团成员组成表"、"社团成员信息表"和"班级简况表"添加到查询设计视图中。

② 在设计视图的字段列表区中依次双击下列表中的相应字段，将字段添加到设计网格中：

"社团成员信息表"："学号"、"姓名"、"性别"、QQ、"班级编号"字段，并将"学号"字段的排序设为升序；

"班级简况表"："班级名称"字段；"社团成员组成表"："学号"字段，用于统计。

③ 单击工具栏上的"统计"按钮，在设计窗格中就会出现"总计"栏，单击"社团成员组成表.学号"字段的"总计"下拉列表框，从弹出的下拉列表中选择"计算"（默认为 Group By）选项，再将该字段的条件行设为">1"，并在字段名称的"学号"前加上"参加社团数:"（此处字段名称只是显示使用，不影响表结构），如图 5-35 所示。

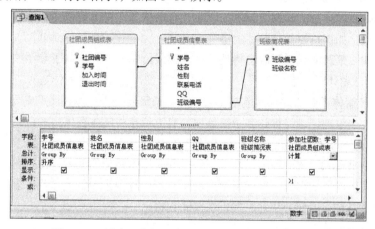

图 5-35　创建"参加两个以上社团的学生情况"查询

④ 将查询保存为"参加两个以上社团的学生情况"，并切换到数据表视图，查询结果如图 5-36 所示。查询结果为参加两个以上社团的所有学生情况。

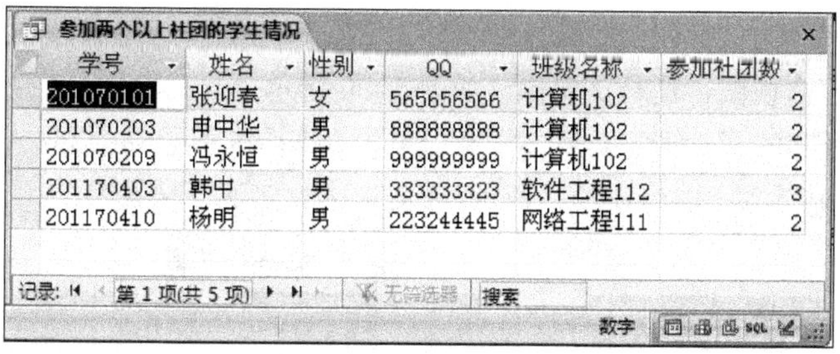

图 5-36　"参加两个以上社团的学生情况"查询的运行结果

10. 创建窗体

窗体的主要功能包括显示、输入和编辑数据、创建数据透视窗体图表、控制应用程序流程等。

Access 提供了 7 种类型的窗体：纵栏式窗体、表格式窗体、数据表窗体、主/子窗体、图表窗体、数据透视表窗体和数据透视图窗体，并提供了多种智能化的创建窗体的方法，可以快速地创建窗体。在 Access 窗口中，选择"创建"选项卡，在"窗体"选项组中显示了多种创建窗体的命令按钮，如图 5-37 所示。

1）使用窗体工具自动创建"班级简况-窗体"

使用窗体工具创建窗体非常简单，只须单击即可自动
创建窗体。使用该工具时，来自基础数据源的所有字段都
放在窗体上。用户可以立即使用新建窗体，也可以在布局
视图或设计视图中修改该窗体。

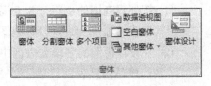

图 5-37　创建窗体工具栏命令按钮

这里通过窗体工具自动创建"班级简况-窗体"，步骤如下：

① 打开社团管理数据库，在窗口左侧的窗格中选中"班级简况表"。

② 单击"创建"选项卡下"窗体"选项组中的"窗体"按钮 ，自动创建图 5-38 所示的窗体。

③ 将该窗体保存为"班级简况-窗体"。

④ 切换到其窗体视图，运行该窗体，如图 5-38 所示。

创建窗体时是以"布局视图"显示的。在"布局视图"中，可以在窗体显示数据的同时对窗体进行设计修改，如调整控件位置、大小等。

由于在创建"班级简况表"时已将其与"社团成员信息表"建立了参照关系，创建的"班级简况-窗体"也自动体现了表间关系，主窗体是班级简况记录，子窗体是对应的班级的学生信息记录。通过主/子窗体下方的记录导航按钮可以对"班级简况表"和"社团成员信息表"中的记录进行浏览、修改、添加记录等操作，子窗体中的成员信息将随主窗体中的记录变化而变化。

2）使用分割窗体工具创建"社团信息-分割窗体"

分割窗体是 Access 2007 新增的功能，可以同时提供数据的两种视图：窗体视图和数据表视图。两种视图采用同一数据源，并保持数据同步，即两种视图中的光标位置会保持同步定位在同一字段。因此可以在任一部分添加、编辑和删除数据。

这里通过分割窗体工具自动创建"社团信息-分割窗体"，步骤如下：

① 打开社团管理数据库，在窗口左侧的窗格中选中"社团信息表"。

② 单击"创建"选项卡下"窗体"选项组中的"分割窗体"按钮 ，自动创建图 5-39 所示的窗体。

③ 将该窗体保存为"社团信息-分割窗体"。

④ 切换到其窗体视图，运行该窗体，如图 5-39 所示。

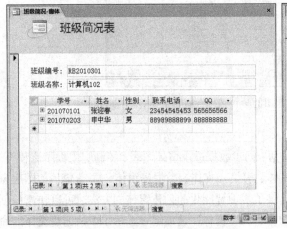

图 5-38　"班级简况-窗体"窗体

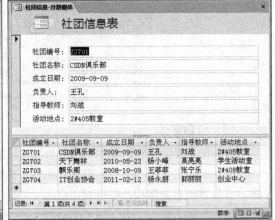

图 5-39　"社团信息-分割窗体"窗体

分割窗体的上部为窗体视图，下部为数据表视图，通过在数据视图中移动或通过记录导航栏中导航按钮可以定位到指定记录。

杰出人物：1981 年图灵奖获得者，关系数据库之父——埃德加·科德（Edgar Frank Codd）

埃德加·科德于 1923 年出生于英国多塞郡波特兰岛，曾就读于牛津大学，主修数学和化学。二战中作为一名机长在英国皇家空军服役，1948 年，成为 IBM 公司的一名 SSEC 程序员，后来参与了 IBM 第一台商用科学计算机 701 中逻辑设计等重要项目的开发，并为 IBM STRETCH 计算机发明了"多道程序设计"技术。1970 年，时任 IBM 圣约瑟研究实验室高级研究员的埃德加·科德发表了题为《用于大型共享数据库的关系模型》的论文，首次明确而清晰地提出了崭新的关系模型，并在 IBM System R 中实现。随后埃德加·科德又提出了关系代数和关系演算，为日后成为标准的结构化查询语言 SQL 奠定了基础。关系模型简单明了，有坚实的数学基础，一经提出，很快出现了一大批关系数据库系统并迅速商业化，使得流行多年的基于层次模型和网状模型的数据库产品很快衰败，目前绝大多数数据库系统都是基于关系模型的。由于对关系数据库的突出贡献，埃德加·科德被称为"关系数据库之父"，并因此于 1981 年获得图灵奖。1983 年，ACM 把《用于大型共享数据库的关系模型》列为 1958 年以来最具里程碑意义的 25 篇研究论文之一。

提示： 在计算机科学与技术专业培养方案中都设置有"数据库系统"课程，在该课程中会详细讲解数据库的原理，而且通常会结合实际的数据库管理系统来加深对理论的理解，培养实际的数据库操作和编程能力。

5.3　多媒体技术及其应用

多媒体技术是近年来迅速发展起来的热点技术，多媒体技术的应用使传统的计算机系统、视听设备等发生了巨大的变化，极大地扩展了计算机的应用空间。例如，现在的 PC 都是多媒体 PC，导购、导游系统和许多家庭娱乐设备也是多媒体的。多媒体技术的显著特点是改善了人机交互界面，集声、文、图、像处理于一体，更接近人们自然的信息交流方式。多媒体技术的应用如此广泛，极大地改变了人们的生活、学习、工作和娱乐方式。

多媒体的典型应用包括教育和培训、咨询和演示、娱乐和游戏、管理信息系统、视频会议、视频服务系统、多媒体通信、计算机支持协同工作（CSCW）等。

本节主要介绍多媒体技术的基本概念、超文本与超媒体、多媒体数据压缩技术和标准、虚拟现实、多媒体创作和处理工具等。

5.3.1　多媒体技术概述

首先要了解什么是媒体和多媒体，媒体有哪些类型，什么是多媒体技术等。

1. 媒体及其分类

媒体（Medium）是存储、表示和传播信息的载体，如报纸、杂志、电视、广播、光盘等都是媒体。

现代科技的发展，赋予了"媒体"许多新的内涵，前国际电报电话咨询委员会（CCITT）曾对媒体做过以下分类：

① 感觉媒体（Perception Medium）：是指直接作用于人的感官，使人能直接产生感觉的媒体，

如语言、音乐、自然界的各种声音、图像、图形、文字及计算机中的数据、文件、文本等。感觉媒体又可分为视觉媒体、听觉媒体、触觉媒体、嗅觉媒体、味觉媒体等。

② 表示媒体（Representation Medium）：是为了加工、处理和传输感觉媒体而人为研究、构造出来的一种媒体，也可以说是数字化后的感觉媒体，其目的是为了更有效地描述和传播感觉媒体，便于加工和处理。表示媒体有各种编码方式，如语言编码、文本编码、图像编码等。

③ 表现媒体（Presentation Medium）：是将感觉媒体转换成表示媒体，或将表示媒体转换成感觉媒体的物理设备，对应为输入表现媒体（如键盘、鼠标、话筒、摄像机等）和输出表现媒体（如显示器、音箱、打印机、绘图仪等）。

④ 存储媒体（Storage Medium）：用于存放表示媒体（感觉媒体数字化后的代码），以便在计算机中处理、加工和使用。此类媒体主要有磁盘、光盘、磁带等。

⑤ 传输媒体（Transmission Medium）：用来传输媒体的物理载体，是通信的信息载体，如光缆、导线、同轴电缆、无线电波等。

2．超文本与超媒体

传统的文本如文章、书本、程序等，其特点是在组织结构上是线性的和顺序的。而人类的记忆是联想式的，这种联想的特性构成了人类记忆的网状结构。1965 年，Ted Nelson 将其提出的非线性网络文本命名为"超文本"（HyperText），并开始在计算机上实现该想法。

超文本结构类似于人类的联想式记忆结构，它采用一种非线性的网状结构组织块状信息，没有固定的顺序，也不要求按顺序来读，如上网浏览的网页等。

超文本与传统的文本文件的主要差别是：传统的文本是以线性方式组织的，超文本是以非线性方式组织的。

超文本系统是能对超文本进行管理和使用的系统。

第一代超文本系统处理对象只是文本和数字信息，第二代超文本系统处理对象包括正文、图形、声音、动画、静态图像、视频等，为强调系统处理多媒体信息的能力而将其称为"超媒体系统（Hypermedia）"，即"超媒体=多媒体+超文本"。

3．多媒体技术及其特点

多媒体是融合两种以上的媒体的信息交互和传播媒体，如文本加上声音、电视图像加上伴音、报纸上文本配上照片等，但在计算机多媒体技术中的多媒体有其特殊性。

多媒体技术定义：多媒体技术就是计算机交互式综合处理多种媒体信息（包括文本、图形、图像和声音等），使多种信息建立逻辑链接，集成为一个系统并具有交互性。简言之，多媒体技术就是计算机综合处理声、文、图信息的技术，具有集成性、实时性和交互性。

多媒体技术有 3 个显著的特点，即集成性、实时性和交互性。

① 集成性（多样性）：集成性有两方面的含义，一是媒体信息的集成，即声音、文字、图像、视频等的集成；二是显示或表现媒体设备的集成，即计算机集成了文本输入、声音录放、视频录制、显示输出、打印输出等多种表现媒体设备。

② 实时性：是指在多媒体系统中声音及活动的视频图像是强实时的，即系统提供了对这些时基媒体进行实时处理的能力。

③ 交互性：是指用户可以交互地处理系统的媒体。

计算机具有交互性，比较容易实现人机交互功能。因此，多媒体和目前人们熟悉的模拟电视、报纸、杂志等媒体是大不相同的。

4．多媒体技术的发展历程

多媒体技术起源于 20 世纪 80 年代。1984 年，Apple 公司在 Macintosh 计算机中创造性地引入了位图、窗口、图标等技术，这些技术构成了图形用户界面（GUI），同时鼠标的引入，极大地方便了用户的操作，使系统的交互性大大增强。

1985 年，Microsoft 公司推出了 Windows 1.0 多任务的图形界面操作系统，支持多层窗口操作。

1985 年，Commodore 公司推出了世界上第一台多媒体计算机系统 Amiga 系统，配置了图形处理芯片、声音处理芯片和视频处理芯片，使计算机有了声和影。

1986 年，荷兰的飞利浦公司和日本的索尼公司联合推出 CD-I（Compact Disc Interactive，交互式紧缩光盘系统），同时公布了所采用的 CD-ROM 光盘的数据格式，并成为国际标准。之后陆续出现了多种类型的光盘。

1989 年，Intel 在 Comdex/Fall'89 展示会上推出了采用交互式数字视频系统（Digital Video Interactive，DVI）的 Action Media 750 多媒体开发平台。

自 20 世纪 90 年代以来，多媒体技术逐渐成熟，开始从以研究开发为重心转移到以应用为重心，相关组织制定了多种多媒体标准和规范，多媒体技术进入标准化阶段。1990 年 10 月，Microsoft 公司提出了多媒体个人计算机（Multimedia Personal Computer）标准 MPC 1.0；1993 年，由 IBM、Intel 等数十家软硬件公司组成的多媒体个人计算机市场协会（The Multimedia PC Marketing Council，MPMC）发布了多媒体个人计算机标准 MPC 2.0；1995 年 6 月，MPMC 又公布了 MPC 3.0。随着多媒体技术和计算机应用的日益广泛，多媒体已成为个人计算机的基本功能。因此，就没有再发布 MPC 新标准。同时 ISO 和 ITU 等组织也制定了一系列多媒体相关标准，如静态图像压缩标准 JPEG、动态图像（视频）压缩编码系列标准 MPEG 和 H.26X 视像压缩编码标准等，这些标准都获得了非常成功和广泛的应用。

随着多媒体各种标准的制定和广泛应用，极大地推动了多媒体产业的发展，多媒体技术进入了蓬勃发展阶段，一些多媒体标准和实现方法（如 JPEG、MPEG 等）已被做到芯片级。例如，1997 年 Intel 公司推出的具有 MMX（多媒体扩展）技术的奔腾处理器、AC97 杜比数字环绕音响，还有 AGP 规格、MPEG-2、PC-98、2D/3D 绘图加速器等。近年来，MPEG 等多媒体标准已广泛应用于数字卫星广播、高清晰电视、数字录像机等。随着网络应用的发展，多媒体技术也广泛应用于视频点播（VOD）、电视机顶盒、视频电话、视频会议、虚拟现实等方面。

5.3.2　多媒体数据压缩技术

用计算机来处理多媒体信息，首先要把这些信息数字化，如果不进行压缩编码，数字化后的多媒体信息数据量是非常大的。多媒体数据通常存在各种各样的冗余，在不影响人们对媒体信息理解的前提下，可以对其进行压缩处理。目前已经研究了各种各样的多媒体信息压缩方法，根据压缩原理进行划分，大致可分为以下几种类型。

1．预测编码

对于图像，预测编码是利用空间中相邻数据之间的相关性，利用过去和现在出现过的点的数据情况来预测未来点的数据，对预测值与实际值的差值进行编码，从而降低编码后的数据量，实现压缩。常用的预测编码有差分脉码调制（Differential Pulse Code Modulation，DPCM）和自适应差分脉码调制（Adaptive Differential Pulse Code Modulation，ADPCM）。

2．信息熵编码（统计编码）

信息熵编码是基于信息熵原理的，即给出现概率大的符号赋予短的码字，给出现概率小的符号分配长的码字，从而降低编码后的总数据量。信息熵编码是基于信号的统计特性的，所以又称统计编码。常用的信息熵编码主要有 Huffman（哈夫曼）编码、Shannon（香农）编码、游程长度编码（Run Length Coding，RLC）和算术编码等。

3．变换编码

变换编码是将图像空间域信号变换到频率域上进行处理。在时域空间上具有强相关性的信号，反映在频域上是某些特定的区域内能量常常被集中在一起，只须处理相对小的区域上的信号，从而进行压缩。一般采用正交变换，如离散余弦变换（DCT）、离散傅里叶变换（DFT）、Walsh-Hadamard 变换（WHT）和小波变换（WT）等。

4．子带编码

子带编码是将图像数据从时域变换到频域后，按频域分成子带，然后对不同的子带使用不同的量化器进行量化，从而达到最优的组合。或者分步渐进编码，在初始时，对某一频带的信号进行解码，然后逐渐扩展到所有频带。随着解码数据的增加，解码图像也逐渐变得清晰。

5．模型编码

模型编码在编码时首先将图像中的边界、轮廓、纹理等结构特征找出来，然后保存这些结构信息。解码时根据结构和参数信息进行合成，恢复原图像。具体方法有轮廓编码、域分割编码、分析合成编码、识别合成编码、基于知识的编码和分形编码等。

5.3.3　图形图像处理

图形是指用参数法表示的图，如直线、圆、矩形、曲线和图表等。图像是指用点阵法表示的图，如数码照片、数字录像等。图形和图像都是对客观物体或虚构物进行的一种相似性的生动模仿或描述。

图形生成与处理是指用计算机来表示图形、生成图形、处理图形和显示图形的技术，主要包括图形的扫描转换、几何变换、区域填充、反走样、裁剪、消隐及真实感图形技术等。

图像处理主要是指利用计算机对数字图像进行增强、去噪、复原、分割、重建、编码、存储、压缩和恢复等的技术。

3DS MAX 是一款著名的图形生成和处理软件，Photoshop 是一款著名的图像处理软件。图形图像处理软件为多媒体系统提供视觉媒体元素。

5.3.4　多媒体技术标准简介

目前有多种已广泛应用的多媒体数据压缩编码/解码标准，这里介绍几个常用的多媒体技术国际标准。

1．JPEG

JPEG（Joint Photographic Experts Group，联合图像专家组）标准全称为"多灰度静态图像的数字压缩编码"标准，是由 ISO 和 ITU 组织的联合图像专家组制定的静态图像压缩标准，适用于彩色和单色、多灰度连续色调的静态图像。目前网页上广泛使用的.jpg或.jpeg格式的图片即采用JPEG标准压缩。

2．MPEG

MPEG（Moving Picture Experts Group，动态图像专家组）标准是由 ISO 组织的 MPEG 制定的有关数字运动图像及其伴音的压缩编码的一套系列标准，包括 MPEG-1、MPEG-2、MPEG-4、MPEG-7 和 MPEG-21 等。

3．H.26X

H.26X 是 ITU 制定的一个系列标准，包括 H.261、H.262（即 MPEG-2）和 H.263。

H.261 标准全称为"P×64 kbit/s 视听服务用视频编码方式"，又称"P×64 kbit/s 视频编码标准"，当时是为 ISDN 提供电视服务而制定的，是一个面向可视电话和电视会议的视频压缩算法国际标准，其中 P 是可变参数（1～30），可适用于不同的应用。

H.263 是在 H.261 基础上制定的，适用于低速视频信号。

5.3.5　虚拟现实

虚拟现实（Virtual Reality，VR）就是借助计算机技术及硬件设备，实现一种人们可以通过视、听、触、嗅等手段所感受到的虚拟环境，因此虚拟现实技术又称灵境或幻境技术。虚拟现实是计算机与用户之间的一种更为理想化的人机交互形式，计算机产生一种人为的虚拟环境，这种虚拟环境是通过计算机图形构成的三维数字模型，利用仿真、传感技术等模拟人的视觉、听觉、触觉等感官功能，创建一种适人化的多维信息空间，使人能够沉浸在计算机生成的虚拟境界中，并能够通过语言、手势等自然方式与之进行实时交互，从而使得用户在视觉、听觉、触觉等方面产生一种身临其境的感觉。如可以使用一个鼠标、游戏杆或其他跟踪器，在计算机上随意"游览"校园，任意进入各教学楼或实验中心，"参观"其布局和设置，或者在计算机上"游览"旅游胜地的美丽风光，借助于传感手套，还可以触摸和操作该环境中的物体。

虚拟现实技术是许多相关学科领域交叉、集成的产物，它综合利用了计算机图形学、仿真技术、多媒体技术、人工智能技术、计算机网络技术、并行处理技术和多传感器等技术。一般来说，一个完整的虚拟现实系统由虚拟环境、以高性能计算机为核心的虚拟环境处理器、以头盔显示器为核心的视觉系统、以语音识别、声音合成与声音定位为核心的听觉系统、以方位跟踪器、数据手套和数据衣为主体的身体方位姿态跟踪设备，以及味觉、嗅觉、触觉与力觉反馈系统等功能单元构成。

虚拟现实技术的主要特征有多感知性、沉浸性和交互性。

5.3.6　常用多媒体创作和处理工具

根据多媒体应用的需要，出现了许多多媒体创作和处理工具软件，如声音处理工具、图形图像制作和处理工具、动画制作工具、视频处理工具等，表 5-6 列出了目前常用的多媒体创作和处理工具。

表 5-6 常用多媒体创作和处理工具

类　型	软　件	简　　介
MIDI 创作	Cakewalk Pro	是 Cakewalk 公司开发的著名的 MIDI 音乐创作和编辑工具
音频处理	Cool Edit Pro	由 Syntrillium Software 公司开发的专业化的数字音频处理工具，功能强大，自带几十种音效。同时可以处理 128 条音轨，并可以处理视频中的音频
	Sound Forge	是由 Sonic Foundry 公司开发的一个功能强大的专业数字音频处理软件
图形图像制作与处理	Photoshop	Photoshop 是 Adobe 公司推出的专业的平面图像设计和图像处理软件，功能强大、易于操作，是最常用的平面图像设计和处理工具之一
	Fireworks	Macromedia 公司的图像制作软件，主要用于制作 Web 图像和简单的动画
	Illustrator	由 Adobe 公司开发的用于出版、多媒体和在线图像应用的矢量图像制作工具
	CorelDRAW	由 Corel 公司推出的专业的矢量图像制作工具
动画制作	Flash	由 Macromedia 公司开发的 2D 矢量动画、图像制作工具，是目前最常用的网页动画制作软件之一
	3ds Max	是 Autodesk 公司的产品，是应用广泛的三维建模、动画、渲染软件，用于制作高质量的 3D 动画、游戏、3D 效果图等
	Maya	Alias 公司的产品。Maya 是最著名的专业级 3D 建模、动画制作、渲染软件
视频影像处理	Adobe Premiere Pro	由 Adobe 公司开发的专业非线性视频编辑处理软件，广泛应用于影视节目、广告片等视频节目制作
Web 制作	Dreamweaver	由 Macromedia 公司开发的可视化的网页设计和网站管理工具，是目前网页设计和制作的主要工具之一
	Microsoft FrontPage	是 Microsoft Office 组件之一，流行的网页设计制作、网站管理工具
多媒体演示文稿制作	Microsoft PowerPoint	是 Microsoft Office 组件之一，著名的幻灯片制作工具，支持多种媒体，用于制作幻灯、课件、演示文稿等
多媒体制作	Authorware	是 Macromedia 公司开发的基于图标的多媒体制作工具，可用于制作课件、网页等多媒体作品

杰出人物：1988 年图灵奖获得者，计算机图形学之父——伊万·萨瑟兰（Ivan Edward Sutherland）

伊万·萨瑟兰于 1938 年出生于美国内布拉斯加州，从小就喜欢对原理刨根问底，他在高中最喜欢的课程是几何，自称图形思考者。当时，他在继电器计算机 SIMON 上编写了该机型历史上最长的一个程序。1959 年，萨瑟兰在卡内基·梅隆大学获得电气工程学士学位，第二年又在加州理工学院获得硕士学位，而后进入麻省理工学院攻读博士。经过 3 年努力，1963 年，伊万·萨瑟兰完成了博士论文课题——三维的交互式图形系统，即著名的 Sketchpad 系统，这是第一个交互式绘图程序，奠定了计算机图形学、GUI 和 CAD/CAM 的基础。他还是虚拟现实技术的先驱，VLSI 设计方面的大师。由于对计算机图形处理研究的突出贡献，伊万·萨瑟兰被称为"计算机图形学之父"，并于 1988 年获得图灵奖。

提示：在计算机科学与技术专业培养方案中一般都设置有"多媒体技术及应用"课程（有的作为选修课程），在该课程中会详细讲解多媒体技术的原理、实际应用及典型多媒体工具软件的使用等。有的学校还开设"计算机图形学"和"数字图像处理"课程。

5.4　计算机网络及其应用

在当今社会中，计算机网络起着非常重要的作用，对人类社会的进步做出巨大贡献。从某种意义上讲，计算机网络的发展水平不仅反映了一个国家的计算机科学和通信技术水平，而且已经成为衡量其国力及现代化程度的重要标志之一。

下面先介绍计算机网络的基本知识，然后介绍计算机网络的体系结构、分类、应用等其他内容。

5.4.1　计算机网络的概念

最简单的计算机网络就只有两台计算机和连接它们的一条链路，即两个结点和一条链路。最复杂的计算机网络就是因特网（Internet）。它由许多计算机网络通过路由器互连而成。因此，因特网又称"网络的网络"（Network of Networks）。

对于"计算机网络"这个概念的理解和定义，随着计算机网络本身的发展，人们提出了各种不同的观点。关于计算机网络的最简单的定义是：一些互相连接的、自治的计算机的集合。

这里将计算机网络定义为把分散在不同地理位置、具有独立功能的计算机系统及相关网络设备，通过通信线路相互连接起来，按照一定通信协议进行数据通信，以实现资源共享为目的的信息系统。由此可见，计算机网络是计算机技术和通信技术紧密结合的产物。可以从以下 3 个方面理解这个概念：

① 计算机网络建立的主要目的是实现计算机资源的共享。计算机资源主要是指计算机的硬件、软件与数据。网络用户不但可以使用本地计算机资源，而且可以通过网络访问连网的远程计算机资源，还可以调用网络中几台不同的计算机共同完成某项任务。

② 互连的计算机是分布在不同地理位置的多台独立的"自治计算机"。互连的计算机之间没有明确的主从关系，每台计算机既可以连网工作，也可以脱网独立工作，连网计算机可以为本地用户提供服务，也可以为远程网络用户提供服务。

③ 连网计算机之间的通信必须遵守共同的"网络协议"。网络中为进行数据传送而建立的规则、标准称为网络协议。这就和人们之间的对话一样，如果两人不懂得对方的语言，则无法进行交流。

5.4.2　计算机网络的产生与发展

现代计算机网络实际上是 20 世纪 60 年代美苏冷战的产物。美国国防部领导的远景研究规划局 ARPA（Advanced Research Project Agency）提出要研制一种全新型的、能够适应现代战争的、残存性很强的网络，其目的是对付来自苏联的核攻击。于是在 1969 年，美国的 ARPANET 问世。

ARPANET 的规模迅速增长，1984 年，ARPANET 上的主机已超过 1 000 台。1983 年，ARPANET 分解成两个网络：一个仍称为 ARPANET，是民用科研网；另一个是军用计算机网络 MILNET。

美国国家科学基金会 NSF 认识到计算机网络对科学研究的重要性，因此从 1985 年起，NSF 就围绕其 6 个大型计算机中心建设计算机网络。1986 年，NSF 建立了国家科学基金网 NSFNET，覆盖了全美国主要的大学和研究所。后来 NSFNET 接管了 ARPANET，并将网络改名为 Internet，即因特网。1987 年，因特网上的主机超过 1 万台。到了 1990 年，鉴于 ARPANET 的实验任务已经完成，在历史上起过非常重要作用的 ARPANET 正式宣布关闭。

1991 年，NSF 和美国的其他政府机构开始认识到因特网必将扩大其使用范围，不会仅限于大学和研究机构。世界上的许多公司纷纷接入到因特网，网络上的通信量急剧增加。因特网的容量又不能满足需要了，于是美国政府决定将因特网的主干网转交给私人公司来经营，并开始对接入因特网的单位收费。

如今已经是因特网的时代了，这是因为因特网正在改变着人们工作和生活的各个方面，它已经给很多国家（尤其是因特网的发源地美国）带来了巨大的利益，并加速了全球信息革命的进程。

表 5-7 是因特网上的网络数、主机数、用户数和管理机构数的简单概括。

表 5-7   因特网的发展概况

年　份	网 络 数	主 机 数	用 户 数	管理机构数
1980	10	10^2	10^2	10^0
1990	10^3	10^5	10^6	10^1
2000	10^5	10^7	10^8	10^2
2005	10^6	10^8	10^9	10^3

由于因特网在技术上和功能上存在着很多不足，加上用户数量迅猛增加，因此因特网不堪重负。1996 年，美国的一些研究机构和 34 所大学提出研制和建造新一代因特网的设想，同年 10 月美国总统克林顿宣布：在今后 5 年内用 5 亿美元的联邦资金实施"下一代因特网计划"，即"NGI 计划"（Next Generation Internet Initiative）。

NGI 计划要实现的一个目标是：开发下一代网络结构，以比现有的因特网高 100 倍的速率连接至少 100 个研究机构，以比现在的因特网高 1 000 倍的速率连接 10 个类似的网点，其端到端的数据传输速率要分别超过 100 Mbit/s 和 10 Gbit/s。另一个目标是：使用更加先进的网络服务技术和开发许多带有革命性的应用，如远程医疗、远程教育、有关能源和地球系统的研究、高性能的全球通信、环境监测和预报、紧急情况处理等。NGI 计划将使用超高速全光网络，能实现更快速的交换和路由选择，同时具有为一些实时（Real Time）应用保留带宽的能力。在整个因特网的管理、保证信息的可靠性和安全性方面也会有很大的改进。

5.4.3   计算机网络的功能

计算机网络之所以获得今天的飞速发展，是因为它具有如下主要功能：

① 资源共享：充分利用计算机网络中提供的资源（包括硬件、软件和数据）是计算机网络组网的主要目标之一。网络上的用户无论在什么地方，无论资源在哪里，都能使用网络中的程序、设备，尤其是数据。也就是说，用户使用千里之外的数据就像使用本地数据一样。

② 数据通信：是指计算机网络中的计算机之间或计算机与终端之间，可以快速可靠地相互传递数据、程序或文件。

③ 提高系统的可靠性：在一些用于计算机实时控制和要求高可靠性的场合，通过计算机网络实现备份技术可以提高计算机系统的可靠性。

④ 分布式网络处理和负载均衡：对于大型的任务或当网络中某台计算机的任务负荷太重时，可将任务分散到网络中的各台计算机上进行，或由网络中比较空闲的计算机分担负荷。

5.4.4   计算机网络的体系结构

人们在处理复杂问题时，通常会把这个复杂的大问题分割成若干个容易解决的小问题，如果解决了这些小问题并弄清它们之间的关系，就完成了这个复杂问题的求解。

网络体系结构的设计的思想类似于这种处理方式。大多数网络体系结构都进行分层设计，每层相当于不同的模块（小问题）。像这样的计算机网络层次结构及各层协议的集合称为计算机网络体系结构。

下面介绍两个著名的计算机网络体系结构。

1. OSI 参考模型

国际标准化组织 ISO 为了建立使各种计算机可以在世界范围内联网的标准框架，从 1981 年开始，制定了著名的开放式系统互连基本参考模型 OSI/RM（Open Systems Interconnection Reference Model）。

"开放"是指只要遵守 OSI 标准，一个系统就可以与位于世界上任何地方的、遵循同一标准的其他任何系统进行通信。OSI 参考模型分了 7 层：物理层、数据链路层、网络层、传输层、会话层、表示层、应用层，如图 5-40 所示。

OSI 模型试图达到一种理想境界，但由于其在模型设计及商家产品化等方面存在很多问题，因此并没有成功。尽管 OSI 没有占领市场，但其作为国际标准，还是提出了许多计算机网络中的核心概念，成为其他网络体系结构参照、衡量的理想模型。

2. TCP/IP 参考模型

现在绝大多数的网络，以及覆盖全世界的因特网使用的网络体系结构都是 TCP/IP（Transmission Control Protocol/Internet Protocol）参考模型。

TCP/IP 参考模型分 4 层：网络接口层、网络层、传输层、应用层，如图 5-41 所示。它和 OSI 的层次有所对应，但不一样。每层都有不同的协议，网络接口层的协议有地址解析协议 ARP(Address Resolution Protocol)和逆地址解析协议 RARP（Reverse Address Resolution Protocol），网络层的协议有网际协议 IP（Internet Protocol）和因特网控制消息协议 ICMP（Internet Control Message Protocol）等，传输层的协议有传输控制协议 TCP(Transmission Control Protocol)和用户数据报协议 UDP(User Datagram Protocol)，应用层的协议有 HTTP、FTP、SNMP、Telnet 等，其中 IP 和 TCP 是其最重要的协议。TCP/IP 参考模型也是一个开放模型，能很好地适应世界范围内数据通信的需要。TCP/IP 协议簇是学习网络的重点。

图 5-40　OSI 参考模型　　　　图 5-41　TCP/IP 参考模型

5.4.5　计算机网络的分类

由于用户的需求不同，所以组建的网络也就不同，于是现实中就存在各种各样的网络。下面给出计算机网络的 3 个分类体系。

1．按网络拓扑进行分类

网络中各台计算机连接的形式和方法称为网络的拓扑结构，主要拓扑形式如图 5-42 所示。

总线状拓扑通过一根传输线路将网络中所有结点连接起来，这根线路称为总线。网络中各结点都通过总线进行通信。现在的网络已经很少使用该结构了。

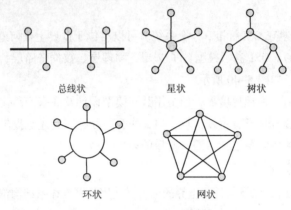

图 5-42　网络拓扑结构

星状拓扑中各结点都与中心结点连接，呈辐射状排列在中心结点周围。网络中任意两个结点的通信都要通过中心结点转接。单个结点出现故障不会影响到网络的其他部分，但中心结点出现故障会导致整个网络的瘫痪。

环状拓扑中各结点首尾相连形成一个闭合的环，环中的数据沿着一个方向绕环逐站传输。环状拓扑结构简单，但环中任何一个结点出现故障都可能造成网络瘫痪。为保证环路的正常工作，需要较复杂的环路维护处理。

树状拓扑是由总线状拓扑演变而来。在树状拓扑中，结点按层次进行连接，信息交换主要在上、下结点之间进行。树状拓扑适用于汇集信息的应用中。

网状拓扑结构中，结点之间的连接是任意的，没有规律。网状拓扑的主要优点是系统可靠性高，但是结构复杂，必须采用高效控制方法。

2．按网络的地理范围进行分类

根据地理范围的大小，网络可分为局域网 LAN（Local Area Network）、广域网 WAN（Wide Area Network）和城域网 MAN（Metropolitan Area Network）。

局域网一般用计算机通过高速通信线路相连，但在地理上则局限于较小的范围（如 1km 左右）。校园网、企业网就属于典型的局域网。

广域网的作用范围通常为几十到几千千米。广域网覆盖一个国家、一个地区或横跨几个洲。中国教育和科研网就属于典型的广域网。

城域网是地理范围在广域网和局域网之间的一种高速网络，作用范围是一个城市。城域网设计的目标是要满足几十千米范围内大量企业、机关、公司的多个局域网互连的需求，以实现大量用户之间的数据、语音、图形与视频等多种信息的传输功能。

3．按网络的使用范围进行分类

根据网络的使用范围，网络可分为公用网（Public Network）和专用网（Private Network）。

公用网一般是国家的邮电部门建造的网络。"公用"的意思就是所有愿意按邮电部门规定交纳费用的人都可以使用。

专用网是某个部门为单位特殊工作的需要而建造的网络。这种网络不向本单位以外的人提供服务，如军队、铁路、电力等系统都有本系统的专用网。

除了以上介绍的按照网络拓扑、地理范围、使用范围进行分类外，还有其他一些分类方式，如根据网络的交换技术、网络的通信方式等。

5.4.6　局域网的组成

局域网是人们日常工作使用的网络，总体来说，局域网由硬件系统和软件系统两大部分组成。

1．局域网硬件系统

下面介绍的硬件在大多数局域网中都会使用，但具体行业组建的局域网可能有涉及自己行业的设备，不再一一介绍。

1）通信介质

通信设备的连接线称为通信介质（或传输介质）。通信介质包括有线介质（双绞线、同轴电缆、光纤）和无线介质两种。

双绞线由成对的铜线绞合在一起组成，如图 5-43 所示。铜线相互扭合，可以降低信号的干扰。现在双绞线大量用在电话线和计算机局域网中。

某些行业的网络和较老的局域网则使用同轴电缆。同轴电缆现在主要用于有线电视，它的高性能允许同时传送超过 100 个电视频道的信号，如图 5-44 所示。双绞线和同轴电缆都是以金属"铜"作为导体。

由于光纤有很多优点，所以光纤在通信系统中得到了广泛的使用，其主要用于网络的骨干或核心部分，图 5-45 所示为光缆，光缆的芯线为光纤，光纤多以玻璃纤维作为导体，新型的光纤也有以塑料为导体的。

图 5-43　双绞线　　　　图 5-44　同轴电缆　　　　图 5-45　光缆

如果通信线路要经过一些高山、岛屿，铺设有线介质既昂贵又费时，或者人们需要进行移动通信的时候，就可以利用无线介质来实现通信了。例如，人们比较熟悉的卫星电视转播、移动电话、电视遥控器等都是利用无线介质进行通信的。人们现在已经利用了无线电、微波、红外线及可见光这几个波段进行通信，紫外线和更高频率的波段目前还不能用于通信。

2）网络连接和数据交换设备

网络利用传输介质把网络设备连接起来。

常用的局域网连接和数据交换设备有集线器、交换机、路由器、网卡等。

集线器（Hub）的外观如图 5-46 所示，这是 3Com 公司的一款集线器。它的作用就是将网络中的线缆集中起来，通过它实现物理上的连接，使连接在线缆两端的计算机能够相互通信。集线器也有数据交换的作用，但是数据交换的能力不强。

交换机（Switch）的外观如图 5-47 所示，这是 Cisco 公司的几款交换机。它的作用是使连入网络的计算机能够相互交换数据，它是局域网中最重要、使用最广泛的数据交换设备之一。交换机的数据交换能力比集线器强很多。

路由器（Router）的外观如图 5-48 所示，这是 Cisco 公司的几款路由器。局域网的路由器多属于接入路由器，用于连接局域网和广域网。如果局域网想接入 Internet，一般都用路由器来连接。

图 5-46　3Com 公司的集线器　　　　　　图 5-47　Cisco 公司的交换机

网卡的外观如图 5-49 所示。网卡是插入计算机中使计算机能够与集线器、交换机相连接的设备。

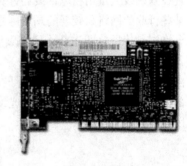

图 5-48　Cisco 公司的路由器　　　　　　图 5-49　网卡

3）网络数据存储与处理设备

网络数据存储与处理设备主要包括服务器、客户机等。

服务器就是提供各种服务的计算机，它是网络控制的核心。服务器上必须运行网络操作系统，它能够为客户机的用户提供丰富的网络服务，如文件服务、打印服务、Web 服务、FTP 服务、E-mail 服务、DNS 域名服务、数据库服务等。

当一台计算机连接到网络上，它便成为网络上的一个结点，该结点称为客户机。通常客户机的配置要求不高，只要能运行常用的操作系统和相应的应用程序即可。

4）其他辅助设备

局域网还需要一些辅助设备的支持，主要包括不间断电源（UPS）、机柜、空调、防静电地板等。

2．局域网软件系统

硬件系统是网络的躯体，软件系统是网络的灵魂。网络之所以有各种各样的功能，就是因为有软件系统。局域网软件系统主要包括以下几种。

1）协议

如果没有了协议，网络就无法正常通信，也就没有了网络。协议并不是一套单独的软件，而是融合于所有的软件系统中，如网络操作系统、网络数据库系统、网络应用软件等。协议在网络中无所不在。

2）网络操作系统

网络操作系统是指具有网络功能的操作系统，主要是指服务器操作系统。服务器操作系统是指安装在服务器上，为其他计算机提供服务的操作系统。目前常见的服务器操作系统有 Windows 2000 Server、Windows Server 2003/2008、UNIX、RHEL 等。

3）其他软件系统

局域网中的软件还有客户机操作系统、数据库软件系统、网络应用软件系统（如网管软件、防火墙）、专用软件系统（如企业资源管理系统 ERP、办公自动化系统 OA）等。

3．局域网产品

世界上第一个局域网产品是以太网 Ethernet，随后又出现了令牌环网、令牌总线网、光纤分布式数据接口 FDDI（Fiber Distributed Data Interface）、ATM 网等局域网产品。随着市场的竞争和选择，尤其是千兆以太网的出现，使得其他几种产品基本退出了局域网的市场，以太网占据了局域网市场的绝对份额。

1998 年 6 月，IEEE 802.3 委员会（IEEE 802 委员会是制定局域网标准的机构）推出了千兆以太网的解决方案，制定了基于光纤和铜缆的 IEEE 802.3z 以太网标准和基于超五类非屏蔽双绞线的 IEEE 802.3ab 以太网标准。千兆以太网主要用在高速局域网和宽带城域网的主干网、高性能计算环境、分布式计算和多媒体应用中。

提示：在计算机科学与技术专业培养方案中一般都设置有"局域网技术与组网工程"课程，该课程中会详细讲解局域网的协议、局域网的设备、局域网的规划设计及局域网的组建等具体内容。

5.4.7 Internet 应用

目前，Internet 上的服务有很多，随着 Internet 商业化的发展，它所能提供的应用种类将越来越多。下面介绍几种常用的 Internet 应用。

1．WWW 浏览

1）Web 基础

World Wide Web 简称 WWW、Web、W3 或万维网，是 Internet 上最方便和最受用户欢迎的信息服务工具之一。WWW 是欧洲核子物理实验室首先开发的基于超文本的信息查询工具，当用户浏览一个 WWW 网页时，可以从当前网页随意跳转到其他网页。它提供了一种信息浏览的非线性方式，用户不需要遵循一定的层次顺序就可以在 WWW 的海洋中随意"冲浪"。

WWW 是 Internet 上集文本、声音、动画、视频等多种媒体信息于一身的信息服务系统，整个系统由 Web 服务器、浏览器（Browser）及通信协议 3 部分组成。WWW 采用的通信协议是超文本传输协议（HyperText Transfer Protocol，HTTP），它可以传输任意类型的数据对象，是 Internet 发布多媒体信息的主要应用层协议。

WWW 中的信息资源主要由一篇篇的网页构成，所有网页采用超文本置标语言（HyperText Markup Language，HTML）来编写，HTML 对 Web 的内容、格式及 Web 中的超链接进行描述。Web 间采用超文本（HyperText）的格式互相链接。通过这些链接可从一个网页跳转到另一网页上，这就是所谓的超链接。

Internet 中的网站成千上万，为了准确查找，人们采用了统一资源定位器（Uniform Resource Locator，URL）来标识网络资源，其描述格式为"协议://主机名称/路径名/文件名：端口号"。

2）Web 浏览器

用户计算机中进行 Web 页面浏览的客户程序称为 Web 浏览器。根据 CNZZ 数据中心对国内主流浏览器的统计分析，2011 年 12 月，国产浏览器中 360 安全浏览器、搜狗高速浏览器和傲游浏览器的使用率分别为 25.83%、6.38%、0.99%；国外浏览器中微软 IE 浏览器、苹果 Safari 浏览器及谷歌 Chrome 浏览器的使用率分别为 53.98%、3.01%、2.78%。

人们可以对浏览器进行自定义，如图 5-50 所示，该图就是对 IE 浏览器的 Internet 属性进行设置的界面。

2．信息搜索

Internet 的信息资源浩如烟海，如果用户毫无根据地寻找所需的信息，就像大海捞针。搜索引擎可以帮助用户迅速找到想要的信息。

专门提供信息检索功能的服务器称为搜索引擎，搜索引擎大多都具有庞大的数据库，可利用 HTTP 访问这些数据库，它是万维网环境中的信息检索系统（包括目录服务和关键字检索两种服务方式）。

搜索引擎按其工作方式可分为全文搜索引擎、目录索引类搜索引擎、元搜索引擎和垂直搜索引擎。

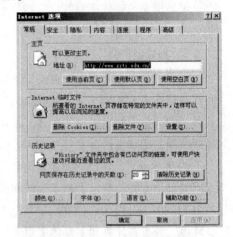

图 5-50　自定义浏览器的属性

据 CNZZ 数据中心对国内主流搜索引擎的统计分析，2011 年 12 月，国产搜索引擎中百度、搜狗和搜搜的网民使用率分别为 79.89%、9.00%、4.56%；国外搜索引擎中谷歌、必应、雅虎网民使用率分别为 4.95%、0.62%、0.19%。

搜索引擎是在 Internet 上查找信息的必备工具。

3．电子邮件

电子邮件又称 E-mail，是目前 Internet 上使用最频繁的应用之一，它为 Internet 用户之间发送和接收信息提供了一种快捷、廉价的现代通信手段。传统通信需要几天完成的传递，电子邮件系统仅需要几分钟甚至几秒就可以完成。如今，电子邮件系统不但可以传输各种格式的文本信息，而且还可以传输图像、声音、视频等多种信息。

邮件服务器是 Internet 邮件服务系统的核心，它的作用与邮政系统的邮局相似。一方面，邮件服务器负责接收用户送来的邮件，并根据收件人地址发送到对方的邮件服务器中；另一方面，它负责接收由其他邮件服务器发来的邮件，并根据收件人地址分发到相应的电子邮箱中。

每个电子邮箱都有一个邮箱地址，称为电子邮件地址。电子邮件地址的格式是固定的，并且在全球范围内是唯一的。用户的电子邮件地址的格式为：用户名@主机名。其中，"@"符号读作at；主机名是指拥有独立 IP 地址的计算机的名字；用户名是指在该计算机上为用户建立的电子邮件账号。例如，在 zzti.edu.cn 主机上有一个名为 zhangsan 的用户，那么该用户的 E-mail 地址为zhangsan@zzti.edu.cn。

人们既可以使用浏览器来处理电子邮件，也可以使用电子邮件的客户端程序（如 Outlook、Foxmail）来处理电子邮件。

4．文件的下载与上传

文件传输服务是由 FTP 应用程序提供的，而 FTP 应用程序遵守的是 TCP/IP 协议簇中的文件传输协议，它允许用户将文件从一台计算机传输到另一台计算机上，并且能保证传输的可靠性。

在 Internet 中，许多公司和大学的主机上都有很多程序与文件，这是 Internet 宝贵的信息资源。通过使用 FTP 服务，用户就可以方便地访问这些信息资源。采用 FTP 传输文件时，不需要对文件进行复杂的转换，因此 FTP 服务的效率比较高。在使用 FTP 服务后，每个连网的计算机都拥有一个容量巨大的备份文件库。

人们可以使用浏览器来完成 FTP 服务，但是通常使用专用的 FTP 客户程序上传或下载文件，如 WS_FTP、CuteFTP、LeapFTP 等软件。使用 FTP 软件登录到 FTP 服务器上，对服务器的操作就像对本地计算机操作一样方便、快捷。

5．网友交流

1）BBS

BBS 是英文 Bulletin Board System 的缩写，翻译成中文是"电子布告栏系统"或"电子公告牌系统"。BBS 是一种电子信息服务系统，它向用户提供了一块公共电子白板，每个用户都可以在上面发布信息或提出看法。早期的 BBS 由教育机构或研究机构管理，现在多数网站上都建立了自己的 BBS（又称网络论坛），供网民相互交流、表达想法使用。目前国内的 BBS 已经十分普遍，可以说是不计其数，其中 BBS 大致可以分为 5 类：校园 BBS、商业 BBS、专业 BBS、情感 BBS、个人 BBS。

2）聊天室

聊天室（chat room）是一个网上空间，为了保证谈话的焦点，聊天室通常有一定的谈话主题。任何一个连入 Internet、使用正确的聊天软件，并且渴望谈论的人都可以享受其乐趣。聊天室有语音聊天室和视频聊天室等。现在很多网站都有自己的聊天室，如搜狐、新浪、网易等。

聊天也可以使用专用的聊天软件，如 QQ、MSN Messenger 等。

3）博客

博客是一种通常由个人管理、不定期地张贴新的文章的网站。博客上的文章根据张贴时间，以倒序方式由新到旧排列。许多博客专注在特定的课题上，提供一些评论或新闻，其他则为个人的日记。一个典型的博客结合了文字、图像、其他博客或网站的链接，以及其他与主题相关的媒体。能够让读者以互动的方式留下意见是许多博客设置的重要原因。大部分的博客内容以文字为主，也有一些博客专注在艺术、摄影、视频、音乐、播客等各种主题。博客是社会媒体网络的一部分。

4）微博

微博，即微博客（MicroBlog）的简称，是一种通过关注机制分享简短实时信息的广播式的社交网络平台。最早也是最著名的微博是美国的 Twitter，根据相关公开数据，截至 2010 年 1 月，该产品在全球已经拥有 7 500 万注册用户。2009 年 8 月，中国最大的门户网站新浪网推出"新浪微博"内测版，成为门户网站中第一家提供微博服务的网站。

微博草根性很强，广泛分布在桌面、浏览器、移动终端等多个平台上，有多种商业模式，但无论哪种商业模式，都因其信息获取的自主性、微博宣传的影响力、内容短小精悍、信息共享便捷迅速等特点深受用户的青睐。

2012 年 1 月，据中国互联网络信息中心（CNNIC）报告显示，截至 2011 年 12 月，我国微博用户数达到 2.5 亿，较上一年底增长了 296.0%，网民使用率为 48.7%。微博仅用一年时间就发展成为近一半中国网民使用的重要互联网应用。

6. 电子商务与电子政务

1）电子商务

电子商务是利用计算机技术、网络技术和远程通信技术，实现整个商务（买卖）过程中的电子化、数字化和网络化。

电子商务是运用数字信息技术，对企业的各项活动进行持续优化的过程。电子商务涵盖的范围很广，一般可分为企业对企业（Business-to-Business）、企业对消费者（Business-to-Consumer）、消费者对消费者（Consumer-to-Consumer）、企业对政府（Business-to-government）、业务流程（Business Process）5 种模式，其中主要的有企业对企业（Business-to-Business）、企业对消费者（Business-to-Consumer）、业务流程（Business Process）3 种模式。

随着国内 Internet 使用人数的增加，利用 Internet 进行网络购物并以银行卡付款的消费方式已日渐流行，市场份额也在迅速增长，电子商务网站也层出不穷。最常见的电子商务安全机制有 SSL（安全套接层协议）及 SET（安全电子交易协议）两种。

一般的电子商务过程可分为交易准备、贸易协商、合同签订、合同执行 4 个阶段。参与电子商务的主要有客户、商家、认证中心和银行 4 方。银行之间由金融专用网连接，电子商务在 Internet 上工作，金融专用网与 Internet 通过安全保卫作用的支付网关连接。

目前，电子商务的应用行业非常广泛，如网上商店、虚拟市场、网上购物、网上银行、电子支付、个人理财、网上证券交易等。国内著名的电子商务网站有淘宝网、阿里巴巴、卓越、当当、京东网上商城、凡客诚品、易趣、麦考林、中国搜索等。

2）电子政务

电子政务作为电子信息技术与管理的有机结合，成为当代信息化的最重要的领域之一。所谓电子政务，就是指应用现代信息和通信技术，将管理和服务通过网络技术进行集成，在互联网上实现组织结构和工作流程的优化重组，超越时间、空间及部门间的分隔限制，向社会提供优质、全方位、规范透明、符合国际水准的管理和服务。

电子政务可分为政府对政府（Government to Government）、政府对企业（Government to Business）、政府对公众（Government to Citizen）、政府对公务员（Government to Employee）4 种。

电子政务的主要内容有：政府从网上获取信息，推进网络信息化；加强政府的信息服务，在网上设有政府自己的网站和主页，向公众提供可能的信息服务，实现政务公开；建立网上服务体系，使政务在网上与公众互动处理，即"电子政务"；将电子商业用于政府，即"政府采购电子化"。

Internet 还提供了很多服务，如 IP 电话、IP 传真、视频会议、视频点播、网络游戏等已经得到了广泛应用。随着 Internet 的发展，还会涌现更多目前想象不到的应用。

提示：在计算机科学与技术专业培养方案中一般都设置有"计算机网络原理"和"TCP/IP 原理与应用"课程，在这些课程中会详细讲解数据通信、计算机网络体系结构、网络工作原理、网络程序设计等具体内容。

5.4.8 网站的创建与网页的制作

政府、公司、组织、个人都可以在 Internet 上建立自己的网站，加强对外交流。网站开发需要遵守实用第一的原则。网站不能只求美观，特别是商业网站，一定要实用第一。

1．网站的创建

1）网站的主题和名称

网站的主题也就是网站的题材。主题定位要小，内容要精。如果想制作一个包罗万象的站点，把所有认为精彩的东西都放在上面，那么往往会事与愿违，给人的感觉是没有主题，没有特色。网站名称也是网站设计的一部分。与现实生活中一样，网站名称是否易记，对网站的形象和宣传推广也有很大影响。

2）网站创建 4 要素

创建网站的 4 要素是网站结构、网站内容、网站功能和网站服务。

网站结构是为了向用户表达信息所采用的网站布局、栏目设置、信息的表现形式等。

网站内容是用户通过网站可以看到的信息，也就是希望通过网站向别人传递的信息。网站内容包括所有可以在网上被用户通过视觉或听觉感知的信息，如文字、图片、视频、音频等。

网站功能是发布各种信息、提供服务等必需的技术支持系统。

网站服务即网站可以提供给用户的价值，如问题解答、优惠信息、资料下载等，网站服务是通过网站功能和内容而实现的。

2．网页的制作

整个网站是由许多的网页和其他软件、文档组成的，所以网页的设计最终影响到网站的设计。

1）静态网页的制作

静态网页的本质是 HTML 代码。网页制作工具可以进行可视化的网页设计和编辑。常用的网页制作工具有 Microsoft 公司的 FrontPage 及 MacroMedia 公司的 Dreamweaver。其中，Dreamweaver 是 MacroMedia 公司旗下的拳头产品，它和 Fireworks 及 Flash 软件并称为网页制作三剑客。

2）动态网页的制作

假如要在网站上查询从上海到北京的所有列车，这就属于动态网页的范畴。动态网页最突出的优势是能够进行人机交互。动态网页技术主要涉及动态网页语言、编程语言、Web 服务器和数据库等。

网站的建设需要不同类型的专业人员。例如，有的人负责创意和构思，有的人负责界面和图形处理，有的人负责动画，有的人负责程序设计等。网站的建设也需要各种计算机软件，如安全方面的软件等。总之，网站的建设是一个系统的工作。

提示：在计算机科学与技术专业培养方案中一般都设置有"网站程序设计"课程，该课程中会详细讲解网站设计的思想、方法、工具等具体内容。

5.5　计算机网络安全技术

随着计算机及网络技术的飞速发展，信息和网络已经成为人类进步和社会发展的重要基础。计算机网络大规模的普及一方面给人们带来了巨大的好处；另一方面也带来了计算机网络信息安全的问题。本节将介绍一下计算机网络安全涉及的几个重要问题，引起人们对计算机网络安全的重视。

5.5.1　计算机网络安全概述

1. 网络安全的重要性

信息是社会发展所需要的重要战略资源。在信息时代的今天，任何一个国家的政治、军事和外交都离不开信息，经济建设、科学发展和技术进步也同样离不开信息。如果网络中的信息安全问题不解决，国家安全会受到威胁，电子政务、电子商务、电子银行、网络科研等都将无法正常进行。"信息战"、"信息武器"也正深刻地影响着军队和国家的安全。

2. 网络安全属性

不论网络入侵者采用什么手段，他们都要通过攻击网络信息的以下几种安全属性来达到目的。

① 完整性：是指信息在存储或传输的过程中保持不被修改、不被破坏、不被插入、不延迟、不乱序和不丢失。信息战的目的之一就是破坏对方信息系统的完整性，甚至摧毁对方的信息系统。

② 可用性：是指信息可被合法用户访问，即合法用户在需要时就可以访问所需的信息。对可用性的攻击就是阻断信息的正常使用，如破坏网络和有关系统的正常运行就属于这种类型的攻击。

③ 保密性：是指信息不泄露给非授权的个人和实体，不供其使用。信息的泄密可能给个人、企业和国家带来不可预料的损失。

④ 可控性：是指授权机构可以随时控制信息的机密性。美国政府所倡导的"密钥托管"、"密钥恢复"等措施就是实现信息安全可控性的例子。

⑤ 不可抵赖性：又称不可否认性，是指在网络信息系统的信息交互过程中，所有参与者都不能否认或抵赖曾经完成过的操作和承诺。通常采用数字签名和可信第三方等方法来保证信息的不可抵赖性。

网络安全的内在含义就是采用一切可能的方法和手段，千方百计地保住网络信息的上述"五性"安全。

3. 影响网络安全的因素

影响网络安全的因素主要有以下几个方面：

① 局域网存在的缺陷和 Internet 的脆弱性。

② 网络软件的缺陷和 Internet 服务中的漏洞。

③ 薄弱的网络认证环节。

④ 没有正确的安全策略和安全机制。

⑤ 缺乏先进的网络安全技术和工具。

⑥ 没有对网络安全引起足够的重视，没有采取得力的措施，以致造成重大经济损失。这是最重要的一个原因。

4．安全策略

安全策略是指在一个特定的环境里，为保证提供一定级别的安全保护所必须遵守的规则。在安全策略模型中，安全环境主要由 3 部分组成：

① 威严的法律：安全的基石是社会法律、法规。通过建立与信息安全相关的法律、法规，使非法分子慑于法律，不敢轻举妄动，对计算机犯罪依法进行惩罚。

② 先进的技术：先进的安全技术是信息安全的根本保障，用户对自身面临的威胁进行风险评估，决定其需要的安全服务种类，选择相应的安全机制，然后集成先进的安全技术。

③ 严格的管理：各网络使用机构、企业和单位应建立适合的信息安全管理办法，加强内部管理，建立审计和跟踪体系，提高整体信息安全意识。

因此，为了保证计算机信息网络的安全，必须高度重视，从法律、技术和管理层面上采取一系列安全和保护措施。

5.5.2　保密技术

密码是一门古老的技术，自从人类社会有了战争就出现了密码。那些机密的信息不论是存储还是在网络上传输，都需要保证其安全性。

1．一般数据加密解密模型

首先介绍几个基本概念：

明文（Plaintext）：信息的原始形式。

密文（Ciphertext）：明文经过变换加密后的形式。

加密（Encryption）：由明文变为密文的过程称为加密，加密通常由加密算法来实现。

解密（Decryption）：将密文变成明文的过程称为解密，解密通常由解密算法来实现。

密钥：为了有效地控制加密和解密的实现，在其处理过程中要有通信双方掌握的专门信息参与，这种专门信息称为密钥（Key）。密钥就是变换过程中的参数，像是打开迷宫的钥匙。

一般的数据加密解密模型如图 5–51 所示。明文 X 用加密算法 E 和加密密钥 K 得到密文 $Y=E_k(X)$。在传送过程中可能出现密文截获者。到了接收端，利用解密算法 D 和解密密钥 K 解出明文为 $D_k(Y)=X$。加密密钥和解密密钥既可以是一样的，也可以是不一样的（即使不一样，二者之间也具有某种关联性）。密钥通常是由一个密钥源（如程序）提供。当密钥需要向远地传送时，一定要通过一个安全信道。

密码编码学（Cryptography）是设计密码体制的学科。密码分析学是在未知密钥的情况下，从密文推演出明文或密钥的学科。这就像交战的双方，一方是设计算法保护自己的信息不被对手破解，另一方是利用各种破解技术破解对方的信息。密码编码学与密码分析学合起来就是密码学（Cryptology）。

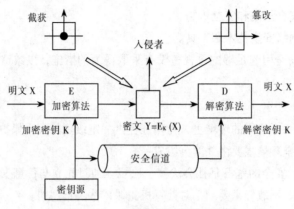

图 5-51 一般数据加密解密模型

2．密钥密码体制

20 世纪 70 年代后期，美国的数据加密标准 DES（Data Encryption Standard）和公开密钥密码体制（Public Key Crypto-System）的出现成为近代密码学发展史上的两个重要里程碑。

1）秘密密钥密码体制

秘密密钥密码体制就是加密密钥和解密密钥相同的密码体制，通常用来加密带有大量数据的信息或文件，可以实现高速加密。秘密密钥密码体制中的发送者和接收者之间的密钥必须安全传送，而双方用户通信所用的密钥必须妥善地保管。典型的实例有美国的 DES（数据加密标准）和瑞士的 IDEA（国际数据加密算法）。

DES 的密钥长度为 64 位。IDEA 的密钥长度为 128 位。由于保密技术的算法都是公开的，所以保密的关键取决于密钥的长度。对于当前计算机的能力，一般认为只要选择 1 024 位长的密钥就可认为是无法破解的。

2）公开密钥密码体制

公开密钥密码体制的概念是由 Stanford 大学的研究人员 Diffie 和 Hellman 于 1976 年提出的。公开密钥密码体制就是加密密钥与解密密钥不一样，由已知加密密钥在计算机上无法推导出解密钥的密码体制。

在公开密钥密码体制中，加密密钥（即公开密钥）PK 是公开的，任何人都可以得到，而解密钥（即秘密密钥）SK 是需要保密的。加密算法和解密算法也都是公开的。

著名的 RSA 公开密钥密码系统是由 R.Rivest、A.Shamir、L.Adleman 于 1977 年提出的。RSA 算法的取名就是来自于这 3 位发明者姓氏的第一个字母。

如果老师利用 RSA 算法产生了一个密钥对（PK 和 SK），老师可以把 PK 公开给他的学生，例如通过老师的网页，自己保留 SK。学生就可以用 PK 和加密程序把他们的作业进行加密，通过电子邮件发给老师，老师可以通过 SK 和解密程序打开学生的作业，而学生之间仅利用 PK 是不能互相解密的。

公开密钥密码体制另一个重要的应用领域就是数字签名。数字签名的作用与手写签名相同，只是数字签名用于电子文档，手写签名用于纸制文档。数字签名能够唯一地确定签名人的身份。

保密技术还有很多，如密钥分配技术、密钥托管技术、信息摘要（Message Digest）和数字证书等，并且保密技术一直在发展。

3．保密产品

保密检查工具是针对各级保密局和各级党政机关、科研院所、大中型企业、军工企业等基层保密干部，进行安全保密检查与防范工作的安全产品，目前北京的天桥科技、中孚、鼎普这些公司研发的保密检查工具处于国内领先水平，都为老牌获得保密资格的真正厂商。

上述厂商的保密产品大致可以分为 4 类：

① 计算机保密检查与消除类：包括涉密和非涉密计算机安全检查取证系统、计算机终端保密检查工具、存储介质信息消除工具、可信终端管理系统、网络非法外联监控系统等。

② 计算机安全防护类：移动存储介质使用管理系统、光盘刻录监控与审计系统、终端综合防护与文件保护系统。

③ 互联网搜索器类：代表产品为 Internet 信息保密检查搜索器。

④ 手机木马及无线网络安全类：手机隐患复现及检查系统。

5.5.3　网络攻击和防御技术

计算机安全协会、研究机构、法律机关的调查表明，越来越多的机构、企事业单位遭受非法用户的访问或者攻击，造成了巨额的损失。所以对计算机系统的保护也越来越重要，防御技术就有了用武之地。

1．常见的攻击威胁

要建立防御系统，就需要知道谁是攻击者，其有什么样的攻击手段，以及服务和计算机可能被利用的薄弱点或漏洞。

1）黑客

黑客是指通过网络非法进入他人的计算机系统，获取或篡改各种数据，危害信息安全的入侵者或入侵行为。

黑客攻击的步骤包括收集信息、系统扫描、探测系统安全弱点和实施攻击。

黑客常用的攻击方法有获取密码、WWW 欺骗技术、电子邮件攻击、网络扫描、网络嗅探、DoS（Denial of Service）攻击和缓冲区溢出攻击等。

2）心怀不满的员工

谁会设法从机构内部访问客户信息、财务文件、工作记录或者其他敏感信息呢？心怀不满的员工可能会这么做。他们通过偷窃信息来报复公司，或者将这些信息提供给别的公司，甚至其他国家。

2．常用的防御技术

不要期望单一的安全防御方法可以独立地为一个计算机系统或网络提供安全的保护。通常需要采用多种方法构成一个立体的防御体系，才能抵御不同的威胁。

1）软件系统安全

由于像操作系统、数据库、浏览器等许多软件都存在一些明显的或潜在的安全漏洞，所以对这些软件发布的补丁、服务包要及时安装，弥补安全漏洞。此外，停止任何不需要的计算机服务和禁用 Guest 账户也可以使操作系统更安全。

2）防火墙（Firewall）

防火墙是一个或一组在两个网络之间执行访问控制策略的软硬件系统，目的是保护网络不被可疑信息侵扰。图5-52是一款天融信公司开发的防火墙的硬件部分。

防火墙就像在 Internet 和网络之间设置的一道安全门，一般具有以下功能：所有通过网络的信息都应该通过防火墙；管理进出网络的访问行为；封堵某些禁止的服务；记录通过防火墙的信息内容和活动；对网络攻击行为进行检测和警告等。这样防火墙就可以把不符合安全策略或规则的信息过滤掉，只有那些安全的信息才可以进出网络。

例如，瑞星个人防火墙安装配置完成以后，它就为计算机网络设置了一道门槛。当连接 Internet 后，如果有外部非法连接企图进入计算机网络，它会自动弹出一个警告对话框，如图5-53所示。

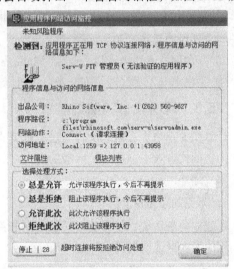

图5-52　天融信的防火墙硬件部分　　　　图5-53　防火墙的警告

在这个对话框中能够知道企图与系统建立连接的站点名称、IP地址、时间、所使用的端口号等有用的信息，同时还提供了4个解决方案：总是允许、总是拒绝、允许此次、拒绝此次。在用户正常使用网络下载软件、浏览工具或者 OICQ 之类的软件时，对方站点必然要和用户建立一个连接，此时用户可以选择"总是允许"选项，不过建议用户还是配置一个规则，以便以后正常使用；对于来历不明的连接，就选择"总是拒绝"选项。

3）入侵检测系统 IDS（Intrusion Detection System）

防火墙和防病毒软件构成了公司网络的一个防御措施，而 IDS 提供了强大的辅助级防御手段。就像家里或者公寓中的防盗报警器一样，IDS 包含的传感器可以检测未经授权的人何时试图进行访问。防盗报警器和 IDS 都会通知是否有人企图入侵，以便采取适当的策略。但是与防盗报警器不同的是，人们可以对一些 IDS 进行配置，使它们以实际阻止攻击的方式响应。入侵检测包括监视网络通信、检测对系统或者资源进行未授权访问的企图、通知适当人员以采取对策。入侵检测包括3个核心活动：预防、检测和响应。

图5-54是东软公司的入侵检测系统 NetEye-IDS 的解决方案。

其中，检测引擎对网络中的所有数据包进行记录和分析，根据规则判断是否有异常事件发生，并及时报警和响应，同时记录网络中发生的所有事件，以便事后重放和分析。管理主机上运行图形化管理软件，该软件可以查看分析一个或多个检测引擎，进行策略配置，系统管理，显示攻击事件的详细信息和解决对策。

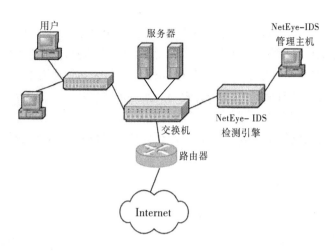

图 5-54　东软公司的 IDS 解决方案

除了以上介绍的一些防御技术外，还有一些其他传统技术也提供防御功能，如物理安全、口令安全、病毒防护等。另外，人的管理和安全制度也是安全防御的重要组成部分。总之，攻击和防御是一个永恒的话题。

近 20 年来，随着现代信息技术及通信网络技术的迅猛发展，涌现出大量面向各种通信网络环境的应用，如电子商务、电子政务、移动计算、云计算、网格计算等，由此产生的计算环境的安全问题也面临着严峻考验。传统的安全解决方案如防火墙、入侵检测、防病毒软件等虽然在一定程度上可以减少安全隐患，但并不能从根本上解决系统安全问题。因此，近年来出现了可信计算、云安全、电子取证、蜜罐网络和信息安全风险评估等网络安全新技术。

5.5.4　虚拟专用网

1．VPN 的产生

虚拟专用网 VPN（Virtual Private Network）是由市场需求和网络技术的发展共同推动产生的。首先，如军队、银行等专用网比较安全可靠，服务质量高，但是其建设规模比较庞大，费用比较昂贵，一般企业无法承受；其次，一般企业想得到类似专用网的服务，而又想只支付类似公用网（如 Internet，费用低、不安全）相对低廉的费用；最后，各种信息安全技术和网络技术的发展可以保证信息在公用网上安全地传输。

"虚拟"表示不存在，因为 VPN 并不是为用户建立的实际的专用网，它的信息传输是通过公用网进行的。"专用"表示对用户而言，使用 VPN 就像使用专用网，得到专门的服务一样。

VPN 在依赖 Internet 进行通信的商业机构中起着越来越重要的作用。VPN 使用 Internet 上可用的相同公共通信平台为两台计算机或者两个计算机网络提供了一种安全通信的途径。

VPN 实现的方法有很多，如可以利用点对点隧道协议（PPTP）、第二层隧道协议（L2TP）、安全 IP 协议（IPSec）、多协议标签交换（MPLS）等来实现。现在，我国网通公司可以向用户提供比较先进的 MPLS VPN 服务。

2．VPN 的基本用途

1）通过 Internet 实现远程用户访问

如图 5-55 所示，VPN 支持以安全的方式通过公共互连网络远程访问企业资源。例如，业务员在外地销售产品时，为了及时了解公司关于某一产品的内部报价，该业务员（即 VPN 用户）就可以首先拨通本地 ISP 的网络接入服务器 NAS，然后 VPN 软件利用与本地 ISP 建立的连接在拨号用户和企业 VPN 服务器之间创建一个跨越 Internet 或其他公共互连网络的安全"隧道"。这样，VPN 用户就可以安全、及时地取得公司的重要信息。

2）通过 Internet 实现网络互连

如果一个大的公司或集团在多个地方有分公司，就可以采用 VPN 把总公司和分公司的网络互连起来，如图 5-56 所示。

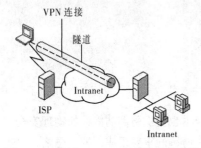

图 5-55　通过 Internet 实现远程用户访问

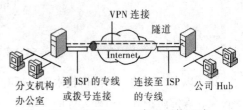

图 5-56　通过 Internet 实现网络互连

分支机构和企业端路由器可以使用各自的本地专用线路通过本地 ISP 连通 Internet。VPN 软件使用与本地 ISP 建立的连接和 Internet 网络，在分支机构和企业之间创建一个虚拟专用网络。

3）连接企业内部网络

如图 5-57 所示，在企业的内部网络中，考虑到一些部门可能存储有重要数据，为确保数据的安全性，也可以采用 VPN 方案。

通过使用一台 VPN 服务器既能够实现与整个企业网络的连接，又可以保证保密数据的安全性。企业网络管理人员通过使用 VPN 服务器，指定只有符合特定身份要求的用户才能连

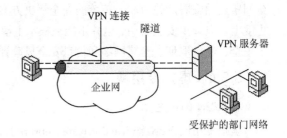

图 5-57　连接企业内部网络

接 VPN 服务器并获得访问敏感信息的权利。此外，可以对所有 VPN 数据进行加密，从而确保数据的安全性。没有访问权限的用户无法看到部门的局域网络。

5.5.5　审计与监控技术

网络系统的安全与否是一个相对的概念，没有绝对的安全。审计和监控的作用是检验系统的工作是否正常，定期检查和跟踪与安全有关的事件。

1. 安全审计技术

信息安全审计是对每个用户在计算机系统上的操作做一个完整的记录，当违反安全规则的事件发生后，可以有效地追查责任。安全审计系统是事前控制人员或设备的访问行为，事后能获得直接电子证据，防止抵赖的系统。

信息安全审计过程的实现可分成 3 步：第一步，收集审计事件，产生审计记录；第二步，根据记录进行安全分析；第三步，采取处理措施。

总之，安全审计可以起到以下的作用：对潜在的攻击者起到威慑或警告作用；为已经发生的

系统破坏行为提供有效的追究证据；提供有价值的系统日志，帮助系统管理员及时发现系统入侵行为或潜在的系统漏洞；提供系统运行的统计日志，使系统管理员能够发现系统性能上的不足。

2．监控技术

信息监控技术主要负责对网络信息进行搜集、分析和处理，并从中识别和提取出网络活动信息中所隐含的特定活动特征。IDS 就是监控技术的一个实例。

网络入侵检测和监控不仅能够对付来自内部的攻击，而且能够阻止外部的入侵。网络监控，对网络攻击入侵行为提供最后一级的安全保护。它提供对企业网络通信活动的监控，捕获和分析整个网段传输的数据包，检测和识别可疑的网络通信活动，并在这种非授权访问发生时进行实时响应，阻止对企业数据和资源的非法存取。

5.5.6　计算机病毒及恶意代码

随着网络技术的发展，病毒由单机病毒发展成了以木马、僵尸程序等恶意代码形式的网络病毒，成为计算机网络的主要威胁。

1．计算机病毒的定义

计算机病毒的概念最早是由美国计算机病毒研究专家 F.Cohen 博士于 1983 年提出的。1994 年 2 月 18 日，我国正式颁布实施了《中华人民共和国计算机信息系统安全保护条例》，在该条例的第二十八条中给出了病毒的定义："计算机病毒，是指编制或者在计算机程序中插入的破坏计算机功能或者毁坏数据，影响计算机使用，并能自我复制的一组计算机指令或者程序代码"。

2．计算机病毒的特征

传统意义上的计算机病毒一般具有以下几个特点。

1）传染性

计算机病毒的传染性是指病毒具有把自身复制到其他程序中的特征。是否具有传染性是判断一个可疑程序是否是病毒的主要依据。

2）潜伏性

潜伏性是传统病毒的主要特点，网络时代的病毒（如木马病毒）也越来越注重这一特征。计算机病毒的潜伏性是指病毒具有依附其他媒体而寄生的能力。大部分病毒在感染系统后一般不会马上发作，否则就容易暴露。因此，它必须通过各种方式隐藏自身，只有在满足一定条件后才爆发。

3）可触发性

计算机病毒因某个事件或某个数值的出现，诱发病毒进行感染或进行破坏，称为病毒的可触发性。每个病毒都有自己的触发条件，这些条件可能是时间、日期、文件类型或特定的数据。例如，以某人的生日为触发时间，等计算机的时钟到了这一天，病毒就会发作。

4）破坏性

病毒破坏文件或数据，甚至损坏主板，干扰系统的正常运行，称为计算机病毒的破坏性。病毒的破坏程度取决于病毒制造者的目的和技术水平。轻者只是影响系统的工作效率，占用系统资源，造成系统运行不稳定；重者则可以删除系统的重要数据，甚至攻击计算机硬件，导致整个系统瘫痪。

网络时代，计算机病毒由于应用环境的变化，其隐藏方式、传播方式也发生了相应的变化。因此，网络病毒又增加很多新的特点，具体如下：

① 主动通过网络和邮件系统传播。

② 计算机病毒的种类呈爆炸式增长。

③ 变种多。

④ 融合多种网络技术，并被黑客所使用。

3. 几种典型的病毒

下面介绍几种 Windows 下的典型计算机病毒。

1）宏病毒

宏病毒一般不感染可执行文件，只感染文档文件。与一般的病毒相比，宏病毒的编写更为简单，主要利用软件本身所提供的宏能力来设计病毒。例如，宏病毒 Concept 寄生在微软的 Word 文档中，Laroux 寄生在 Excel 电子表格中。

2）文件型病毒

文件型病毒主要感染可执行文件，Windows 环境下主要为 .exe 文件，另外还有命令解释器 COMMAND.COM 文件。文件型病毒的宿主不是引导区，而是一些可执行程序。

3）脚本病毒

脚本病毒依赖一种特殊的脚本语言（如 VBScript、JavaScript 等）起作用，同时需要应用环境能够正确识别和翻译这种脚本语言中嵌套的命令。例如，"爱虫"病毒、U 盘寄生虫及 Real 脚本病毒等。

4. 恶意代码及其他攻击方式

1）网络蠕虫

网络蠕虫是一种智能化、自动化并综合网络攻击、密码学和计算机病毒技术，不需要计算机使用者干预即可运行的攻击程序或代码。它会自动扫描和攻击网络上存在系统漏洞的结点主机，通过网络从一个结点传播到另外一个结点。

2）木马程序

木马的全称是"特洛伊木马"，来源于希腊神话。网络世界的特洛伊木马是指隐藏在正常程序中的一段具有特殊功能的恶意代码，是具备破坏和删除文件、发送密码、记录键盘和 DoS 攻击等特殊功能的后门程序。

木马是近几年比较流行的、危害程度比较严重的恶意软件，常被用做网络系统入侵的重要工具和手段。

3）网络钓鱼

网络钓鱼是通过发送声称来自银行或其他知名机构的欺骗性垃圾邮件，或者伪装成其 Web 站点，意图引诱收信人或网站浏览者给出敏感信息（如用户名、密码、账号或者银行卡详细信息）的一种攻击方式。

4）僵尸网络

僵尸网络通过各种手段在大量计算机中植入特定的恶意程序，使控制者能够通过相对集中的若干计算机直接向大量计算机发送指令的攻击网络。攻击者通常利用这样大规模的僵尸网络实施各种其他攻击活动。之所以用"僵尸网络"这个名字，是因为众多的计算机在不知不觉中像古老传说中的僵尸群一样被人驱赶和指挥着，成为被人利用的一种工具。

5）浏览器劫持

浏览器劫持是指网页浏览器（如 IE 等）被恶意程序修改的行为，恶意软件通过浏览器插件、浏览器辅助对象、Winsock SPI 等形式对用户的浏览器进行篡改，使用户的浏览器配置不正常，被强行引导到特定网站，取得商业利益。常见现象为主页及互联网搜索页变为不知名的网站、经常莫名弹出广告网页、输入正常网站地址却连接到其他网站、收藏夹内被自动添加陌生网站地址等。

6）流氓软件

流氓软件是介于病毒和正规软件之间的软件。流氓软件介于两者之间，同时具备正常功能（下载、媒体播放等）和恶意行为（弹广告、开后门等），给用户带来实质危害。

5. 计算机病毒的防范

针对目前日益增多的计算机病毒和恶意代码，根据所掌握的病毒的特点和病毒未来的发展趋势，国家计算机病毒应急处理中心与计算机病毒防治产品检验中心制定了以下的病毒防治策略，供计算机用户参考。

建立病毒防治的规章制度，严格管理；建立病毒防治和应急体系；进行计算机安全教育，提高安全防范意识；对系统进行风险评估；选择经过公安部认证的病毒防治产品（如病毒卡、杀毒软件等）；正确配置，使用病毒防治产品；正确配置系统，减少病毒侵害事件；定期检查敏感文件；适时进行安全评估，调整各种病毒防治策略；建立病毒事故分析制度；确保恢复，减少损失。

小　　结

本章首先简单介绍了计算机主要的应用领域，以及计算机在这些领域中的典型应用。然后介绍了数据库系统的基本知识及其应用、多媒体技术基本知识及多媒体技术的主要应用、计算机网络的基本原理及应用，以及计算机安全及病毒防治。上述每一节内容都对应了一门课程，在计算机科学与技术专业培养方案中通常都会开设，所以这里只是简要介绍，要系统、详细地了解，还需要在学习相应的课程时努力、认真，并多多实践。

实　训　一

题目：了解认识互联网（包括 IP 地址、子网掩码、默认网关、网卡的 MAC 地址、DNS、域名和 URL 等知识）

内容与要求：

（1）学会用"网上邻居"→"属性"→"本地连接"→TCP/IP 查看本机的 IP 地址、子网掩码、网关、DNS 服务器，并记录下这些项。

（2）学会用"开始"→"运行"→cmd 或者"开始"→"程序"→"附件"→"命令提示符"进入命令提示符窗口，然后分别用 Ipconfig 和 Ipconfig/all 命令查看本机的地址及网卡的 MAC 地址，并理解这些项的含义。

（3）通过双击任务栏右侧的两台计算机相连的小图标打开"本地连接"对话框，在"常规"选项卡中单击"属性"按钮，在弹出的对话框中选择"此连接使用下列项目"列表框中的"Internet协议（TCP/IP）"复选框，然后对各项进行认识和了解。

（4）先将任务栏右侧的两个计算机相连的图标（即"本地连接"图标）隐藏起来，然后再将其显示出来。

（5）在网上搜索 IP 地址的组成和分类方法，然后分析出自己所用计算机的 IP 地址是如何组成的，属于哪一类。

（6）在网上查找域名的组成及结构，并举例。

（7）在网上查找 URL 地址的组成形式，并举例。

实 训 二

题目：掌握 Internet 的应用

内容与要求：

（1）查询"郑州—上海"的列车车次、时刻和价格等。

（2）查询"北京—首尔"的航班班次、时刻和价格等。

（3）查出手机号码 13598026148 的归属地，查出 IP 地址 210.33.20.10 的所在地。

（4）下载 QQ，学会安装和使用。

（5）进入水木清华、南京大学小百合等 BBS 网站，浏览其中的内容。

（6）浏览我校的新闻服务器（http://news.zzti.edu.cn）。

（7）对 Internet Explorer 进行设置，如主页、安全、连接等，理解"连接"→"局域网设置"中各项的含义。

（8）找出自己计算机的名称和所属的工作组，查看该工作组中有哪些计算机，通过自主结合，新建工作组。

（9）把自己计算机上的某个文件夹设置为"共享文件夹"，让其他同学来访问这个文件夹。

（10）到新浪网站去申请一个自己的博客，并练习配置和使用。

（11）去某个网站申请一个自己的电子邮箱，并和同学互发邮件。

实 训 三

题目：基于 Access 的学生成绩管理系统

内容与要求：

目前高校都采用学分制，学生学籍管理也都采用计算机管理。一个学生可以选多门课程，但一个学生一门课程只能选一次。多个学生可以选择同一门课程。要求用 Access 设计一个简单的学生成绩管理系统，主要有下列功能：

（1）学生选修课程和考试成绩维护（包括输入、修改、删除）。

（2）课程信息维护。

（3）学生信息维护。

（4）按学号查询学生选修的课程和考试成绩。

（5）按班级、学生个人或课程对成绩进行排序、筛选和查询。

（6）对学生的基本情况进行查询。

根据系统功能要求应建下列 4 个数据表：

（1）班级简况表：存储班级基本信息，包括班级编号（主键）、班级名称字段。

（2）学生信息表：存储学生的基本信息，包括学号（主键）、班级编号、姓名、性别、出生日期等字段。

（3）课程信息表：存储课程的基本信息，包括课程号（主键）、课程名称、学分等字段。

（4）选课及成绩表：存储学生所选课程及所选课程的对应成绩，包括学号、课程号、考试成绩和考试日期等。

上述 4 个表各字段的数据类型、长度等属性请根据系统要求自行确定。

上述 4 个表间的联系是："班级简况表"和"学生信息表"通过班级编号建立一对多的联系；"学生信息表"和"选课及成绩表"通过学号建立一对多的联系；"课程信息表"和"选课及成绩表"通过课程号建立一对多的联系。表关系图如图 5-58 所示。

图 5-58　4 个表的表间关系图

习　　题

一、简答题

1. 什么是数据库？什么是数据库管理系统？什么是数据库系统？

2. 简述数据管理技术的几个发展阶段。

3. 简述数据库系统的体系结构。

4. DBMS 的含义是什么？RDBMS 的含义是什么？

5. SQL 有哪些功能和特点？

6. Access 数据库有哪些对象？

7. 在 Access 中，什么是查询？什么是窗体？有哪些类型的查询？

8. 什么是数据挖掘？

9. 什么是决策支持系统？简述其系统组成。

10. 什么是多媒体技术？并列举几个知道的多媒体技术的实际应用。

11. 多媒体数据主要有哪些压缩编码方法？

12. 什么是虚拟现实技术？虚拟现实技术有哪些特征？

13. 查阅资料，简述两种流行的多媒体创作工具的主要功能。

14. 计算机网络体系结构的设计思想是什么？

15. Internet 常用的服务有哪些？

16. 局域网里都有些什么硬件设备？

17. 常见的密钥密码体制有哪些？

18. 虚拟专用网可以在什么地方使用？

19. 计算机病毒有哪些特性？

二、上机实践

1. 访问 http://www.google.com.hk，搜索自己感兴趣的歌曲、图片。

2. 下载试用版的个人防火墙软件，进行配置和使用。

3. 下载试用版的杀毒软件，对计算机系统进行全面扫描。

4. 下载一些免费的加密产品，对文档进行加密、解密。

第6章 学习与就业

如何进行大学的学习？学成之后可以从事哪些工作？工作中应该遵守哪些法律法规和什么样的职业道德？本章将对这些问题进行讨论。

本章知识要点：

- 学习
- 专业岗位与择业
- 信息产业的法律法规及道德准则

6.1 学 习

6.1.1 大学的学习

大学是人生中最关键的阶段之一，所以从入学的那天起，每位大学生都应该对自己的大学生活做一个全面而正确的学习规划，力求在大学四年宝贵的时光中获取最大的收获，为自己的人生之路奠定坚实的基础。

1. 大学生的学习方法

关于教与学有个形象的比喻：小学是抱着走，中学是牵着走，大学是领着走。该比喻形象地描述了随着学生的成长，学习越来越多地要依靠自己。

1）大学新生的学习适应期

大学新生满怀好奇和兴奋的心情开始了大学生活，会发现大学里的学习与中学里的学习有很大差异。上中学时，老师会一次又一次重复每一课里的关键内容，但大学老师在一个课时里通常要涵盖课本中几十页的内容；中学生在学习知识时更多的是追求"记住"知识，而大学生就应当要求自己"理解"知识并善于提出问题；中学里老师通常会布置具体的学习内容并督促和指导学生，但大学老师只会充当引路人的角色。对熟悉中学学习模式的大学新生来说，大学的学习可能一时难以适应，所以从踏入大学校门那天起，每位学生就开始了一个大学学习的适应期。学生需要正确认识这个适应期并力求尽快适应。

由于新生中普遍存在上大学前后的"动机落差"、自我控制能力差、缺乏远大的理想、没有树立正确的人生观等现象，直接导致了大学生的学习动力不足，而动力不足从根本上影响着学习积极性和主动性。所以，学生首先要明确"为什么上大学"，给自己做一个人生和职业规划，学习动力不足的问题就可能从根本上解决。

大学里的学习气氛是外松内紧的。虽然这里很少有人监督、很少有人主动指导、没有人制定具体的学习目标、考试成绩一般不公布、不排红榜等，但这里绝不是没有竞争。每个人都在独立地面对学业；每个人都该有自己设定的目标；每个人都在和自己的昨天比，和自己的潜能比，也暗暗地与别人比。在这里，竞争是潜在的、全方位的。

在进入大学后，以教师为主导的教学模式变成了以学生为主导的自学模式。教师在课堂上讲授知识后，学生不仅要消化理解课堂上学习的内容，还要大量阅读相关方面的书籍和文献资料。可以说，自学能力的高低是影响学业成绩的最重要因素之一。这种自学能力包括能独立确定学习目标，能对教师所讲内容提出质疑，查询有关文献，确定自修内容，将自修的内容表达出来，与人探讨，写学习心得或学术论文等。从大学的第一天开始，学生就必须从被动转向主动。

大学新生还要改变一些原有的观念，在大学里，考试分数并不是衡量人的最重要的指标，人们更看重的是综合能力的培养和全面素质地提高。

因此，中学的学习方法在大学中是完全不适用的。从旧的学习方法向新的学习方法过渡是每个大学生都必须经历的过程。应尽早做好思想准备，积极观察、思考，寻求适合自己的学习方法，尽快实现从中学到大学的过渡。

2）自修之道

教育家 B. F. Skinner 有句名言："如果我们将学过的东西忘得一干二净，最后剩下来的东西就是教育的本质了。"所谓剩下来的东西，其实就是自学的能力，也就是举一反三或无师自通的能力。中国的"师傅领进门，修行在个人"这句俗话也强调了自学的重要性和必要性。

大学老师只是充当引路人，学生必须自主地学习、探索和实践。

如今，信息技术的发展日新月异，谁也不能保证大学里所教的任何一项技术在五年以后仍然适用，也不能保证学生可以学会每一种技术和工具，但能保证的是，学生将学会思考，并掌握学习的方法。这样，无论五年以后出现什么样的新技术或新工具，学生都能游刃有余。

大学不是"职业培训班"，而是一个让学生适应社会，适应不同工作岗位的平台。在大学期间，学习专业知识固然重要，但更重要的还是要学习独立思考的方法，培养举一反三的能力，只有这样，大学毕业生才能适应瞬息万变的未来世界。

走上工作岗位后，自学能力就显得更为重要。微软公司曾做过一个统计：在每一名微软员工所掌握的知识内容里，只有约 10%是员工在过去的学习和工作中积累得到的，其他知识都是在加入微软后重新学习的。这一数据充分表明，一个缺乏自学能力的人是难以在微软这样的现代企业中立足的。

自学能力必须在大学期间开始培养。很多问题都有不同的思路或观察角度。在学习知识或解决问题时，不要总是死守一种思维模式，不要让自己成为课本或经验的奴隶。只有在学习中敢于创新，善于从全新的角度出发思考问题，学生潜在的思考能力、创造能力和学习能力才能被真正激发出来。

2．大学生的学习内容

在提倡素质教育的今天，大学不仅给学生传授知识，更重要的是培养学生的综合素质和各种能力。

1）课程知识的学习

专业培养方案中规定了大学四年的学习课程，一般分为基础课、专业课、选修课等几种类型。

（1）对基础知识的学习

如果说大学是一个学习和进步的平台，那么这个平台的地基就是大学里的基础课程。所以，在大学期间，学生一定要学好基础知识，其中包括数学、英语、计算机和互联网的使用，以及专业基础课程。在科技发展日新月异的今天，应用领域里很多看似高深的技术在几年后就会被新的技术或工具取代。只有牢固掌握基础知识才可以受用终身。如果没有打下坚实的基础，大学生们也很难真正理解高深的应用技术。

计算机科学与技术学科最初源于数学学科和电子学科，计算机专业的知识体系是建立在数学基石之上的，所以该学科的学生必须具有较扎实的数学基础。要想学好计算机专业，至少要把离散数学、线性代数、概率统计学好；要想进一步攻读计算机科学专业的硕士或博士学位，可能还需要更高的数学水平。同时，数学也是人类几千年积累的智慧结晶，学习数学知识可以培养和训练人的思维能力。通过对几何的学习，可以学会用演绎、推理来求证和思考的方法；通过学习概率统计可以知道如何避免钻进思维的死胡同，如何让自己面前的机会最大化。所以一定要用心把数学学好，不能敷衍了事。学习数学也不能仅仅局限于选修多门数学课程，而是要知道自己为什么学习数学，要从学习数学的过程中掌握认知和思考的方法。

21 世纪最重要的沟通工具之一就是英语。有些同学在大学里只为了考过四级、六级而学习英语，有的同学仅仅把英语当做一种求职必备的技能来学习。其实，学习英语的根本目的是为了掌握一种重要的学习和沟通工具。在未来的几十年中，世界上最全面的新闻内容、最先进的思想和最高深的技术，以及大多数知识分子间的交流都将用英语进行。因此，除非甘心与国际脱节，否则，还是应该努力学习英语。在软件行业中，不但编程语言是以英语为基础设计出来的，最新的教材、论文、参考资料、用户手册等资源也大多是用英语编写的。

信息时代已经到来，大学生在信息科学与信息技术方面的素养也已成为其进入社会的必备基础之一，所以，所有大学生都应该能熟练地使用计算机、互联网、办公软件和搜索引擎，都应该能熟练地在网上浏览信息和查找专业知识。21 世纪，计算机和网络就像纸和笔一样，是人人必备的基本功。不学好计算机，就无法快捷全面地获得自己需要的知识或信息。

计算机专业有许多基础课程，但许多大学生只热衷于学习最新的语言、技术、平台、标准和工具，因为很多公司在招聘时都会要求有这些方面的基础或经验。虽然应该学习这些新技术，但计算机基础课程的学习更为重要，因为语言和平台的发展日新月异，但只要学好基础课程（如计算机原理、数据结构、数据库原理、操作系统、编译原理等）就可以逐渐掌握新技术。可以把这些基础课程生动地比作计算机专业的内功，而把新的语言、技术、平台、标准和工具比作外功。那些只懂得追求新技术的学生最终只会略懂皮毛，而没有内功的积累，是不可能成为真正的高手的。

（2）专业课程的学习

大学教育是专业教育，不同的专业有不同的专业课，但不论何种专业的大学生对待本专业课程的学习态度大体是一致的，那就是不管喜欢与否，都要尽力把专业课学好。

要想学好专业课，应该做到：学习目标明确具体、不断提高学习动机和学习兴趣、主动克服各种学习困难、直接学习和间接学习的结合、拓展知识的学习、多进行实践。

如果人们对某个领域充满激情，就有可能在该领域中发挥自己所有的潜力，甚至为它废寝忘食。这时候，已经不是为了成功而学习，而是为了享受而学习了。

大多数计算机专业课程都有较强的实践性和应用性。在学习这些课程时，一方面要重视理论知识的学习，另一方面应该利用网络和出版物查看一些相关资料，了解这些知识有哪些应用，是如何应用的，并和有兴趣的同学一起创造条件动手探索实践。

（3）选修课程的学习

大学生对待选修课的学习一般说来兴致较高，认为选修课可以开眼界，长见识，扩展自己的知识面。而且选修课的学习要求相对不严，学生较少产生腻烦心理。但选修课在大学生心目中的地位和分量远不如专业课和基础课，真正用心去学习选修课的学生并不多。学习目的较模糊、学习动机不强、学习既不消极也不太积极、上课时注意力集中程度不高、较少充分发挥认知能力等是选修课学习中普遍存在的现象。

大学生应该充分利用和珍惜这些选修课程的学习机会，真正达到拓宽知识面、了解前沿的目的。因此，对待选修课的学习，应该注意不要仅停留在浅层的了解和获知上，更要杜绝为了获得学分才选修某些课程及"选而不修"的不正常现象。

（4）实践能力的培养

有句关于实践的谚语是："我听到的会忘掉，我看到的能记住，我做过的才真正明白。"大学生应该懂得一个学科的知识、理论、方法与具体的实践、应用是如何结合起来的，工科的学生更是如此。

无论学习何种专业、何种课程，如果能在学习中努力实践，做到融会贯通，就可以更深入地理解知识体系，牢牢地记住学过的知识。因此，建议学生多选些与实践相关的专业课。实践时，最好是几个学生合作，这样既可以通过实践理解专业知识，也可以学会如何与人合作，培养团队精神。如果有机会在老师的带领下做些实际的项目，或者走出校门打工，只要不影响学业，这些做法都是值得鼓励的。

有人说，学计算机就是一个 try 的过程。对于软件开发来说，实践经验更是必不可少。微软公司希望应聘程序员的大学毕业生最好有十万行的编程经验。理由很简单：实践性的技术要在实践中提高。计算机归根结底是一门实践的学问，不动手是永远也学不会的。因此，最重要的不是在笔试中考高分，而是具有较强的实践能力。

学知识的目的是为了用知识，在应用中应追求创新。创新意识和创新能力也应该是大学生在实践中努力培养的。

在专业培养方案中除了理论教学方案外，还制定了实践教学方案，一般有课程实验、课程设计、各种实习、毕业设计等形式。学生应该重视这些实践教学环节，在老师的指导下逐渐培养自己的实践能力。另外，还可以通过参加老师的研究课题，甚至从打工、自学或上网的过程中寻求学习和实践的机会。

2）课外的广泛学习

大学教育是专业教育，目的是培养某一领域的高级专业人才。大学中要学习的内容非常广泛，可以说几乎是无限的，可以用多、专、杂、广来概括。只要愿意学，大学中有学不完的内容。如果说，中学时学生的学习是精益求精，那么大学时学生的学习就是多多益善了，而这种多主要体现在课外学习上。

现在的大学人才培养观是坚持面向现代化、面向世界、面向未来，以培养大学生的思想政治素质为核心，以培养创新精神和实践能力为重点，普遍提高在校大学生的人文素养和科学素质，造就"有理想、有道德、有文化、有纪律"，德智体美等全面发展的社会主义建设者和接班人。所以，大学生在课外除了要学习知识和技术外，更要注重素质培养。可以给自己制定一个大学四年的素质培养规划，如参加一次专业技能培训、参加一次创业实践或创业培训、完成一件创新作品、参加一次青年志愿者社会公益活动、参加一次社会实践和社会调查、参加一次国际交流活动、参加一次前沿学术活动、获得一本职业资格等级证书、担任一届学生干部、获得一次表彰和奖励等。

3. 大学生的学习环境

大学生在一个开放而充实的环境中生活和学习，这个环境由老师、图书馆、网络、社团、出版物和社会等元素组成。学生在学习过程中应该充分、有效地利用好这一宝贵的学习环境。

1）老师

大学生应当充分利用学校里的人才资源，通过各种渠道学习知识和方法。"三人行必有我师"，大学生的周围到处是良师益友。除了资深的教授外，大学里的青年教师、博士生、硕士生，以及自己的同班同学都是很好的知识来源和学习伙伴。每个人对问题的理解和认识都有所相同，只有互帮互学，才能共同进步。只要珍惜这些难得的机会，大胆发问，经常切磋，就能学到有用的知识和方法。

2）图书馆

图书馆是知识的海洋，大学生应该充分利用图书馆，培养独立学习和研究的能力，为适应今后的工作或进一步的深造做准备。

图书馆是课堂学习的延伸。除了学习规定的课程外，大学生一定要学会到图书馆查找书籍和文献，以便接触更广泛的知识和研究成果。例如，在一门课上发现了自己感兴趣的课题，就应该积极去图书馆查阅相关文献，了解这个课题的来龙去脉和目前的研究动态。

图书馆是培养大学生学习能力的最佳场所之一。通过阅览图书馆中各种不同的书籍，可以打破学科的思维定式，培养灵活多变的学习心理，激发大学生的创造性思维。

熟练和充分地利用图书馆资源是大学生、特别是那些有志于科学研究的大学生的必备技能之一。

3）网络

互联网是一个巨大的资源库，大学生应该充分利用网络进行学习。搜索引擎应该成为不可或缺的学习工具，学生可以借助搜索引擎在网上查找各类信息，把搜索作为课外学习的基本工具之一。除了搜索引擎以外，网上还有许多网站、社区、有着丰富学习资源的校园网，这些都是很好的学习园地。

4）社团

无论是计算机的硬件系统还是软件项目，都是由具有一定规模的项目组（团队）来开发的，因此计算机专业的学生应重视培养自己的团队意识和团队合作能力。社团是微观的社会，参与社团是步入社会前最好的磨炼。在社团中，可以培养团队合作的能力和领导才能，也可以发挥专业特长。

5）出版物

计算机领域有许多学术出版物，如各种学术期刊和杂志，其中发表的学术论文是计算机科学与技术的最新应用或研究成果，可以把它们作为课本知识的有效补充。课堂上学习的是基础知识，学习课程的同时查阅一些与课程相关的学术论文，可以了解所学知识是如何用来解决实际问题的，了解该领域的新理论、新技术及研究热点等。如果了解了这些，一方面能更明确学习这些知识的目的，另一方面也有助于进一步开展研究性学习。

6）社会

社会是个大学堂。大学生在学成之后要从事工作，服务于社会。社会需要什么样的人才，需要什么样的知识和技术等都直接影响着高校的人才培养。所以，学生应尽早地、尽可能多地接触社会、了解社会、从社会中学习，以便将来更好地为社会服务。

在不影响学业的前提下，学生可以做些社会调研，到企业实习等。毕业设计和毕业实习等一些实践教学环节也可以在企业中完成。

总之，在大学四年里，如果能培养良好的学习方法、利用好丰富的学习环境、学到扎实的基础和专业知识、得到综合素质的全面培养，就能成为一个有潜力、有思想、有价值、有前途的中国未来的主人翁。

杰出人物：李开复——信息产业的执行官和计算机科学的研究者

李开复于 1961 年生于中国台湾，本科毕业于哥伦比亚大学，获计算机学士学位。1988 年，它获卡内基梅隆大学计算机学博士学位。1998 年，李开复加盟微软公司，并随后创立了微软中国研究院（现微软亚洲研究院）。2005 年 7 月 20 日，他加入 Google 公司，并担任 Google 全球副总裁兼中国区总裁一职。2009 年 9 月 4 日，李开复宣布离职并创办创新工场任董事长兼首席执行官，该公司主要进行互联网、移动互联网和云计算的投资。李开复为了帮助中国青年学生健康成长，在 2004 年创办了开复学生网站。

提示：推荐访问李开复为中国广大在校大学生建设的、旨在帮助学生成长和学习的社区网站"开复学生网 http://www.5xue.com/"。推荐阅读李开复给中国学生的 7 封信，以及出版的 3 本书《与未来同行》、《做最好的自己》、《一网情深》。

6.1.2　考研提示

1．考研的意义

大学毕业后，学生还可以选择继续深造，所以本科教育有两种产品形式：就业和深造。大学所学的知识仅仅是一个专业的最基础知识，无论从事何种工作都是不够的，尤其是计算机科学技术的研究性工作。硕士研究生、博士研究生是继续深入、系统地学习和钻研学科理论和技术的学习阶段。如果心怀远大的专业理想，就应该选择继续深造。图灵奖获得者的高学历学位能够说明这一点，另外，很多人工作过几年又继续考研，也从另一个侧面说明深造的必要性和重要意义。

2．考研信息的获取

计算机专业的硕士研究生入学考试采取的是全国统一考试，考试科目为思想政治理论、英语、数学、计算机学科专业基础综合，其中，计算机学科专业基础综合包含数据结构、计算机组成原理、操作系统、计算机网络 4 门专业课程。

一旦决定了考研，就应该上网了解和查看各高等院校及科研院所的研究方向、招生简章、考研指南、复习指导等有关考研信息，以及最新的考试大纲。这里推荐"中国研究生招生信息网"http://yz.chsi.com.cn/。该网站隶属于教育部以考研为主题的官方网站，是教育部唯一指定的研究生入学考试网上报名及调剂的网站。它既是各研究生招生单位的宣传咨询平台，又是研究生招生工作的政务平台，它将电子政务与社会服务有机结合，贯穿研究生招生宣传、招生咨询、报名管理、生源调剂、录取检查整个工作流程，实现了研究生招生信息管理一体化。

由于缺乏专业知识，低年级时可能不能决定要报考的学校和方向，但可以在学习过程中有意识地去了解、认识。例如，通过专业书籍、报刊、网上资料和信息、社会需求、中国计算机学会及各专业委员会网站和信息、计算机科学技术的发展和研究动态等逐渐形成自己的认识，也可以通过与在读或已毕业的硕士研究生、博士研究生交流，向学识渊博的老师们请教等途径，结合自己的兴趣，做出最终的决定。

3. 考研的准备

考研目标一旦确定下来，除了正常的学习外，还应为考研制定一套学习和复习规划。

首先，在教师教授考研课程时应充分利用教师资源将这些课程学好。实际上，考研规划应开始于入学那天，因为第一学期开设的课程中就有考研课程，如英语、数学等。有了目标，学习这些课程时就要有较高的要求，而不仅是通过考试，应有意识地深入学习，如多阅读些课外资料、多做些练习、多请教老师等。对以后开设的考研基础课和专业课也同样要有意识地学扎实、学透彻，为考研打下坚实的基础。

其次，就是考前的系统复习阶段。系统性地复习应开始于大三，入学考试是在大四上学期末。建议制定复习计划，使复习有步骤、有秩序地进行。复习时与其他考研同学，尤其是报考相同课程的同学相互交流、相互帮助、相互鼓励，这样会有更好的效果。注意，应兼顾好正常学习和考研复习。考研复习是很艰苦的，需要坚定的信念和顽强的毅力才能坚持下来。

提示：推荐访问中国考研网 http://www.chinakaoyan.com/ 查看各大高校和科研院所的招生简章及考研指南、复习指导等有关考研信息。

6.1.3 计算机技术与软件专业技术资格（水平）考试介绍

在校期间，大学生如果能考取一些专业证书来证明自己拥有相应的知识和技能，就能在就业大潮中增加自己的竞争力。

目前，计算机认证考试种类繁多，既有全国性、地区性、行业性考试，也有各商业公司自行设立的考试。从参加考试的人数、考试合格证书效力及社会对考试的认同程度来看，计算机认证考试中最有影响力的当属全国计算机技术与软件专业技术资格（水平）考试。

计算机技术与软件专业技术资格（水平）考试（简称计算机与软件考试）是原中国计算机软件专业技术资格和水平考试（简称软件考试）的完善与发展。这是由国家人事部和信息产业部组织的国家级考试，其目的是科学、公正地对全国计算机与软件专业技术人员进行职业资格、专业技术资格认定和专业技术水平测试。它并不针对某一家公司的某一个产品进行培训认证，因此具有考察全面、综合性很强的特点，与一般的企业认证有着本质区别，属于认证考试中的国家品牌。实行"统一领导、统一大纲、统一命题、统一考试时间、统一合格标准、统一颁发证书"的六统一原则。水平考试面向所有有志于从事软件开发、管理、维护的人员，为社会招聘选拔人才提供依据。

全国计算机软件专业技术资格和水平考试自 1991 年开始正式作为国家级考试，至今已有十多年。到 2003 年底，累计参加考试的人数约有 100 万。这个"中国制造"的 IT 专业证书由于其权威性和严肃性在全国上下得到普遍认同，成为众多国企、外企追捧的热门。经过严格考试认证的考生大多都已进入到 IT 产业的第一线，正发挥着积极作用，其中还有相当一部分已经进入到国际 IT 业中，并得到各用人企业的认同。

根据人事部、信息产业部文件（国人部发[2003]39 号），计算机与软件考试纳入全国专业技术人员职业资格证书制度的统一规划。通过考试获得证书的人员，表明其已具备从事相应专业岗位工作的水平和能力，用人单位可根据工作需要从获得证书的人员中择优聘任相应专业技术职务（如技术员、助理工程师、工程师、高级工程师等）。计算机与软件专业实行全国统一考试后，不再进行相应专业技术职务任职资格的评审工作。因此，这种考试既是职业资格考试，又是职称资格考试。

同时，这种考试还具有水平考试性质，报考任何级别不需要学历、资历条件，只要达到相应的技术水平就可以报考相应的级别。程序员、软件设计师、系统分析员级别的考试已与日本相应级别的考试互认，以后还将扩大考试互认的级别及互认的国家和地区。

考试级别分5个专业：计算机软件、计算机网络、计算机应用技术、信息系统、信息服务。每个专业又分3个层次：高级资格（高级工程师）、中级资格（工程师）、初级资格（助理工程师、技术员）。对每个专业、每个层次，还设置了若干个级别（见表6-1）。

表6-1　计算机技术与软件专业技术资格（水平）考试专业类别、资格名称和级别对应表

级别层次 / 资格名称 / 专业类别	计算机软件	计算机网络	计算机应用技术	信息系统	信息服务
高级资格	信息系统项目管理师、系统分析师（原系统分析员）、系统架构师				
中级资格	软件评测师、软件设计师（原高级程序员）	网络工程师	多媒体应用设计师、嵌入式系统设计师、计算机辅助设计师、电子商务设计师	信息系统监理师、数据库系统工程师、信息系统管理工程师	信息技术支持工程师
初级资格	程序员（原初级程序员、程序员）	网络管理员	多媒体应用制作技术人员、电子商务技术员	信息系统运行管理员	信息处理技术员

考试合格者将颁发由中华人民共和国人事部和中华人民共和国信息产业部用印的计算机技术与软件专业技术资格（水平）证书。

从2004年开始，每年将举行两次考试，上半年和下半年考试的级别不尽相同。全国的考务工作由信息产业部电子教育中心负责，各大中城市都有报名点和考试点。考试大纲、指定教材、辅导用书由全国考试办公室组编出版。

6.1.4　终身学习

在信息技术领域工作的人所面临的最大挑战之一就是要紧跟飞速发展的技术。当一名计算机专业的大学生毕业后成为其中一员时，就意味着要不断学习、终身学习。再学习的方法有很多，下面进行具体介绍。

1. 参加培训

专题培训可以帮助用户了解所使用的计算机系统有哪些新的改进和新的功能，有些大公司还会在培训后颁发关于它们产品的认证证书。

2. 在线学习

Internet上每天都会发布有关新技术的信息，一些局域网尤其是高校的校园网有丰富的学习资源，如数字图书馆（超星、书生之家等）、各种数据库（中国期刊网、硕博论文库等）等。网络提供了一个经济、快捷且资源丰富的学习环境。

3．阅读专业出版物

信息技术类的出版物非常丰富，有书籍、报纸、期刊等。它们通过不同的定位来满足各层次读者的需求，如报纸有面向初学者的《电脑报》、综合信息类的《计算机世界》和《中国计算机用户》等；期刊有层次较低的普通期刊和专业性很强的核心期刊（如各类学报等）。可以根据自己的兴趣、工作需要等来选择合适的出版物阅读。

4．参加学术年会

中国计算机学会是计算机领域重要的学术组织，目前拥有 33 个专业委员会。各专业委员会每年都举办学术年会，在这些会议上可以了解到某一专业领域中目前进行的前沿工作，可启发自己的学习或研究兴趣。

5．参加研讨会、报告会及展览会

有关计算机新技术的研讨会、报告会很多，参加这样的会议是了解新技术的很好途径。大型展览会是许多公司发布和展示新产品的形式，从中能了解新产品、新技术及其发展的趋势。

6.1.5　毕业生的检验标准

知识、能力、素质是进行高科技创新的基础。其中，知识是基础，是载体，是表现形式；能力是技能化的知识，是知识的综合体现；素质是知识和能力的升华，使知识和能力更好地发挥作用。大学教育的核心问题就是以知识为载体，实施素质和能力的培养。经过大学的学习，毕业生的学习成果如何，可以从这 3 方面去考察，但要建立一套严格的检验标准是很困难的，只能给出一个基本标准，具体如下：

① 掌握计算机科学与技术的理论和本学科的主要知识体系。

② 在确定的环境中能够理解并应用基本的概念、原理、准则，具备对工具及技巧进行选择与应用的能力。

③ 完成一个项目的设计与实现，该项目应该涉及问题的标识、描述与定义、分析、设计和开发等，为完成的项目撰写适当的文档。该项目应该能够表明自己具备一定的解决问题和评价问题的能力，并能表现出对质量问题的适当理解和认识。

④ 具备在适当的指导下独立工作的能力，以及作为团队成员和其他成员进行合作的能力。

⑤ 能够辨别专业的、合法的、合乎道德的正确实践活动。

⑥ 重视继续进行专业发展的必要性。

⑦ 能够综合应用所学的知识。

上述检验标准仅为基本标准，有才华的学生应在学习的过程中注意利用一切可以利用的资源和机会，充分发挥自己的潜能，树立强烈的创新意识和信心，注意应用所学知识进行创造性地工作，走向"学是为了探索"。

6.2　专业岗位与择业

经过大学四年的学习，一部分毕业生要面临就业。有哪些职位可以选择？用人单位对求职者的要求是什么？下面就此问题进行讨论。

6.2.1 与计算机科学技术专业有关的工作领域和职位

1. 与计算机科学技术专业有关的工作领域

与计算机科学技术专业有关的工作领域，在不同的计算机科学技术发展和应用时期有不同的划分，目前一般将其划分为以下 4 种。

1）计算机科学

计算机科学领域内的计算机科学技术工作者把重点放在研究计算机系统中软件与硬件之间的关系上，开发可以充分利用硬件新功能的软件以提高计算机系统的性能。这个领域内的职业主要包括研究人员及大学的专业教师。

2）计算机工程

计算机工程领域中从事的工作比较侧重于计算机系统的硬件，他们注重于新的计算机和计算机外围设备的研究开发及网络工程等。这些行业的专业性要求也很高，除了计算机科学技术专业的学生可以胜任该类工作外，电子工程系的学生也是合适的人选。

3）软件工程

软件工程师的工作是从事软件的开发和研究。他们注重于计算机系统软件的开发和工具软件的开发。此外，社会上各类企业的相关应用软件也需要大量的软件工程师参与开发或维护。这类人员除了要有较好的数学基础和程序设计能力外，也要熟知软件生产过程中管理的各个环节。

4）计算机信息系统

计算机信息系统领域的工作涉及社会上各种企业的信息中心或网络中心等部门。这类工作一般要求对商业运作有一定基础。学习一些商科知识后的计算机专业的学生及目前"管理信息系统"专业的学生能胜任此类工作。

2. 与计算机科学与技术专业有关的职位

与计算机科学技术专业有关的职位很多，图 6-1 列出部分主要职位，并对它们进行了分类。下面就其中几个职位进行简单介绍。

1）系统分析师

系统分析师通过概括系统的功能和界定系统来领导和协调需求获取及用例建模。例如，确定存在哪些主角和用例，以及它们之间如何交互。一个系统分析员应该具备 3 个素质：正确理解客户需求、选择正确的技术方向和说服用户采纳建议。

2）程序员

程序员能够开发软件或修改现有程序。作为一名程序员，应学会使用几种程序设计语言，如C++、Java 等。许多系统分析员往往是从程序员做起。

3）Web 网站管理员

一名合格的网络管理员需要有丰富的技术背景知识，需要熟练掌握各种系统和设备的配置和操作，需要阅读和熟记网络系统中各种系统和设备的使用说明书，以便在系统或网络发生故障时迅速判断出问题所在，给出解决方案，使网络尽快恢复正常服务。网络管理员的日常工作虽然很繁杂，但可归纳为如下 7 项任务：网络基础设施管理、网络操作系统管理、网络应用系统管理、网络用户管理、网络安全保密管理、信息存储备份管理和网络机房管理。这些管理涉及多个领域，每个领域的管理又有各自特定的任务。

4）软件评测师

软件评测师应该能够根据软件设计详细说明，针对自动、集成、性能和压力测试设计相应的测试计划、测试用例和测试装置；针对产品各个方面的质量保证的过程进行分析并统计；向相关的部门提供产品的质量和状况方面的报告文档。一般要求熟悉软件开发生命周期；熟悉白盒、黑盒、集成、性能和压力测试的步骤规则；精通网络分析工具和软件自动化测试工具的编程和使用等。

5）技术文档书写员

将信息系统文档化及写一份清楚的用户手册是技术文档书写员的职责。有些技术文档书写员本身也是程序员。技术文档书写员的工作和系统分析员及用户紧密相连。

6）网络管理员

网络管理员应该能够确保当前信息通信系统运行正常，构建新的通信系统时能提出切实可行的方案并监督实施，还要确保计算机系统的安全和个人隐私。

7）网络策划师

网站策划师不同于网页设计师，后者仅是对网页进行设计，前者则立足于整个网站的创意，包括内容、技术、名称等全方位的策划、组织和设计，当然也包括网页设计。

8）网络工程师

网络工程师是从事网络技术方面的专业人才。尽管互联网进入我国已有数年，国内也有一定数量这方面的人才，但相对巨大的市场需求来说仍显短缺，而且目前的网络工程师大都是有自己多年的工作经验，极少具有系统的知识结构，特别是懂得电子商务技术的网络工程师更是十分缺乏。

9）网络分析师

据资料显示，目前全球已有超过 500 万

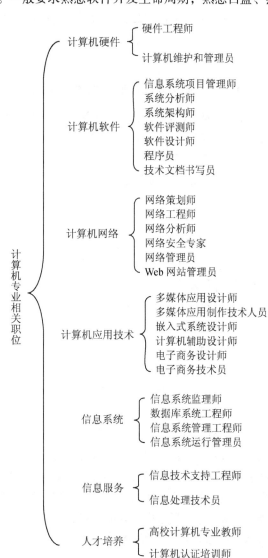

图 6-1　计算机科学技术专业相关职位及分类

个网站，并且数量仍在不断增加，从网络中得到有用的信息就变得越来越困难。有人预测，今后凡是建有网络的单位都将设置网络分析师职位，以便随时了解掌握网上动态，收集所需的信息。

10）网络安全专家

网络发展的同时也伴随着网络犯罪的产生，如何有效地阻止网络犯罪，是网络安全专家的职责。而现在随着企业对信息技术的依赖，网络安全就成了企业的重要问题。特别是一些金融机构、政府机构、军事机构等更需要这方面的专业人才。

11）计算机认证培训师

在信息领域的一些企业要求其员工拥有相关工作的证书。许多计算机公司就其产品提供各种认证证书，技术人员只要通过了这些公司指定的考试课程就可以获得公司授权的机构颁发的证书。获得这些证书对就业大有帮助，于是计算机认证培训工作就变得十分引人注目。培训师往往对大公司的产品有深入的了解，丰富的使用经验和教学经验。职业培训师有较高的薪酬，目前微软公司、Cisco 公司、Oracle 公司等都颁发认证证书。我国信息产业部也开始推行信息化工程师认证证书的工作。

6.2.2　用人单位对求职者的要求

作为在校大学生，有必要了解用人单位对求职者的要求，以便在大学期间努力培养社会所需要的素质和能力。据 2001 年的调查，用人单位对求职者的素质要求可归纳为以下 10 项：

① 诚实与正直。

② 口头和书面的交流能力。

③ 协同工作的能力。

④ 人际交往的能力。

⑤ 工作的动力和主动性。

⑥ 职业道德。

⑦ 分析能力。

⑧ 灵活性和适应能力。

⑨ 计算机技能。

⑩ 自信。

6.3　信息产业的法律法规及道德准则

计算机信息网络是一个开放、自由的环境，为人们的生活和工作创造了丰富资源的同时，也给不法分子和法制观念淡薄者可乘之机，出现了侵害公民合法权益的行为。例如，一位北大学生在忌妒心的驱使下，通过 Internet 假冒自己的同学拒绝了美国密执安大学的入学邀请，使同学痛失出国深造的机会；1994 年，俄罗斯黑客弗拉基米尔·利文与同伙从圣彼得堡的一家软件公司的连网计算机上，通过电子转账方式，从美国 CITY BANK 银行在纽约的计算机主机中窃取了 1 100 万美元；2003 年，英国 22 岁的网页设计师 Simon Vallor 因制造并传播邮件病毒，造成 42 个国家的 2.7 万台计算机被感染。

信息安全不能仅依靠先进的信息安全技术和严密的安全管理，还要通过法律法规对已经发生的违法行为进行惩处或调整，这是保证信息系统安全的最终手段。计算机科学与技术的从业者应该了解有关的法律法规和道德准则，争做遵纪守法、道德高尚的人。

6.3.1　与计算机知识产权相关的法律法规

1. 知识产权

所谓知识产权，是指人们可以就其智力创造的成果依法享有的专有权利。

世界各国大都有自己的知识产权保护法律体系，如《版权法》或《著作权法》、《专利法》、《商标法》、《商业秘密法》等。

我国在知识产权方面的立法始于 20 世纪 70 年代末，经过 20 多年的发展，现在已经形成了比较完善的知识产权保护法律体系。它主要包括《中华人民共和国著作权法》、《中华人民共和国专利法》、《中华人民共和国商标法》、《电子出版物管理规定》和《计算机软件保护条例》等。在网络管理方面还制定了《中文域名注册管理办法（试行）》、《网站名称注册管理暂行办法实施细则》和《关于音像制品网上经营活动有关问题的通知》等管理规范。

随着国际贸易和国际商业往来的日益发展，知识产权保护已经成为一个全球性问题。各国除了制定自己国家的知识产权法律法规外，还建立了世界范围内的知识产权保护组织，并逐步建立和完善了有关国际知识产权保护的公约和协议。

2．计算机软件保护

在计算机科学技术飞速发展和计算机应用日益广泛的形势下，计算机软件成为一项新兴的信息产业工程，应该对计算机软件知识产权加以保护。这样，既能保护智力创造者的合法权益、维护社会的公正、维护软件开发者的成果不被无偿占用，又能够调动软件开发者的积极性、推动计算机软件产业的健康发展。计算机软件的知识产权包括著作权、专利权、商标权和制止不正当竞争的权利等。

1）计算机软件的著作权

著作权又称版权，是指作品作者根据国家著作权法对自己创作的作品的表达所享受的专有权的总和。我国的《著作权法》规定，计算机软件是受保护的一类作品。《计算机软件保护条例》作为《著作权法》的配套法规是保护计算机软件著作权的具体实施办法。我国的法律和有关国际公约认为：计算机程序和相关文档、程序的源代码和目标代码都是受著作权保护的作品。

擅自复制程序代码和擅自销售程序代码的复制品都是侵害软件权利人的著作权的行为。对于参考他人软件的思想、算法等技术，独立编写出表达不同的程序的做法不属于违反著作权法的行为。但擅自对他人程序进行修改，所产生的程序并没有改变他人程序设计构思的基本表达，在整体上与他人程序相似，仍属侵害他人程序著作权的行为。

2）计算机软件的专利权

软件专利是对软件保护的一种形式。在美国，软件不仅能被授予专利，而且相关的申请条件也较为宽松，从而使该国软件获得专利的数量大增。据报道，2001 年一年获得软件专利的数量就超过了 1 万。相比之下，欧洲各国对软件申请专利的要求较严格。而在我国，软件只能申请发明专利（如很多将汉字输入计算机的发明创造获得了专利权），因为申请条件较严格，所以一般软件通常还是用著作权法来保护。

3）计算机软件名称标识的商标权

所谓商标，是指商品的生产者为使自己的商品与他人的商品相互区别而置于商品表面或商品包装上的标志。商标的专用权也是软件权利人的一项知识产权。软件行业十分重视商标的使用，如 IBM、联想、MS、UNIX、WPS 等都是人们熟知的商标。任何标识只有在商标管理机关获准注册后才能成为商标。在商标的有效期内，注册者对它享有专用权，他人未经注册者许可不得使用该商标作为自己软件的商标。

4）有关计算机软件中商业秘密的不正当竞争行为的制止权

如果一项软件的技术设计尚未公开，即使未获得专利，也是软件开发者的商业秘密，应该受到保护。

根据我国 1993 年 9 月颁布的《中华人民共和国反不正当竞争法》，商业秘密的拥有者有权制止他人对自己的商业秘密进行不正当竞争的行为。

为了保护商业秘密，最基本的手段就是依靠保密机制，包括在企业内建立保密制度、与需要接触商业秘密的人员签订保密协议等。

提示：建议访问中国知识产权网 http://www.cnipr.com/，进一步了解有关知识产权的法律法规和其他相关内容。

6.3.2 国际上与信息系统发展相关的法律法规

1．保护个人隐私的立法

这类立法主要规定在广泛使用电子信息的环境下如何保证个人隐私不受侵犯。

此类立法有：瑞典 1973 年的《数据法》、美国 1974 年的《个人隐私法》及英国 1984 年的《数据保护法》。

2．保护知识产权的立法

1972 年，菲律宾率先将计算机软件确认为版权法的保护对象。1978 年，世界知识产权组织（WIPO）发表《保护计算机软件示范条例》。1980 年，美国修改版权法，对计算机软件给予保护。一些国家还以专利法、商业秘密法等作为软件法律保护的辅助手段。

3．保护信息系统安全与制裁计算机犯罪的立法

美国 1987 年颁布《计算机安全法》，旨在加强联邦政府计算机系统的安全。

4．针对信息网络的立法活动

1996 年，英国颁布了"3R 互联网安全规则"，目的是消除网络中儿童色情内容和其他毒化社会环境的不良信息。3R 是"分级认定、举报告发、承担责任"3 个术语的英文词头。

1997 年，法国公布了《互联网络宪章（草案）》，专门规范互联网。它对保护未成年人、人类尊严、言论自由、个人隐私权、遵守公共秩序、保护知识产权及消费者利益等方面做了较全面的规定。

据报道，目前已有 40 多个国家制定或修订了与计算机信息网络有关的法律法规。

6.3.3 我国与网络安全相关的法律法规

我国对信息系统的立法工作很重视，关于计算机信息系统安全方面的法律法规有很多，如表 6-2 和表 6-3 所示，它们涉及信息系统安全保护、互联网管理、计算机病毒防治、商业密码管理和安全产品检测与销售等多个方面。目前，我国的相关法律法规还在逐步完善当中。

表 6-2 网络安全相关的法律法规

法 律 法 规	实 施 时 间
电子认证服务管理办法	2005 年 4 月 1 日
计算机信息网络国际联网保密管理规定	2000 年 1 月 1 日
计算机信息网络国际联网安全保护管理办法	1997 年 12 月 30 日
[法规]中华人民共和国计算机信息系统安全保护条例	1994 年 2 月 18 日
[法律]《维护互联网安全的决定》	2000 年 12 月 28 日

表 6-3　网络安全管理相关的法律法规

法　律　法　规	实 施 时 间
中国互联网网络版权自律公约	
关于网络游戏发展和管理的若干意见	
互联网著作权行政保护办法	2005 年 5 月 30 日
互联网 IP 地址备案管理办法	2005 年 3 月 20 日
非经营性互联网信息服务备案管理办法	2005 年 3 月 20 日
最高人民法院、最高人民检察院关于办理利用互联网、移动通信终端、声讯台制作、复制、出版、贩卖、传播淫秽电子信息刑事案件具体应用法律若干问题的解释	
互联网药品信息服务管理办法	
中国互联网行业自律公约	
互联网站禁止传播淫秽、色情等不良信息自律规范	2004 年 6 月 10 日
互联网文化管理暂行规定	2003 年 7 月 1 日
互联网等信息网络传播视听节目管理办法	2003 年 2 月 10 日
互联网上网服务营业场所管理条例	
互联网出版管理暂行规定	2002 年 8 月 1 日
关于开展"网吧"等互联网上网服务营业场所专项治理的通知	2002 年 6 月 29 日
最高人民法院关于审理涉及计算机网络著作权纠纷案件适用法律若干问题的解释	2000 年 11 月 22 日
药品电子商务试点监督管理办法	2000 年 6 月 26 日
互联网药品信息服务管理暂行规定	2001 年 2 月 1 日
互联网医疗卫生信息服务管理办法	2001 年 1 月 8 日
互联网站从事登载新闻业务管理暂行规定	2000 年 11 月 7 日
互联网电子公告服务管理规定	2000 年 11 月 7 日
互联网上网服务营业场所管理办法	2001 年 4 月 3 日
教育网站和网校暂行管理办法	2000 年 6 月 29 日
网上银行业务管理暂行办法	2001 年 7 月 9 日
证券公司网上委托业务核准程序	2000 年 4 月 29 日
网上证券委托暂行管理办法	2000 年 3 月 30 日
关于加强通过信息网络向公众传播广播电影电视类节目管理的通告	1999 年 10 月
中国公用计算机互联网国际联网管理办法	1996 年 4 月 3 日
中国金桥信息网公众多媒体信息服务管理办法	1998 年 3 月
计算机信息网络国际联网出入口信道管理办法	1996 年 4 月 9 日
[法规]《互联网信息服务管理办法》	2000 年 9 月 25 日
[法规]中华人民共和国计算机信息网络国际联网管理暂行规定实施办法	1998 年 3 月 6 日
[法规]中华人民共和国计算机信息网络国际联网管理暂行规定	1997 年 5 月 20 日
[法律]《维护互联网安全的决定》	2000 年 12 月 28 日

　　提示：要了解法律法规的具体内容可以浏览中国网：http://www.china.com.cn/zhuanti2005/node. 5192893.htm。

6.3.4　计算机相关人员的道德准则

1．软件工程师道德规范

在计算机日益成为各个领域及各项社会事务中的中心角色的今天，那些直接或间接从事软件开发的人员，有着极大的机会从善或从恶，同时对其他人产生影响。为尽可能保证这种力量用于有益的目的，为使软件工程师成为一个有益且受人尊敬的职业，从业者必须具有高尚的职业道德。

今天的计算机科学与技术专业的大学生，将来很可能就是软件工程的从业者。要想成为一个真正的软件工程师，除了有过硬的技术外，还需要有较高的职业素养，并且必须模范地遵守软件工程师道德规范。

1998 年，IEEE-CS/ACM 软件工程师道德规范和职业实践联合工作组制定了《软件工程资格和专业规范》。该规范要求软件工程师应该坚持如下道德准则：

① 产品。软件工程师应尽能确保自己开发的软件对于公众、雇主、客户及用户是有用的，在质量上是可接受的，在时间上要按期完成并且费用合理，同时没有错误。

② 公众。从职业角色来说，软件工程师应当始终关注公众的利益，按照与公众的安全、健康和幸福相一致的方式发挥作用。

③ 判断。在与准则②保持一致的情况下，软件工程师应该尽可能地维护自己职业判断的独立性并保护判断的声誉。

④ 客户和雇主。软件工程师应当有一个认知，即什么是其客户和雇主的最大利益。应该总是以职业的方式担当自己客户或雇主的忠实代理人和委托人。

⑤ 管理。具有管理和领导职能的软件工程师应当通过规范的方法赞成和促进软件管理的发展和维护，并鼓励自己所领导的人员履行个人和集体的义务。

⑥ 职业。软件工程师应该在职业的各个方面提高自己职业的正直性和声誉，并与公众的健康、安全和福利要求保持一致。

⑦ 同事。软件工程师应该公平地对待所有一起工作的人员，并应该采取积极的行为支持社团的活动。

⑧ 自身。软件工程师应该在自己的整个职业生涯中，努力提高自己从事的职业所应该具有的能力，推进职业规范的发展。

2．计算机用户道德规范

青少年好学，喜欢挑战和幻想，但在道德理念上还不够成熟，责任心观念也较为淡薄或具有较大的波动性。为积极教育和引导青少年，更好地利用现代计算机网络提供的丰富资源进行学习和创造新的社会价值，2001 年 11 月 22 日，共青团中央、教育部、文化部、国务院新闻办公室、全国青联、全国学联、全国少工委及中国青少年网络协会联合召开网上发布大会，向社会正式发布《全国青少年网络文明公约》。公约内容如下：

① 要善于网上学习，不浏览不良信息。

② 要诚实友好交谈，不侮辱欺诈他人。

③ 要增强自护意识，不随意约会网友。

④ 要维护网络安全，不破坏网络秩序。

⑤ 要有益身心健康，不沉溺虚拟空间。

《全国青少年网络文明公约》的出台对于促进青少年安全文明上网，动员全社会共同营造一个纯净、优良的网络空间有着十分积极的意义。广大青少年应该认真履行公约，在网上积极开展学习、交流和创新活动。严格遵守公约，争做网络道德的模范，争做网络文明的使者，争做网络安全的卫士。

小　　结

本章从学习方法、学习内容和学习环境 3 方面讨论了大学的学习，并对考研、考证、终身学习进行了介绍；讲述了计算机专业人员可以从事的工作领域和职位；最后对工作中应该遵守的法律法规和职业道德进行了介绍。

习　　题

1. 访问开复学生网 http://www.5xue.com/，了解学习等信息。

2. 访问中国考研网 http://www.chinakaoyan.com/，查看各大高校和科研院所的招生简章及考研指南、复习指导等有关考研信息。

3. 浏览中国网 http://www.china.com.cn，了解我国的法律法规。

4. 利用搜索引擎查阅有关计算机技术与软件专业技术资格（水平）考试的信息，了解其他计算机认证考试。

5. 利用搜索引擎，查找并浏览中国计算机学会网站和中国科学院计算技术研究所网站。

附录 A 计算技术发展大事记

公元前 3000 年，中国人发明算筹，以后演变为算盘。

1633 年，奥芙特德（Oughtred）发明计算尺。

1642 年，法国数学家帕斯卡（Pascal）发明齿轮式加法器。

1673 年，德国数学家莱布尼兹改进了帕斯卡的加法器，制成能做四则运算的计算器。

1804 年，法国约瑟夫·杰卡德（Joseph Jacquard）制成穿孔卡片式织布机。

1822 年，英国数学家巴贝奇制作差分机。

1834 年，巴贝奇完成分析机设计，提出自动通用计算机的思想。

1854 年，英国数学家乔治·布尔（George Boole）创建逻辑代数理论。

1866 年，美国人宝来（Burroughs）发明记录式加法器。

1889 年，美国人海勒内茨（Hollerith）制成穿孔卡片系统（PCS）。

1890 年，美国使用海勒内茨的 PCS 进行人口普查，使美国国会议会和总统的大选顺利进行。

1896 年，海勒内茨成立制表公司。

1905 年，宝来加法器公司成立。

1911 年，海勒内茨等 3 个公司合并，成立 CTR 公司。

1924 年，CTR 公司改名为国际商业机器公司（IBM）。

1936 年：

- 英国数学家图灵（Turing）发表《论可计算数及其在判定问题中的应用》论文，提出了著名的理论计算机模型——图灵机。
- 德国工程师祖思（Zuse）制成机械式计算机 Z1。

1940 年，美国贝尔（Bell）实验室完成采用延迟线的继电器计算机 Model-1。

1941 年，祖思完成第一台继电器式通用计算机 Z3。

1943 年，英国完成破译密码的专用电子数学计算机巨人（Colossus）。

1944 年，美国哈佛大学与 IBM 公司合作完成机电式自动顺序控制计算机 MARK I。

1945 年，美籍数学家冯·诺依曼（Von Neumann）等人首次发表题为《电子计算机逻辑结构初探》的报告，奠定了存储程序式计算机的理论基础，并开始研制相应的 EDVAC 计算机。

1946 年：

- 美国电气工程师学会成立大规模计算装备分会，这是现在 IEEE 计算机协会的前身。
- 阿兰·图灵发表了其自动计算引擎（ACE）的设计报告，ACE 的特点是可随机提取信息。
- 2 月 14 日，由在美国工作的 Presper Eckert 及 John Mauchly 设计的电子数值积分计算机（ENIAC）在宾夕法尼亚大学展出。

1947 年：

- 美国计算机协会（ACE）在华盛顿哥伦比亚大学成立。

- 7 月，Howard Aiken 及他的小组设计出 Harvard Mark Ⅱ。
- 12 月 23 日，美国贝尔实验室研究出世界上第一个点接触式晶体管。
- 磁鼓存储器应用于计算机的数据存储。

1948 年：

- 6 月，英国曼彻斯特大学研制成可存储程序的数字计算机 Mark I，它使用真空管电子线路。
- 美国理查德·哈明（Richard Hamming）发明了找到并纠正数据块中错误的方法；随后，Hamming 码在计算机与电话交换系统中得到广泛应用。
- 选择序列电子计算器（SSEC）问世，它使用了继电器和电子器件。
- 美国科学家香农（C.E.Shannon）创立信息论。

1949 年：

- 在美国麻省理工学院（MIT）Jay Forrester 的领导下，第一台实时电子计算机——Whirlwind（"旋风"）计算机投入使用，它具有 5 000 个真空管。
- 电子延迟存储自动计算机（EDSAC）由英国剑桥大学的莫里斯·威尔克斯（Maurice Wilkes）研制成功。5 月 6 日，该程序存储计算机首次执行计算。
- John Mauchly 开发出短指令码，被认为是第一个高级编程语言。

1950 年：

- 在 Harry Huskey 领导下，标准西文自动计算机（SWAC）于 8 月 17 日在美国加州大学洛杉矶分校投入运行。
- 阿兰·图灵（Alan Turing）在 Mind 杂志发表文章，提出了测试机器智能的 Turing 规范。

1951 年：

- 3 月，世界上第一个商品化的电子计算机型号 Univac I 在美国人口统计局投入使用。
- 5 月 11 日，美国 Jay Forrester 设计的矩阵磁心存储器获得了专利。
- William Shockley 发明结型晶体管。
- David Wheeler、Maurice Wilkes 及 Stanley Gill 提出子程序的概念。
- 莫里斯·威尔克斯提出微程序的设计概念，这是设计计算机系统控制部分的有效方法。

1952 年：

- 1 月 28 日，电子数字计算机（EDVAC）运行了它的第一个生产程序。
- 美国利诺斯大学建成了 ILLIAC I 计算机；美国军方建造了 Ordvac 计算机，两者均为冯·诺依曼 Neumann 体系结构。
- 6 月，冯·诺依曼的 IAS 并行计算机在普林斯顿大学投入使用。
- 美国 Thomas Watson Jr.成为 IBM 总裁。
- 美国无线电工程师协会创办了计算机方面的《I.R.E 学报》，这是《IEEE 计算机学报》的前身。
- IBM 公司制成大型计算机 IBM 701。
- 前苏联制成第一台大型快速电子计算机。
- 格莱尼（A.E.Glennie）发明 AUTOCODE 编程系统，这是现代编译器的雏形。

1953 年：

- 磁鼓计算机 IBM 650 登场，并成为第一种大量投入生产的计算机。
- Kenneth Olsen 采用 Jay Forrester 的磁心存储器建成了 Memory Test 机。
- 美国兰德公司研制成大型科学计算机 ERA 1103。

1954 年：

- Earl Masterson 研制出计算机用的行式打印机 Uniprinter，每分钟可打印 600 行。
- 美国德州仪器公司（TI）研制出硅晶体管，为降低晶体管制造成本开辟了道路。
- 第一台使用磁心存储器的商用计算机 Univac 1103A 推出。
- IBM 公司推出 IBM 704、705 计算机；宝来公司推出 E101 计算机。
- 贝尔实验室制成世界上第一台晶体管计算机 TRADIC。

1956 年：

- IBM 推出用于硬盘数据存储的计算与控制随机存储方法（RAMAC）。
- 美国约翰·麦卡锡及马文·明斯基提出了人工智能的概念。
- 日本富士公司研制出具有 1 700 个真空管的计算机，用于透镜设计计算。
- 采用晶体管的商用计算机 Univac 推出。
- 我国制定"十二年科学技术发展规划"，在选定的 6 个重点项目中，电子计算机被列为其中之一，年底开始筹建中科院计算所，我国的计算机事业开始起步。

1957 年：

- 美国约翰·巴克斯及其同事，向 West-inghouse 公司提交了第一个 Fortran 编译器。
- Burroughs 公司推出第一批采用晶体管的计算机之一 Atlas Guidance Computer，该产品被用于 Atlas 导弹发射的控制。
- 7 月 8 日，Control Data 公司成立。
- 10 月 4 日，前苏联发射了 Sputnik I，间竞赛由此开始。
- IBM 公司推出最后一个电子管大型机 IBM 709。在 IBM 305 RAMAC 计算机上首次使用磁盘存储器。
- 美国麻省理工学院试制成晶体管大型计算机 TX-2。

1958 年：

- 我国研制成第一台计算机 103 机（八一机）和用于鱼雷快艇指挥仪的 901 机。
- 日本的 Electrotechnical 实验室研制出晶体管计算机 ETL Mark Ⅲ，共使用了 130 个晶体管和 1 700 个半导体二极管。
- 约翰·麦卡锡成立了 MIT 的人工智能实验室。
- NTT 研制出第一个参数化计算机 Musasino，它使用 519 个真空管，5 400 个变参元件。
- IBM 公司推出晶体管大型计算机 IBM 7090。
- DEC 公司成立。
- 美国德州仪器公司（TI）的科学家杰克·基尔比研制出半导体集成电路（IC）的原型；同时，仙童（Fairchild）半导体公司的 Robert Noyce 也独立研制出集成电路。
- 贝尔实验室研制出调制解调器数据电话，实现了利用电话线传输二进制数据。

1959 年：

- 我国研制成 104 机向国庆十周年献礼。
- 美国数据系统语言委员会成立，目的是编写 Cobol 语言。
- 约翰·麦卡锡研制出用于人工智能应用软件的 Lisp 语言。
- 6 月，日本第一台商用晶体计算机——NEC 的 NEAC 2201 在巴黎的一个展览会上展出。

- Xerox 公司首次推出商用复印机。
- 7 月 30 日，Robert Noyce 和 Gorden Moore 代表 Fairchild 半导体公司提出集成电路技术的专利申请。
- 联合国教研文组织（UNESCO）在巴黎主办了第一届国际计算机会议，成立国际信息处理联盟（IFIP）的筹备工作正式开展。
- IBM 公司推出 IBM 1401、1620 计算机。
- 前苏联制成科学计算机"基辅（KIEV）"；莫斯科大学制成第一台三进制计算机。
- 日本东京大学制成 TAC 计算机。

1960 年：

- IFIP 正式成立。
- Rand 公司的 Paul Baran 提出用于数据通信的包交换原理。
- 美国及欧洲的计算机科学家联合制定出 Algol 60 标准，首个结构化程序设计语言问世。
- Remington Rand 设计出用于科学计算的 Livermore 高级研究计算机（LARC），该机使用了 6 万个晶体管。
- 11 月，DEC 公司推出 PDP-1，这是配有监视器和键盘输入的第一台商用计算机。
- 我国中科院计算所研制成 107 机，安装于中国科技大学。

1961 年：

- George C.Devol 申请了一项机器人设备的专利，该设备被作为第一台工业用机器人推向市场，它首先被用来自动制造电视显像管。
- IBM 研制成功 7030 计算机，运行速度比 IBM 704 快 30 倍，带动了超级计算技术的开发。
- 美国麻省理工学院的费尔南多·考巴脱开发出第一个计算机分时系统（CTSS）。
- 德州仪器公司（TI）制成第一台基于集成电路的计算机。

1962 年：

- 贝尔实验室的一个研究小组开发出能设计、存储、编辑合成音乐的软件。
- 美国斯坦福大学和普渡大学建立了世界上第一批计算机科学系。
- H.Ross Perot 研制出电子数据系统，是当时世界上最大的计算机服务系统。
- MIT 的研究生史蒂夫·拉塞尔发明视频游戏机，且很快在全美的计算机实验室普及。
- 2 月 7 日，英国曼彻斯特大学推出当时世界上功能最强的大型晶体管计算机 Atlas，其先进之处包括采用了虚拟内存及流水线化的处理。
- IBM 公司推出 IBM 1440、7040、7090、7010 计算机。
- CDC 公司推出 3600 型计算机；DEC 公司推出 PDP-4 小型机。
- 我国电子部华北所（15 所）完成高炮指挥仪电子计算机 102 机。

1963 年：

- 美国麻省理工学院开发出一种具有智能的"机械医师"，取名为 Eliza。
- 1 月，美国伊万·萨瑟兰发明了 Sketchpad，导致了计算机图形处理的统一。
- 美国国家标准学会（ANSI）接受了用于信息交换的 ASCII 编码。
- 美国无线电工程师协会与美国电气工程师协会合并成立了 IEEE（电气和电子工程师协会）。
- 用于国防的 SAGE 系统全面部署，总投资约 80 亿美元，推动了整个计算机产业的进步。
- 美国加州大学伯克利（Berkeley）分校的 Lotfi Zadeh 开始研究模糊逻辑。

- IBM 公司推出 IBM 7044 和远程处理系统；UNIVAC 公司推出集成电路的军用计算机 1824；宝来公司推出 B5000 系统。

1964 年：

- IBM 宣布推出其巨额投资的"第三代"计算机——S/360 系列。
- 美国达特茅斯（Dartmouth）大学的 John Kemeny 及 Thomas Kurtz 开发出 Basic 语言。
- IBM 公司和美国航空公司的长达 7 年的 Sabre 项目全面实施，它使得任何地方的旅行社都可以预订机票。
- Control Data 公司的 Seymour Cray 设计出 CDC 6600 计算机，速度达 9MFLOPS（每秒百万次浮点运算），被誉为第一台在商业化上获得成功的超级计算机。
- 美国道格拉斯·恩格尔巴特（Douglas Engelbart）发明了鼠标。
- IBM 研制出一套计算机辅助设计系统。
- 日本铁路开始用计算机售票。
- 我国中科院计算所研制成大型通用计算机 119 机，参与我国首颗氢弹研制的计算任务。
- 我国电子部华北所研制成 108 甲机，用于防空实时数据处理。
- 我国哈军工自行设计、研制成基于脉冲推拉电路的 441–B 晶体管计算机。

1965 年：

- DEC 推出了第一台采用集成电路模块的小型机 PDP-8。
- 大型协作分时项目 MAC，导致了 Multics 操作系统的诞生。
- J.A.Robinson 提出一致化编程方法，这是逻辑编程的基础，对当今许多编程技术来说也相当重要。
- 莫里斯·威尔克斯（Maurice Wilkes）提出了使用高速缓存（Cache）的思想。
- IBM 公司推出可更换型磁盘存储器 IBM 2314。
- 我国中科院计算机所研制成我国第一台大型晶体管通用计算机 109 乙机和 18010 车载遥测数据处理专用机。
- 北京无线电三厂与清华大学合作研制 112（DJS–5）机取得成功，送日本参展。

1966 年：

- ACM 设立"图灵奖"。第一位图灵奖得主为艾伦·佩利。
- 英籍华裔科学家高锟和霍克汉姆首创光纤通信理论。
- IMB 公司推出数据库管理系统 DL/I。

1967 年：

- Norwegian 计算中心研制出第一个面向对象语言 Simula 的一个通用版本。
- Fairchild 公司推出的了 3800 型 8 bit 算术逻辑部件（ALU）芯片。
- 美国德州仪器公司发明了具有 4 种功能的手持式计算器。
- 美国唐纳德·克努特（Donald Knuth）提出了"算法"及"数据结构"的概念。
- 第一台大规模集成电路宇航计算机 LIMAC 在美国制成。
- IBM 公司在美国和巴黎之间试验通过人造卫星进行数据通信。
- 麻省理工学院推出 Logo 语言。
- 我国中科院计算所制成 109 丙机，在我国核武器和高速飞行器研制中发挥重要作用。

- 我国电子部华北所完成晶体管的 108 丙机，在半自动防空系统中用作中心计算机。

1968 年：

- 北大西洋公约组织科学委员会提出了"软件危机"和"软件工程"的概念。
- 荷兰埃德斯加·狄克斯特拉提出 goto 语句有害的说法，并提出了结构化编程的设想。
- Burroughs 推出了第一种采用集成电路的计算机 B2500 及 B3500。
- 一个联邦政府信息处理标准促进了在信息交换中使用 6 位日期数据格式（YYMMDD），种下了"2000 年危机"的祸根。
- Seymour Cray 设计出的 CDC 7600 超级计算机性能达到了 40 MFLOPS（每秒百万次浮点运算）。
- Robert Noyce、Andy Grove 及 Gordon Moore 在加利福尼亚州创建了 Intel 公司。
- 我国电子部华北所研制成用于 1125 工程的车载 850 丁机。

1969 年：

- 贝尔实验室撤出 MAC 项目，汤普森和里奇开始开发 UNIX 系统。
- RS–232–C 标准推出，用于计算机与外设之间的数据交换。
- Internet 的前身——美国国防部高级研究计划署为冷战目的而研制的 ARPANET 网络开始投入运行。其首批 4 个结点是加州大学洛杉矶分校、加州大学巴巴拉分校、斯坦福研究所（SRI）及犹他大学（UU）。
- IMB 推出高档大型机 360/195。

1970 年：

- SRI International 公司的 Shakey 成为利用人工智能导航的第一个机器人。
- Winston Royce 提出的大型软件系统的"瀑布式"开发方法。
- 贝尔试验室的丹尼斯·里奇及肯尼思·汤普森研制出 UNIX 操作系统。
- RCA 的 MOS（金属氧化物半导体）技术使集成电路的更便宜、更小型化成为可能。
- Xerox 公司在斯坦福大学建立了 Palo Alto 研究中心，宗旨是进行计算机方面的研究。
- 美国埃德加·科德（E.F.Codd）提出了数据库的关系模型。
- 软盘及菊花轮打印机问世。
- 世界上第一个专家系统 DENDRAL 在美国斯坦福大学研制成功。
- IBM 公司推出被称为 3.5 代计算机的 IBM 370 系列和大容量硬盘 3330。
- DEC 公司推出 PDP–11 系列小型机；CDC 公司推出超大型机 STAR。
- 由我国华北所设计、738 厂生产的 320 大型通用晶体管计算机定型生产。

1971 年：

- Don Hoefler 为《电子新闻》撰写总标题为"美国的硅谷"的系列文章，该名沿用至今。
- 美国 Intel 公司推出世界上第一个 4 bit 微处理器 4004。
- David Parnas 提出信息隐藏的原理。
- Ray Tomlinson 和 Newman 发送了首个网络 E-mail 信息。
- 瑞士学者沃思（Wirth）提出结构化编程语言 Pascal。
- 手持式计算机普及，计算尺淘汰。
- 我国华北所制成机载火控 112 机和飞机着陆引导计算机 414 机。
- IBM 公司在其 370/145 计算机上首次采用双极型存储器。

1972 年：
- 世界上第一个 8 bit 微处理器——Intel 的 8008 问世，但不久就被 8080 取代。
- Nolan Bushnell 的 Pong 视频游戏机取得了成功。
- 贝尔实验室的丹尼斯·里奇（Dennis Ritchie）开发出 C 语言。
- Xerox 的 PARC 研制出 Smalltalk 语言。
- 法国马赛大学的 Alain Colmerauer 研究出 Prolog 语言，使逻辑编程概念日益普及。
- 分解复杂性理论演绎出 NP 完全性思想，表明一大类计算问题在计算上可能非常难解。
- 王安的公司、DEC 公司及 Lexitron 公司均推出了字处理系统。
- 计算机断层扫描成像技术（CT）取得了成功。
- DEC 推出 PDP-11/45。

1973 年：
- Xerox PARC 的研究人员开发出使用鼠标、Ethernet 及图形用户界面的试验性 PC，称为 Alto。
- 斯坦福大学开始研究传输控制协议（TCP）。
- 利用大规模集成技术，1 万个元件已可以放在 1 个 1 cm² 的芯片上。
- John Vincent Atanasoff 被确认为现代计算机的创始人。联邦法官宣布 Eckert 及 Mauchly 的 ENIAC 专利无效。
- Robert Metcalfe 撰写了一份有关 Ether Acquisition 的备忘录，将 Ethernet 描述为 ALOHANET 的修改版。
- 我国中科院计算所研制成 717 车载专用机，在卫星发射和回收中发挥作用；华北所制成 110 机；华东所研制成 655（TQ-6）机；738 厂等研制成 150 机。

1974 年：
- Xerox PARC 的 Charles Simony 和 Lampson 开发出首个"所见即所得"的应用程序 Bravo。
- 4 KB 的 DRAM 芯片投放市场。
- 在瑞典斯德哥尔摩（Stockholm）举办了首次下国际象棋的计算机锦标赛。
- IBM 推出 MVS 操作系统和海量存储系统 3850MSS，并首次发表 SNA（系统网络体系结构）。
- 北京无线电三厂试制成 DJS 130 机的第一台样机。

1975 年：
- 美国新墨西哥州阿尔伯克基的 MITS 公司以成套形式提供的首台 PC 出现在 *Popular Electronics* 一月号的封面上。
- Michael Jackson 提出了把程序结构看成是问题的一种反映的方法。
- 约翰·科克参加 IBM 的 801 项目，目的是开发一种具有 RISC 体系结构的小型机。
- IBM 推出激光打印机；Zilog 公司成立，推出 Z-80。
- 我国 738 厂与长沙工学院合作研制成 151 机。

1976 年：
- Cray Research 公司推出第一台矢量结构的超级计算机 Cray-1。
- Gary Kildall 开发出 8 bit PC 用的 CP/M 操作系统。
- Steve Jobs 和 Steve Wozniak 设计并制作成 Apple I，大部分由电路板组成。

- IBM 公司研制成双面记录的软盘。
- 我国电子部华北所研制成小型通用机 183 机。

1977 年：

- 1 月 3 日，Steve Jobs 和 Steve Wozniak 创建了 Apple 计算机公司。
- Apple Ⅱ 问世，并建立了个人计算机的标准。
- 若干公司开始实验光缆。
- 比尔·盖茨（Bill Gates）和保罗·艾伦（Paul Allen）创立了微软（Microsoft）公司。
- Tandy 及 Commodore 推出了带有显示器的个人计算机。
- 我国研制成 DJS050 计算机。

1978 年：

- 我国自行设计的汉字编译排版系统由北京大学等单位研制成功。
- DEC 公司推出了 32 bit 的 VAX 11/780，在技术和科研应用领域广受欢迎。
- Wordstar 推出，并成为 CP/M 系统、继而是 DOS 系统上使用广泛的字处理器。
- Tom DeMarco 的结构化分析和系统规范使结构化分析方法开始流行。
- Ron Rivest、Adi Shamir 及 Leonard Adelman 提出 RSA 密码作为加密数字传输信号的公共密钥加密系统。
- Intel 公司的首个 16 bit 处理器 8086 面世；Zilog 公司也推出了 16 bit 的 Z8000。
- 美国卡内基梅隆大学研制成世界上第一个专家系统开发工具 OPS。
- Oracle 数据库问世。

1979 年：

- 5 月 11 日，Don Bricklin 及 Bob Franston 推出第一种电子表格软件 Visicalc。
- Motorola 公司推出 68000 芯片。
- 索尼及飞利浦公司推出数字式影碟。
- 日本及芝加哥实验了蜂窝式移动电话。
- IBM 公司推出四代机 IBM 4300 系列，并首次推出彩色图形终端。
- 日本佳能公司开发出激光打印机。
- 我国电子部华北所研制成船载的 DJS-260 机。

1980 年：

- IBM 公司选择 Microsoft 公司的 PC-DOS 作为其新 PC 的操作系统。
- 美国国防部开发的 Ada 语言问世，这种经历相当长时间开发出来的语言用于过程控制和嵌入式应用软件。
- Wayne Ratliff 开发出 dBASE Ⅲ，一种 PC 数据库的第一个版本，取得了很大的成功。
- 大小像一个小型手提箱、重 24 磅（1 磅 ≈ 0.453 6 kg）的"便携式"计算机 Osborne 推出。
- 美国加州大学伯克利分校的 Davi A.Patterson 开始使用"精简指令集"这一术语，同时斯坦德福大学的 John Hennessy 发展了这一概念。世界上首台 RISC 机是 IBM 801。
- 日本索尼公司研制成 3.5 英寸软盘。
- 最早的面向对象语言 Smalltalk-80、Modula-2 相继问世。

1981 年：

- 日本生产出 64 KB 存储器，占领了芯片市场的大块领地。

- 8 月，IBM 公司推出开放式体系结构个人计算机 IBM PC，标志着台式计算机走向主流。
- 我国中科院计算所研制成高速数组处理计算机 150-AP。
- 我国研制成 DJS200 系列计算机，推出了 210、220、240 和 260 机。

1982 年：
- Columbia 数据产品公司首先制造出 IBM PC 的兼容机，接着 Compaq 公司也推出兼容机。
- Autodesk 公司成立，并在同年下半年推出了 AutoCAD 的第一个版本。
- 《时代》杂志将个人计算机评为该年的"风云人物"。
- Cray X-MP（两台 CRAY-1 并行连接）推出，其速度比 Cray-1 快 3 倍。
- 日本宣布研制"第五代计算机"，主要用于人工智能。
- 11 月，Compaq 公司推出与 IBM PC 兼容的便携式个人计算机。
- PostScript 语言问世。
- 我国电子部华北所研制成 DJS186 机。

1983 年：
- 我国国防科技大学研制成"银河"亿次机，从此我国有了自己的巨型机。
- 用于 IBM PC，含饼图和条形图的 Lotus 1-2-3 推出。
- IBM 公司推出带 10 MB 硬盘的 IBM PC/XT 机，微软公司为其配备 DOS 2.0 版操作系统，在市场上取得了极大的成功。
- TCP/IP 推出，标志着全球 Internet 的诞生。
- 5 月，Apple 公司推出使用鼠标、图符、下拉式菜单的 Lisa 机。
- Thinking Machine 及 Ncube 公司成立，加速了并行处理技术的发展。
- AT&T 贝尔实验室的 Bjarne Stroustrup 继续进行 C++语言的开发工作。这种语言是对 C 语言的一种面向对象的扩展。
- 世界上首例计算机病毒案在美国发生。
- Novell 公司将业务重点转向网络技术，其 NetWare 迅速成为网络操作系统的主流。

1984 年：
- 1 月，Apple 公司推出 Macintosh 计算机。
- Apple 利用其 MacPaint 程序使计算机的图形能力进一步提高。
- 用于连接计算机和数字音乐综合器的 MIDI 标准被开发出来。
- 索尼及飞利浦公司推出 CD-ROM，使数字数据存储能力大大提高。
- Motorola 推出具有 25 万个晶体管的 MC68020 芯片。
- 使用大量超级计算机生成图形的活动画面出现。
- 在小说 Neuromancer 中，第一次提出"赛伯空间（Cyberspace）"这个术语。
- NEC 生产了 256 KB 芯片，IBM 也推出 1 MB RAM 芯片。
- 8 月，Intel 公司推出了 16 bit 80286 芯片，它装在 IBM 的新型 PC AT 机上，提高了台式计算机的性能。
- 当年世界数据处理业的收入达 1 400 亿美元，其中 IBM 公司占 1/3。在历史上首次超过汽车工业，仅次于石油工业而居第二位。

1985 年：
- 超级计算机的速度达到了每秒 10 亿次的运算能力，这是由 Cray-2 和 Thinking Machine 制造的并行处理机 Connection Machine 创造的。

- 美国国家科学基金会建立了 4 个国家级超级计算中心。
- 随着 Windows 1.0 的推出，Microsoft 使 DOS 兼容机也具有类似 Macintosh 机的功能。
- PageMaker 成为第一个 PC 桌面出版软件，并首先在 Macintosh，继而在 IBM 兼容机上被广泛使用。
- 10 月，Intel 公司推出了具有 32 bit 处理和片上内存管理能力的 80386 芯片。
- 美国推理公司推出著名的专家系统工具 ART。
- CD-ROM 问世。
- 我国长城计算机公司自主开发的长城 0520CH 投产。

1986 年：
- 《华尔街日报》发表一篇文章使计算机辅助软件工程（CASE）的概念和术语开始流行。
- 4 个处理器的 Cary XP 达到每秒可执行 7.14 亿次浮点运算的能力。
- 数据传输速率为 56 kbit/s 的 NSFNET 主干网建成。
- 中国科学院等一些单位通过拨号方式进行国际联机数据库检索，这是我国使用 Internet 的开始。
- 我国长城计算机公司首推国产 286 机。

1987 年：
- 实验性 4 MB 及 16 MB 芯片推出。
- 连接在 Internet 上的主机数突破 1 万台。
- 我国用北大方正激光照排系统印出了世界上第一张整版输出的中文报纸——5 月 22 日的《经济日报》。

1988 年：
- Motorola 公司推出 32 bit RISC 微处理器 88000 系列，每秒可处理 1 700 万条指令。
- 11 月 2 日，罗伯特·莫里斯（Robert Morris）将一种"蠕虫"病毒程序放入 Internet，造成网络瘫痪，直接经济损失 9 000 万美元，使提高网络安全性问题引起关注。
- 美国参议员戈尔提出"信息高速公路"的设想。

1989 年：
- Tim Berners Lee 向欧洲核研究委员会提出万维网（WWW）计划。
- 4 月，Intel 公司推出具有 120 万个晶体管的 80486 芯片。
- Seymour Cray 创立 Cray 计算机公司，并开始开发采用砷化镓芯片的 Cray-3。
- 第一组 SPEC 基准测试程序问世，方便了用于科学计算的计算机性能的比较。
- 5 月，Microsoft 公司推出了 Windows 3.0。
- 1 月 29 日，贝尔实验室的科学家展示了首个全光处理器。
- HP 公司的 i486、iPSC/860 及 Motorola 68040 芯片开始上市。
- 创新公司在 Comdex 上首次推出适用于 PC 的声霸卡，成为新兴多媒体市场的佼佼者。

1990 年，Berners-Lee 推出了 WWW 的雏形，该雏形用到了他提出的 URL、HTML 及 HTTP 概念。

1991 年：
- 日本放弃了第五代机计划，用基于神经网络的第六代机取而代之。

- Cray Research 推出了具有 16 个处理器的 Cary Ymp C 90 超级计算机，速度达到了 16 GFLOP（每秒 10 亿次浮点运算）。
- 7 月 30 日，IBM 公司、Motorola 公司及 Apple 公司宣布成立 Power PC 联盟。
- DEC 公司推出第一种采用其 64 bit RISC Alpha 体系结构的芯片。
- 我国国防科技大学研制成 100 亿次的银河二号巨型机。

1993 年：

- Apple 公司推出第一个大众化的个人数字助理 Newton。
- 3 月，Intel 公司推出 Pentium 芯片。
- 美国伊利诺斯大学的国家超级计算应用中心（NCSA）的学生和工作人员创建了用于在 Internet 上漫游的图形用户界面 NCSA Mosaic。
- 中国科学院高能所开通一条 64 kbit/s 的国际数据信道，它和美国斯坦福线性加速器中心相连。

1994 年：

- 4 月，Jim Clark 及 Marc Andreesen 成立了 Netscape 通信公司。
- 美国南加州大学的 Leonard Adleman 证实，DNA 可被用做计算介质。
- 9 月，Netscape 的第一个浏览器问世，使 Web 巡游者迅速增加。
- 中国的 CSTNET 于 4 月建成，正式接入 Internet。

1995 年：

- 我国研制成功曙光 1000 大规模并行计算机（MPP）。
- 我国研制成功大型软件开发环境——青鸟系统。
- 第一部全部用计算机生成的大型动画片《玩具总动员》摄制完毕。
- 5 月，SUN 公司的 Java 可编程语言推出，使得与平台无关的应用程序的开发成为可能。
- 8 月 24 日，Windows 95 隆重登场。
- 进入 Internet 的国家和地区达到 168 个，接入的网络数达 46 000 多个，计算机超过 640 万台，用户 6 000 多万，每天通信量达 100 GB。
- 我国建成 ChinaNET 和 CERNET 。

1996 年：

- 世界各国隆重纪念电子计算机诞生 50 周年。
- Intel 公司宣布推出 Pentium Pro。
- IEEE 下属的分会计算机协会庆祝成立 50 周年。
- 我国建成 ChinaGBN，形成国内四大互联网，全国入网主机数已超过 1 万台。
- 采用 Intranet 技术的企业网成为一个新起点。
- Web 之父 Tim Berners Lee 被美国 *R&D* 杂志评为 Scientist of the year。

1997 年：

- Microsoft 公司推出 IE 4.0。
- Intel 公司发布新一代 Pentium Ⅱ。
- 我国研制成功银河 3 号（YH–3）巨型计算机。
- 世界象棋冠军卡斯帕罗夫不敌"深蓝"计算机。

1998 年，Windows 98 诞生；Netscape 浏览器源代码公开；Compaq 公司收购 DEC 公司。

1999 年，Microsoft 公司推出 IE 5.0。

2000 年：

- 在全世界科学家和各方的配合下，"千年虫"被制服，没有造成大的破坏。
- 微软公司因将其浏览器和视窗操作系统捆绑销售受到起诉，美国法院判决将微软分解，引起业界震动。
- 美国莎病毒、爱神病毒等先后大规模传播，造成严重破坏，网络安全引起严重关注。
- 第 16 届世界计算机大会在北京举行。

2001 年：

- AMD 除了继续发布更高主频的 Athlon 和 Duron 处理器外，Socket 7 市场的 K6-2+将正式停产，这标志着 Socket 7 时代的结束。原来大肆宣传的 Mustang 处理器计划也将终止。AMD 将在 2002 年发布 IA64 架构的 K8，代号是 Sledge Hammer（大锤）。
- 10 月 25 日，微软推出 Windows XP 操作系统，比尔·盖茨宣布 DOS 时代到此结束。Windows XP 操作系统的发布推动了身处低潮的全球 PC 硬件市场。

2002 年：

- 2 月 5 日，Nvidia 发布 GeForce 4 系列图形处理芯片，该系列又分 Ti 和 Mx 两个系列。其中，GeForce4 Ti 4200 和 GeForce 4 MX 440 两款产品更是成为市场中生命力极强的典范。
- 5 月 13 日，沉寂多时的老牌显示芯片制造厂商 Matrox 正式发布了 Parhelia-512（中文名：幻日）显示芯片，这也是世界上首款 512bit GPU。
- 7 月 17 日，ATI 发布了 Radeon 9700 显卡，该显卡采用了代号为 R300 的显示核心，并第一次毫无争议的将 Nvidia 赶下了 3D 性能霸主的宝座。
- 11 月 18 日，Nvidia 发布了代号为 NV30 的 GeForce FX 显卡，并在该产品上首次使用 0.13 μm 制造工艺，由于采用了多项超前技术，因此该显卡也被称为一款划时代的产品。

2003 年：

- 1 月 7 日，Intel 发布全新移动处理规范"迅驰"。
- 2 月 10 日，AMD 发布了 Barton 核心的 Athlon XP 处理器，虽然在推出后相当长的一段时间内得不到媒体的认可，但是凭借超高的性价比和优异的超频能力，最终 Barton 创造出了一个让所有 DIYcr 无限怀念的 Barton 时代。
- 2 月 12 日，FutureMark 正式发布 3Dmark 03，但是由此却引发了一场测试软件的信任危机。

2004 年，Intel 全面转向 PCI-Express。

2005 年，Intel 开始推广双核 CPU。

2006 年，Intel 开始推广四核 CPU。

2007 年：

- Intel IDF 大会推出震惊世界的 2 万亿次 80 核 CPU。
- 1 月，Microsoft 发布 Windows Vista（Windows 6）。

2008 年 2 月，IBM 宣布将在中国无锡建立全球第一个云计算中心。

2009 年：

- 我国中科院计算所、曙光公司、上海超级计算中心联合研制出"曙光 5000A"，其峰值计算能力超过 2 000 万亿次/秒，当时排名世界第十，亚洲第一。
- 我国国防科技大学研制成"天河一号"巨型机，实测速度达到 2 570 万亿次/秒，当时排名世界第一。

参 考 文 献

[1] 黄国兴，陶树平，丁岳伟. 计算机导论[M]. 北京：清华大学出版社，2004.

[2] PARSONS J J, OJA D. 计算机文化[M]. 北京：机械工业出版社，2003.

[3] 教育部高等学校计算机科学与技术教学指导委员会. 高等学校计算机科学与技术专业发展战略研究报告暨专业规范：试行[M]. 北京：高等教育出版社，2006.

[4] 董荣胜，古天龙. 计算机科学与技术方法论[M]. 北京：人民邮电出版社，2002.

[5] 赵致琢. 计算科学导论[M]. 北京：科学出版社，1998.

[6] 黄润才，等. 计算机导论[M]. 北京：中国铁道出版社，2004.

[7] 汤子瀛，等. 计算机操作系统[M]. 西安：西安电子科技大学出版社，2002.

[8] 孟庆昌. 操作系统[M]. 北京：电子工业出版社，2004.

[9] 康博创作室. Linux 中文版自学教程[M]. 北京：清华大学出版社，2000.

[10] 朱国华. 计算机文化基础[M]. 北京：人民邮电出版社，2005.

[11] 萨师煊，王珊. 数据库系统概论[M]. 3 版. 北京：高等教育出版社，2000.

[12] 马华东. 多媒体技术原理及应用[M]. 北京：清华大学出版社，2002.

[13] 钟玉琢，等. 多媒体计算机基础及应用[M]. 北京：高等教育出版社，1999.

[14] 吴功宜，吴英. 计算机网络教程[M]. 3 版. 北京：电子工业出版社，2005.

[15] 曾慧玲，陈杰义. 网络规划与设计[M]. 北京：冶金工业出版社，2005.

[16] 谢希仁. 计算机网络教程[M]. 北京：人民邮电出版社，2002.

[17] 徐志伟，等. 网格计算技术[M]. 北京：电子工业出版社，2004.

[18] Holden G. 网络防御与安全对策[M]. 黄开枝，等译. 北京：清华大学出版社，2004.

[19] Andress M. 计算机安全原理[M]. 杨涛，等译. 北京：机械工业出版社，2002.

[20] 刘梦铭，等. 计算机安全技术[M]. 北京：清华大学出版社，2000.

[21] 梅筱琴，等. 计算机病毒防治与网络安全手册[M]. 北京：海洋出版社，2001.

[22] 周学广，刘艺. 信息安全学[M]. 北京：机械工业出版社，2002.

[23] 林山，等. Windows XP 网络安全应用实践与精通[M]. 北京：清华大学出版社，2003.

[24] 吴鹤龄. ACM 图灵奖：计算机发展史的缩影[M]. 北京：高等教育出版社，2000.

[25] 钱乐秋，等. 软件工程[M]. 北京：清华大学出版社，2007.

[26] 郑人杰，等. 软件工程概论[M]. 北京：机械工业出版社，2010.

[27] 周忠荣，等. 数据库原理与应用[M]. 北京：清华大学出版社，2003.

[28] 李书珍. 数据库应用技术：Access 2007[M]. 北京：中国铁道出版社，2010.